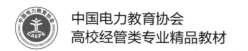

中国电力教育协会　　　　国家级一流本科课程配套教材

高校经管类专业精品教材　　上海市优秀教材

# 运 筹 学

## （第四版）

施泉生　孙　波　编著

李仲飞　主审

U0260749

中国电力出版社

CHINA ELECTRIC POWER PRESS

# 内 容 提 要

本书为国家级一流本科课程配套教材，中国电力教育协会精品教材，上海市优秀教材。

本书在前三版的基础上，吸收了许多同行和广大读者的意见，对部分内容做了调整和修改。除原有的线性规划及单纯形法、线性规划的对偶理论、运输问题、多目标规划、整数规划、动态规划、存储论、图与网络、网络计划技术、决策分析、排队论等运筹学与人工智能基本内容以外，还增加了运筹学与人工智能及课程思政案例等内容，删除了一些实际工作中不常用的内容。

在保证运筹学理论体系完整的前提下，本书论述力求深入浅出，文字通俗易懂，配有多媒体电子教案，并设有运筹学精品在线课程网站。每章后面都附有小结和习题，不仅适用于课堂教学，也便于读者自学时参考。

本书可作为高等院校经济管理本科专业以及相关专业的研究生教材和参考书，也可以作为各级管理人员、工程技术人员及高层决策人员的培训教材和自学参考书，特别适用于注重应用的企业管理人员、MEM 和 MBA 学员、工程硕士的学习，为可作为企业决策人员与管理人员掌握与应用运筹学方法的日常参考书。

**图书在版编目（CIP）数据**

运筹学 / 施泉生，孙波编著． -- 4 版． -- 北京：中国电力出版社，2025．2．
ISBN 978-7-5198-9173-2

Ⅰ. O22

中国国家版本馆 CIP 数据核字第 2024DN7849 号

出版发行：中国电力出版社
地　　址：北京市东城区北京站西街 19 号（邮政编码 100005）
网　　址：http://www.cepp.sgcc.com.cn
责任编辑：乔　莉（010-63412535）
责任校对：黄　蓓　王小鹏
装帧设计：郝晓燕
责任印制：吴　迪

印　　刷：北京锦鸿盛世印刷科技有限公司
版　　次：2004 年 7 月第一版　2009 年 2 月第二版　2016 年 2 月第三版　2025 年 2 月第四版
印　　次：2025 年 2 月北京第一次印刷
开　　本：787 毫米×1092 毫米　16 开本
印　　张：17.5
字　　数：422 千字
定　　价：58.80 元

# 前　　言

　　《运筹学（第三版）》自 2016 年出版以来，得到了广大读者的热情支持与各方面的普遍关注，全国几十所高校选用了本教材作为经济管理类专业运筹学课程的本科教材。《运筹学（第三版）》获得 2023 年"中国电力教育协会精品教材"称号。

　　在此期间，我们对运筹学课程进行了全面的建设，并获得了许多新的荣誉。2020 年运筹学慕课被超星平台授予"优质课程"称号，2021 年运筹学课程获得上海高校一流本科课程，2022 年获得上海市课程思政示范项目，教学团队获得上海市课程思政示范团队，2022 年慕课课程上线国家高等教育智慧教育平台（网址：https://www.smartedu.cn）。2023 年获得第二批国家级一流本科课程，2023 年教学团队教师获第三届上海市高校教师教学创新大赛二等奖。

　　近年来，运筹学的新思想、观点和方法不断涌现，运筹学教育方面也出现了新变化等，此次修订本着符合高校课程改革思想、注重运筹学方法解决实际问题的应用等原则，主要在以下几个方面进行了补充与修改。

　　首先，为贯彻落实教育部《高等学校课程思政建设指导纲要》的精神，此次修订将思想政治教育元素融入课程教学中，例如，在绪论中补充了钱学森等科学家与中国运筹学，增添了附录三课程思政示范教学案例等。结合运筹学专业特点，体现"立德树人"的教育综合化理念，激发学生的爱国爱校情怀、社会使命感和专业认同感。其次，近年来大数据、人工智能等学科的兴起使得运筹学的应用面临新的挑战，将人工智能技术与运筹优化结合解决新应用场景下的管理问题成为运筹学发展的新趋势。此次修订增加了运筹学在人工智能应用的相关内容，介绍人工智能时代下运筹学的发展及应用，在课程教学中赋予运筹学时代特征。再次，为了注重培养学生将运筹学方法用于解决实际问题的能力，此次修订对例题、课后习题、大型作业等题目进行了更新，使其更贴合实际，更符合工程应用实践，并体现能源电力特色。最后，此次修订在文字表达以及内容阐释方面也进行了相应的修改，力求简明扼要，严谨准确。

　　上海电力大学孙波教授参与了本书修订工作。中山大学特聘教授、"长江学者"、博士生导师李仲飞教授，西安交通大学博士生导师郭菊娥教授，中国远洋集团集装箱运输公司总经理陈翔高级经济师对本书提出了许多宝贵的意见，在此一并致以衷心的感谢。

　　本书是在作者多年为经济、管理类专业学生讲授运筹学教学经验的基础上编写而成，本书第四版的修订也是国家级一流本科课程建设的成果之一。本书可作为高等院校经济管理本科专业以及相关专业的研究生教材和参考书，也可以作为各级管理人员、工程技术人员及高层决策人员的培训教材和自学参考书。特别有利于那些注重应用的企业管理人员、MEM 和 MBA 学员的学习，从而为企业决策人员与管理人员掌握与应用运筹学方法提供了一个途径。本书配套的在线课程网址为学银在线平台 https://xueyinonline.com/detail/241344956（上海电力大学在校生可直接登录泛雅超星平台 https://shiep.fanya.chaoxing.com/portal，搜索运筹学）。

限于编者水平，书中难免有疏漏和不妥之处，恳请各方面专家、学者及广大读者批评指正。作者的电子邮箱：shiqs@126.com 或 sunbo_shiep@163.com。

编　者

2024 年 10 月

# 第 一 版 前 言

运筹学是运用科学的数量方法研究各种系统的优化途径和方案,进而对人力、物力和财力进行合理筹划和运用,寻找管理及决策最优化的综合性学科,它是管理科学、经济科学和现代化管理方法的重要组成部分,也是高等院校经济管理类专业的一门重要专业基础课。本教材基于运筹学的理论体系,考虑到经济管理类专业的特点,选编了线性规划及单纯形法、线性规划的对偶问题、运输问题、多目标线性规划、整数规划、非线性规划、动态规划、存储论、图与网络、网络计划技术、决策分析、对策论、排队论等运筹学的基本内容。在本书的编写过程中,试图以各种实际问题为背景引出运筹学各分支的基本概念和模型,在保证运筹学理论体系完整的前提下,避免了繁琐而枯燥的理论推导。编写本书的指导思想是以线性规划与网络理论为重点,突出以方法为主,注重实际应用,以较大的篇幅着重介绍了经济管理类比较实用的模型和方法,配以大量的实例和案例,讲清其原理和步骤,并给出计算结果以经济解释,做到理论联系实际。为方便编写程序和上机计算,还详细介绍了目前常用的软件,如 Microsoft Excel Solver、LINDO 等,还在附录中详细介绍了 MATLAB 及其优化工具箱。同时,还注意培养学生建立数学模型、求解模型以及分析解答结果,并以大型作业的形式,提高学生进行经济评估的能力。

本书论述力求深入浅出,文字通俗易懂,配有多媒体电子教案,并设有运筹学学习辅导园地,网址 http://www.shiep.edu.cn。与本书配套的教改项目《开发工商管理专业学生利用信息技术进行优化决策潜能的改革与实践》主题网获上海市 2005 年优秀教学成果二等奖,网址 http://gwxy.web.shiep.edu.cn/project.htm。每章后面都附有习题和答案及复习思考题,方便读者自学时参考。

本书由施泉生编著,中山大学特聘教授、博士生导师李仲飞教授担任主审,西安交通大学博士生导师郭菊娥教授、中远集运资讯发展部总经理陈翔高级经济师对本书提出了宝贵的意见,复旦大学的王雨雷提供了大部分的习题答案,顾群音提供了附录二的内容,徐幼成给予了很大的帮助,在此一并致以衷心的感谢。

特别感谢国际系统研究联合会(IFSR)主席、中国科学院数学与系统科学研究院系统科学研究所顾基发教授在作者成长道路上倾注的大量心血,给予的多方指导和帮助。

本书是在作者多年为经济管理类专业学生讲授运筹学教学经验的基础上编写而成,适用于高等院校经济、管理专业本科教材及相关专业使用,也可供各类经济管理工作者和科研人员参考。

限于编者水平,书中难免有疏漏和不妥之处,恳请各方面专家、学者及广大读者批评指正。作者的电子邮箱:shiqs@126.com 或 shiqs0921@126.com。

编 者

2004 年 5 月

# 第 二 版 前 言

为贯彻落实教育部《关于进一步加强高等学校本科教学工作的若干意见》和《教育部关于以就业为导向深化高等职业教育改革的若干意见》的精神，加强教材建设，确保教材质量，中国电力教育协会组织制订了普通高等教育"十一五"教材规划。该规划强调适应不同层次、不同类型院校，满足学科发展和人才培养的需求，坚持专业基础课教材与教学急需的专业教材并重、新编与修订相结合。本书为修订教材。

本书第一版自 2004 年出版以来，受到各方面的普遍关注，全国几十所高校选用了本书作为经济管理类专业运筹学课程的本科教材，也被一些国内著名的大学，如西安交通大学等作为研究生入学考试的指定参考书。四年多来，得到了全国许多同行和读者的热情支持，收到很多诚挚、中肯的意见，在这次修订过程中充分地考虑了这些建议。

在这期间，我们对运筹学课程进行了全面的建设，目前已成为上海市重点课程，并设有运筹学精品课程网站（http://jpkc.shiep.edu.cn/ssc/ycx/）。与本书配套的教改项目《开发工商管理专业学生利用信息技术进行优化决策潜能的改革与实践》获得上海市 2005 年教学成果二等奖（http://gwxy.web.shiep.edu.cn/project.htm）；该教学研究团队成为学校的"十佳"优秀教学研究团队，其中一名教师成为上海市高校教学名师。

这次修订的主导思想是：书中的内容都是运筹学的基础知识，所以全书的内容没有做大的变动，在文字表达和内容阐述方面力求简明正确。个别的章节给予了重写，如运输问题一章更加符合目前主流教材的思路。其他章节也适当增加了新内容，如网络技术增加了网络的时间优化和资源优化，决策分析增加了层次分析法，增加 WinQSB 软件的应用以及运筹学实验教学内容。

本书在第一版的基础上，吸收了许多同行和广大读者的意见，做了部分内容的调整和修改。除原有的线性规划及单纯形法、线性规划的对偶问题、运输问题、多目标线性规划、整数规划、非线性规划、动态规划、存储论、图与网络、网络计划技术、决策分析、对策论、排队论等运筹学的基本内容以外，增加了层次分析法，网络技术的时间和资源优化等内容，增加了 WinQSB 软件的应用以及运筹学实验教学内容。

在本书修订过程中中山大学特聘教授、博士生导师李仲飞教授，西安交通大学博士生导师郭菊娥教授，中国远洋集团集装箱运输公司副总经理陈翔高级经济师对本书提出了许多宝贵的意见，并得到了杨慧敏、赵文会两位老师的帮助，在此一并致以衷心的感谢。

本书是在作者多年为经济管理类专业学生讲授运筹学教学经验的基础上编写而成，也是上海市本科教育高地——电力经济与管理和上海市教委（第五期）重点学科——现代电力企业管理（J51302）的成果之一。本书可作为高等院校经济管理本科专业以及相关专业的研究生教材和参考书，也可以作为各级管理人员、工程技术人员及高层决策人员的培训教材和自学参考书。特别有利于那些注重应用的企业管理人员、MBA 学员、工程硕士的学习，从而为企业决策人员与管理人员掌握与应用运筹学方法提供了一个途径。

限于编者水平，书中难免有疏漏和不妥之处，恳请各方面专家、学者及广大读者批评指正。作者的电子邮箱：shiqs@126.com 或 shiqs0921@126.com。

编　者
2008 年 11 月

# 第 三 版 前 言

《运筹学（第二版）》自 2009 年出版以来，受到各方面的普遍关注，本教材被全国几十所高校选用作为经济管理类专业运筹学课程的本科教材，也被一些国内著名的大学，如西安交通大学等选为研究生入学考试的指定参考书。《运筹学（第二版）》被评为 2007—2009 年度电力行业精品教材（中国电力教育协会），2011 年获得上海市优秀教材二等奖。

在此期间，我们对运筹学课程进行了全面的建设，2013 年，运筹学课程获得"上海市高校市级精品课程"称号（网址 http://jpkc.shiep.edu.cn/?courseid=20055304）；2023 年，运筹学课程被评为国家级一流本科课程。运筹学教学团队分别于 2005 年、2013 年两次获得上海市教学成果二等奖。该教学团队于 2009 年获得"第二届上海高等学校市级教学团队"称号，其中施泉生教授于 2008 年获得第四届上海高校教学名师奖、2010 年度国务院政府特殊津贴；以运筹学教学团队为主要成员的"电力能源优化决策研究"团队获得了 2011—2013 年度上海市"教育先锋号"荣誉称号（2014）和"2014 年度上海市五四青年集体奖章"（2015）。

这次修订的主导思想是：教材中的内容都是运筹学的基础知识，所以全书的内容没有做大的变动，在文字表达和内容阐述方面力求简明正确。本书的修订增加了第 14 章模拟与预测，其他章节删除了一些实际工作中不常用的内容，也适当增加了新内容，使之更适用于研究生教学，特别是工程管理专业硕士（MEM）的教学。

在本书修订过程中，中山大学特聘教授、长江学者、博士生导师李仲飞教授，西安交通大学博士生导师郭菊娥教授，中国远洋集团集装箱运输公司副总经理陈翔高级经济师对本书提出了许多宝贵的意见，赵文会教授、孙波副教授也给予了很多帮助，在此一并致以衷心的感谢。

本书是在作者多年为经济管理类专业学生讲授运筹学教学经验的基础上编写而成，本书第三版的修订是上海高等教育内涵建设"085"工程成果之一。本书可作为高等院校经济管理本科专业以及相关专业的研究生教材和参考书，也可以作为各级管理人员、工程技术人员及高层决策人员的培训教材和自学参考书。特别有利于那些注重应用的企业管理人员、MEM 和 MBA 学员、工程硕士的学习，从而为企业决策人员与管理人员掌握与应用运筹学方法提供了一个途径。本书配套的在线课程（MOOC）2021 年首批上线国家高等智慧教育平台，扫描封面二维码，可注册学习。

限于编者水平，书中难免有疏漏和不妥之处，恳请各方面专家学者及广大读者批评指正。作者的电子邮箱:shiqs@126.com。

编　者
2015 年 12 月

# 目　　录

# 绪　　论

## 0.1　概　　述

### 0.1.1　什么是运筹学

由于运筹学（Operations Research，OR）研究的广泛性和复杂性，至今其没有形成一个统一的定义。下面给出运筹学的几种定义：

（1）运筹学是一种科学决策的方法。

（2）运筹学是依据给定目标和条件从众多方案中选择最优方案的最优化技术。

（3）运筹学是一种寻求在给定资源条件下，如何设计和运行一个系统的科学决策的方法。

### 0.1.2　运筹学研究的特点

1. 科学性

（1）运筹学研究是在科学方法论的指导下通过一系列规范化步骤进行的。

（2）运筹学研究是广泛利用多种学科的科学技术知识进行的研究，其不仅仅涉及数学，还涉及经济科学、系统科学、工程物理科学等其他学科。

2. 实践性

运筹学以实际问题为分析对象，通过鉴别问题的性质、系统的目标以及系统内主要变量之间的关系，利用数学方法达到对系统进行最优化的目的。更为重要的是，用运筹学分析获得的结果要能被实践检验，并被用来指导实际系统的运行。

3. 系统性

运筹学用系统的观点来分析一个组织（或系统），它着眼于整个系统而不是一个局部，通过协调各组成部分之间的关系和利害冲突，使整个系统达到最优状态。

4. 综合性

运筹学研究是一种综合性的研究，涉及问题的方方面面，并且要应用多学科的知识，因此，需要一个由各方面的专家组成的小组来完成。

## 0.2　运筹学模型

运筹学研究的模型主要是抽象模型——数学模型。数学模型的基本特点是用一些数学关系（如数学方程、逻辑关系等）来描述被研究对象的实际关系（如技术关系、物理定律、外部环境等）。一般模型有以下四种分类：

（1）按呈现和表达的方式，其可以分成实物模型、符号模型和计算机模型。

实物模型：规模缩小和放大的由实物制成的模型，如建筑模型、飞机模型和原子模型等。

符号模型：用数学符号表示的模型。

计算机模型：这类模型表现为可以在计算机上执行的由计算机语言表达的程序。

（2）按描述方法的特点，其可以分成描述性模型、规范化模型和启发式模型。

描述性模型：这类模型仅仅描述实际发生的具体过程而不探讨过程背后的原因。许多统计模型、模拟模型和排队模型都是这类描述性模型。

规范化模型：这类模型使用规范化的方法，对影响系统的内在规律进行探索，并详细描述系统的变量、目标和约束。大部分最优化模型属于这类模型。

启发式模型：这类模型是一种经验模型，主要由一些直观的经验和规则构成。

（3）按模型变量和参数性质，其可以分成确定性模型和随机性模型。

确定性模型：这类模型的变量和参数都是确定的，如线性规划、整数规划和网络规划等模型。

随机性模型：这类模型的变量和参数都是随机的，如排队模型、决策模型和对策模型等。

（4）按模型是否考虑时间因素，其还可以分成静态模型和动态模型。

静态模型：这类模型只反映某一个固定时间点的系统状态，变量、参数与时间无关。

动态模型：这类模型反映一段时间内系统变化的状态，变量、参数与时间有关，如动态规划模型等。

运筹学模型的一个显著特点是它们大部分为最优化模型。一般来说，运筹学模型都有一个目标函数和一系列的约束条件，模型的目标是在满足约束条件的前提下使目标函数最大化或最小化。

## 0.3　运筹学分析的主要步骤

运筹学分析的主要步骤如图 0.1 所示。从真实系统提炼问题并描述，构建模型并不断修改，使模型能最好地描述真实系统。基于数据准备，对模型进行求解和检验，若发现结果不能解释真实系统中的现象，需要对问题的描述和模型进行修改，直到达到要求后，对结果进行分析和实施。

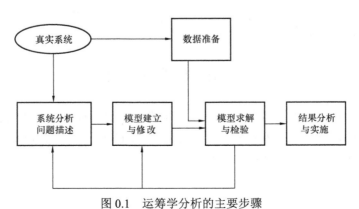

图 0.1　运筹学分析的主要步骤

## 0.4　运筹学包含的主要分支

运筹学是一门新兴的应用学科，发展了许多重要的数学模型，包括确定性模型和随机性模型。确定性模型有线性规划、整数规划、非线性规划、多目标规划、图与网络、动态规划等。随机性模型有排队论、随机规划、对策论、决策分析、搜索论等。

1998 年，中国运筹学会提出运筹学学科分类意见，在一级学科"运筹学"下设 15 个二级学科：它的基础学科分支有规划理论、随机运筹理论、组合与网络优化理论和决策理论；它与其他学科的交叉分支有计算运筹学、工程技术运筹学和管理运筹学；它的应用学科分支有工业运筹学、农业运筹学、金融市场保险运筹学、交通运输运筹学、公用事业运筹学、军事运筹学、资源生态环境运筹学和生命科学运筹学。并在各二级学科下，再列出 40 多个三级学科。

有人曾对美国各个运筹学分支应用情况做了一些统计，虽然绝大多数随着不同年代和不同人的不同统计方法而有所差别，但是其相对排序还是清晰的，按应用多少排序如下：统计、模拟、网络规划、线性规划、排队论、非线性规划、动态规划和对策论。在我国，随机抽样调查结果基本相同。不过，近年来对策论应用开始增多。

## 0.5　运筹学的历史和发展

### 0.5.1　朴素的运筹思想

1. 都江堰水利工程

都江堰由战国时期（大约公元前 250 年）川西太守李冰父子主持修建。其目标是利用岷江上游的水资源灌溉川西平原，追求的效益还有防洪与航运。其总体构思是系统思想的杰出运用。都江堰由三大工程及 120 多项配套工程组成，即：

（1）"鱼嘴"岷江分水工程：将岷江水有控制地引入内江。

（2）"飞沙堰"分洪排沙工程：将泥沙排入外江。

（3）"宝瓶口"引水工程：除沙后的江水引入水网干道。

它们巧妙结合，完整而严密，相得益彰。两千多年来，这项工程一直发挥着巨大的效益，是我国最成功的水利工程之一。

2. 丁谓的皇宫修复工程

北宋年间，丁谓负责修复火毁的开封皇宫。他的施工方案是：先将皇宫前的一条大街挖成一条大沟，将大沟与汴水相通；使用挖出的土就地制砖，令与汴水相连形成的河道承担繁重的运输任务；修复工程完成后，实施大沟排水，并将原废墟物回填，修复成原来的大街。丁谓利用"一沟三用"的方法巧妙地解决了取材、生产运输及废墟物处理的问题。

3. 田忌赛马

齐王要与大臣田忌赛马，双方各出上、中、下马各一匹，对局三次，胜者得 1000 金。田忌在其好友、著名的军事谋略家孙膑的指导下，以表 0.1 所列安排，最终净胜一局，赢得 1000 金。

表 0.1　　　　　　　　　　　　　　田 忌 赛 马 对 局 表

| 齐王 | 上 | 中 | 下 |
|---|---|---|---|
| 田忌 | 下 | 上 | 中 |

### 0.5.2　早期的（军事）运筹学

1. 特拉法加尔（Trafalgar）海战和纳尔森（Nelson）秘诀

19 世纪中叶，法国拿破仑统帅大军要与英国争夺海上霸主地位，而实施这一战略的关键是消灭英国的舰队。英国海军统帅、海军中将纳尔森亲自制定了周密的战术方案。

1805 年 10 月 21 日，这场海上大战爆发了。一方是由英国纳尔森亲自统帅的地中海舰队，由 27 艘战舰组成；另外一方是由费伦纽夫（Villenuve）率领的法国−西班牙联合舰队，共有 33 艘战舰。特拉法加尔大海战的概况是：费伦纽夫率领的法国−西班牙联合舰队采用常规的一字横列，以利炮火充分展开，而纳尔森的战术使费伦纽夫大出意外。英国的舰队分成两个纵列：前卫上风纵列由 12 艘战舰组成，由纳尔森亲自指挥，拦腰将法国−西班牙联合舰队切为两段；后卫下风纵列由英国海军中将科林伍德（Collingwood）指挥，由 15 艘战舰组成。在一场海战后，法国−西班牙联合舰队以惨败告终，其司令费伦纽夫连同 12 艘战舰被俘，8 艘战舰沉没，仅 13 艘战舰逃走，人员伤亡 7000 人；而英国战舰没有沉没，人员伤亡 1663 人，但是，作为统帅的纳尔森阵亡。

秘密备忘录中的纳尔森秘诀：预期参加战斗的英国舰队 40 艘，法国−西班牙联合舰队 46 艘。预计联合舰队的战斗队形一字横列。英国舰队的战斗队形与任务：分成两个主纵列及一个小纵列。主纵列 1 有 16 艘舰船，由纳尔森亲自指挥，拦腰将法国−西班牙联合舰队切为两段，并攻击联合舰队的中间部分。主纵列 2 有 16 艘舰船，由英国海军中将科林伍德指挥，从联合舰队后半部再切断，分割并攻击后部 12 艘舰船。小纵列有 8 艘舰船，在中心部分附近攻击其先头部分的 3～4 艘舰船。

2. 兰彻斯特（F. W. Lanchester）作战分析

兰彻斯特方程：设两军对抗中一方有 $x$ 个战斗单位（战舰、战车、战机、步兵单位等），另外一方有 $y$ 个战斗单位。基本假设：每一方战斗单位的损失率与对方战斗单位的数量成正比。于是，双方战斗损失的微分方程为：$\dfrac{\mathrm{d}y}{\mathrm{d}t}=-ax$，$\dfrac{\mathrm{d}x}{\mathrm{d}t}=-by$。其中，$a>0$ 与 $b>0$ 表示双方的平均战斗力。因此，可以得到

$$ax^2 = by^2$$

上式称为兰彻斯特 $N^2$ 定律。

用兰彻斯特 $N^2$ 定律可以对"纳尔森秘诀"整体战斗实力进行分析。设双方单个战斗单位的战斗力相同，则有：英国舰队 $40^2=1600$，联合舰队 $46^2=2116$。此时，联合舰队占优势，设想联合舰队全歼英国舰队后，联合舰队还有 $\sqrt{2116-1600}=23$ 艘。将联合舰队拦腰切断，$23+23=46$，是将联合舰队实力减弱的最小分割法。此时，联合舰队的实力为 $23^2+23^2=1058$，而英国舰队的实力为 $(16+16)^2+8^2=1088$，英国舰队已略占优势。在英国舰队两个主纵列共 32 艘，攻击联合舰队的后一半 23 艘，此时，英国舰队实力为 $(16+16)^2=32^2=1064$，而联合舰队的实力为 $23^2=529$，英国舰队已占有优势。在全歼联合舰队后部后，英国舰队两个主纵列还可以保留 $\sqrt{1064-529}=\sqrt{516}=23$ 艘，再和小纵列中舰队联合与联合

舰队前部作战还占有优势，即在最坏情况下，"纳尔森秘诀"也可以使英国舰队获得胜利，如图 0.2 所示。

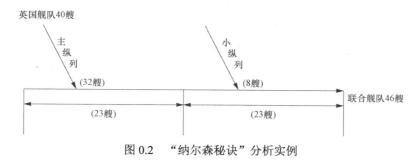

图 0.2　"纳尔森秘诀"分析实例

3. 鲍德西（Bawdsey）雷达站的研究

1935 年，英国科学家沃特森·瓦特（R. Watson-Wart）发明了雷达。丘吉尔命令在英国东海岸的鲍德西建立了一个秘密雷达站。当时，德国已拥有一支强大的空军，起飞 17min 即到达英国本土。在如此短的时间内，如何预警和拦截成为一大难题。1939 年，由曼彻斯特大学物理学家、英国战斗机司令部顾问、战后获得诺贝尔奖的布莱克特（P. M. S. Blackett）为首，组织了一个小组，代号"Blackett 马戏团"。这个小组包括 3 名心理学家、2 名数学家、2 名应用数学家、1 名天文物理学家、1 名普通物理学家、1 名海军军官、1 名陆军军官和 1 名测量员。研究的问题是：设计将雷达信息传送到指挥系统和武器系统的最佳方式；雷达与武器的最佳配置；对探测、信息传递、作战指挥、战斗机与武器的协调做了系统的研究，并获得成功。"Blackett 马戏团"在秘密报告中使用了"Operational Research"，即"运筹学"。

4. 大西洋反潜战

1942 年，美国大西洋舰队反潜战官员怀尔德·贝克（W. D. Baker）舰长请求成立反潜战运筹组，麻省理工学院的物理学家莫尔斯（P. W. Morse）被请来担任计划与监督。莫尔斯（Morse）出色的工作之一是协助英国打破了德国对英吉利海峡的封锁。1941～1942 年，德国潜艇严密封锁了英吉利海峡，企图切断英国的"生命线"。海军几次反封锁，均不成功。应英国要求，美国派莫尔斯率领一个小组去协助。莫尔斯经过多方实地考察，最后提出了两条重要建议：①将反潜攻击由反潜舰艇投掷水雷改为飞机投掷深水炸弹，起爆深度由 100m 左右改为 25m 左右，即当德方潜艇刚下潜时攻击效果最佳（提高效率 4～7 倍）；②运送物资的船队及护航舰队编队，由小规模、多批次改为大规模、少批次，这样损失率将减少（由 25%下降到 10%）。丘吉尔采纳了莫尔斯的建议，最终成功打破封锁，并重创了德国潜艇。莫尔斯同时获得英国和美国的最高勋章。

5. 战斗机搜索潜艇（20 世纪 40 年代）

战斗机搜索潜艇，效果的衡量指标称为扫率，计算式为

$$扫率 = \frac{AS}{TN}$$

式中：$A$ 为侦察到的潜艇次数；$T$ 为侦察所用时间（h）；$S$ 为飞机侦察负责的面积（海里$^2$）；$N$ 为可能有的潜艇数。

此公式中 $N$ 很难估计，但是由此公式记录的反潜作战效果的起伏波动可以得知双方战

术和装备的变化，这在战争中起很大的作用。

6. 军用物资运输（20 世纪 40 年代）

美国参加第二次世界大战较晚，早期的军用物资都是从美国用商船通过大西洋运往欧洲，发现这些商船在公海上经常受到德军飞机的轰炸，为了应对这一威胁，在商船上装备了高射炮，但发现打落飞机很少，是否没有达到目的呢？我们知道在商船上装备高射炮的目的是"打击敌人，保护自己"，因此商船被击沉没数显著下降（由 25%降为 10%），达到了目的。

7. 英国战斗机中队援法决策（20 世纪 40 年代）

第二次世界大战开始不久，德国军队突破了法国的马奇诺防线，法军节节败退。英国为了对抗德国，派遣了十几个战斗机中队，在法国上空与德国军队作战，并且指挥、维护均在法国进行。由于战斗失败，法国总理要求增援 10 个中队，已出任英国首相的丘吉尔决定同意这个要求。英国运筹人员得知此事后，进行了一项快速研究，其结果表明：在当时情况下，当损失率、补充率为现行水平时，仅仅再进行两周左右时间，英国的援法战斗机就连一架也不存在了。这些运筹学家以简明的图表、明确的分析结果说服了丘吉尔，丘吉尔最终决定：不仅不再增加新的战斗机中队，而且还将在法国的英国战斗机中队大部分撤回英国本土，以本土为基地，继续对抗德国，局面有了很大的改观。

### 0.5.3　现代的（军事）运筹学

1. 美国的北极星导弹潜艇和阿波罗登月计划

1958 年，美国海军当局在研制北极星导弹潜艇时第一次采用了计划评审技术（Program Evaluation and Review Technique）。涉及的主要承包商有 200 多家，转包商有 10000 家。总计使用 23 个系统网络，每两周检查一次，原定 6 年完成，后提前两年完成，节约经费 10%～15%。同样，美国阿波罗登月计划也采用了该方法，为这项庞大的工程提供了统筹规划的技术支持，耗时 11 年。阿波罗登月计划全部任务分别由地面、空间和登月三部分组成，总计耗资 300 亿美元，参加研制的企业 2 万家，大学与研究机构 120 所，共 42 万人参与，使用 600 台计算机、700 万零件。在 1969 年 7 月，阿姆斯特朗登上月球。

2. 海湾战争中的作战模拟（1990 年 8 月）

《指挥官》（The Commanders）一书描述了美国最高当局如何策划入侵巴拿马和如何策划海湾战争。书中透露美国国防部长切尼（Richard Bruce Cheney）在海湾战争准备阶段曾因拿不准美国在这场战争付出多大代价和费用而困扰。在海湾战争爆发前，美国采用作战方案评估模型（CEM）和相关的支持模型制定战争计划。CEM 由美国研究分析公司（RAC）与陆军概念分析局在 1980 年合作开发，应用于北大西洋公约组织与华沙条约集团之间的战区级战役仿真。CEM 的特征是全自主运行、确定型和装甲旅级战斗分辨率。过程由战区司令官决策控制，新一轮仿真准备时间为数月，在 CRAY-II 巨型计算机上运行一次仿真时间不超过 2h。1990 年 8 月，美国陆军概念分析局用 CEM 为"沙漠盾牌"行动提供分析支持，包括战略步骤、部队、人力、弹药需求，以及评估防空与战区导弹防御和联军的潜力。从 1990 年 8 月中旬到地面战争结束，CEM 共运行了 500 个回合。美军投入"沙漠盾牌"和"沙漠风暴"行动应用另一计算机仿真模型为 C3I SIM 模型，它为美军空中行动提供头 24h 的损耗分析。1991 年 12 月 9～11 日，在美国海军分析中心支持了美国军事运筹学会"分析海湾战争教训的研讨会"。美国军事运筹学会主席 Vernon M. Bettencourt. JR 指出：海湾战争的遗产，将继续对国防系统分析和美国军事运筹学会的活动产生影响。国防系统分析模型如何表达直接影响战斗力的电子战、战场探测器、情报汇集以及通信、指挥和控制，仍然是薄弱环节；人的因素影响，如士气、突击、领导能力和疲劳，也有待更好的表达。

### 0.5.4　运筹学的发展

美国前运筹学会主席邦德（S. Bonder）曾提出运筹学可以分成三大方面：运筹数学、运筹学应用及运筹科学，并强调发展后两者。从整体来讲，这三个方面应协调发展，才能解决经济、技术、社会、心理、生态和政治等综合因素交叉在一起的复杂系统的问题。也就是要从运筹学进展到系统分析，并与未来学紧密结合以解决人类所面临的困境。解决问题的过程是决策者和分析者发挥其创造性的过程，这也就是进入 20 世纪 70 年代以来人们越来越对人机对话的算法感兴趣的原因。在 20 世纪 80 年代一些重要的与运筹学有关的国际会议中，大多数人认为决策支持系统（Decision Support System，DSS）是使运筹学发展的一个好机会。总之，运筹学仍在不断发展，新的思想、观点和方法层出不穷。

20 世纪八九十年代运筹学有两个重要进展：

（1）软运筹学（Soft OR）的崛起，以切克兰特（P. Checkland）的软系统方法论和罗森海特（J. Rosenhead）的问题结构法等为代表的一批新的方法论出现，为处理复杂、非结构化和具有不确定的问题提供了新的思路和方法。

（2）软计算（Soft Computing）的崛起，它允许不太精确、不确定性、部分真理和近似等。软计算可以以比较低的代价提供一定程度的可用解。与过去计算方法的不同之处在于，软计算吸取了人的智慧和判断［各种启发式（Heuristic）方法、模糊逻辑（Fuzzy Logic）］，生物方面的知识［遗传算法（Geneticalgorithm）、进化规划（Evolutionary Programming）、蚁群算法（Ant Colony Optimization，ACO）、人工神经网络（Artificial Neural Network）］和物理方面的知识［模拟退火法（Simulated Annealing，SA）］。扎德（L. A. Zadeh）在 1991 年指出人工神经网络、模糊逻辑及遗传法与传统计算模式的区别，将它们命名为软计算。近年来，文献中将混沌理论、模拟退火算法和概率推理（Probabilistic Reasoning）等也归入软计算，在运筹学中更关心它们在优化问题中的应用，因此为区别于比较好的有解析表达式时用的优化方法而称之为软优化。

近 20 年来，信息科学、生命科学等现代高科技对人类社会产生了巨大影响，运筹学从中起了一定的作用。例如，将全局最优化、图论、神经网络等运筹学理论及方法应用于分子生物信息学中的 DNA 与蛋白质序列比较、芯片测试、生物进化分析、蛋白质结构预测等问题的研究；在金融管理方面，将优化及决策分析方法应用于金融风险控制与管理、资产评估与定价分析模型等；在网络管理上，利用随机过程方法研究排队网络的数量指标分析；在供应链管理问题中，利用随机动态规划模型研究多重决策最优策略的计算方法等。运筹学作为一门新兴的学科，现有的分支、理论和方法还远远不能描述复杂的管理运动过程和规律。可以预期的是，管理科学的发展也必将为运筹学的进一步发展开辟更加广阔的领域，而运筹学的发展也必将进一步研究和解决管理学中越来越多的问题，并对其他学科产生一定的影响。

### 0.5.5　钱学森等科学家与中国运筹学

1954 年，钱学森专著《工程控制论》在美国出版，书中已有系统思想。同时他还关注着与系统工程直接相关的运筹学。1955 年秋，许国志归国途中与钱学森同船，他们讨论如何为祖国建设作出贡献。钱学森与许国志谈及当时刚发展不久的运筹学这一新学科，认为这门学科虽起源于第二次世界大战，但对于经济建设肯定也能发挥重要作用。虽然它建立于资本主义国家，但由于其学术上的本质是强调总体，因此对社会主义建设作用也会很大。他们决定将这一新学科引入中国。

回国后，许国志被分派到刚建立的中国科学院力学研究所。由于许国志在工程方面的功底及数学上的造诣，钱学森便要他负责筹建了中国第一个运筹学研究室。运筹学是一门综合性很强的学科，其科研组织的构成也应能适应这一学科特点。在筹建运筹学研究室的过程中，许国志借鉴钱学森的想法，在人员组成方面实行了"三三"制，即三个理科专业、三个工科专业、三个社会科学专业。这样的人员构成不仅在当时颇有新意，而且为运筹学的发展奠定了良好的基础。

20世纪60年代中期，华罗庚在实践中把运筹学创造性地应用于国民经济领域，筛选出了以改进生产工艺和提高质量为内容的"优选法"和以处理生产组织与管理问题为内容的"统筹法"，这两种方法简称"双法"。随后，他出版了《优选法平话及其补充》《统筹方法平话及补充》，并亲自带领师生到一些工厂推广和应用，向数以百万计的人普及运筹学。从1964年开始，在20年时间里，他走了20万公里路程，足迹遍及28个省市自治区，创造了数以十亿元人民币的巨大经济效益。

# 第1章 线性规划及单纯形法

线性规划（Linear Programming，LP）是运筹学的一个重要分支。1939 年，苏联数学家康托罗维奇（L. V. Kantorovich）研究并发表了《生产组织与计划的数学方法》一书，首次提出线性规划问题，之后美国学者希奇柯克（F. L. Hitchcock）和柯普曼（T. C. Koopman）又分别于 1941 年和 1947 年独立地提出了运输问题。特别是 1947 年美国学者丹捷格（G. B. Dantzig）提出了单纯形算法（Simpler）之后，线性规划在理论上趋向成熟，1963 年丹捷格出版了《线性规划及扩展》（*Linear Programming and Extension*）一书。1979 年，苏联年轻的科学家哈奇扬（L. G. Khachian）提出了多项式算法——椭球法，1984 年，印度的科学家卡马卡（N. Karmarkar）提出了一个新的多项式算法——投影梯度法，也称 Karmarkar 算法，使得线性规划问题无论在理论上还是算法上都取得了重大的进展。从数学上讲，线性规划是研究线性不等式组的理论，或者说是研究线性方程组非负解的理论，也可以说是研究（高维空间中）凸多面体的理论，是线性代数的应用和发展。

## 1.1 线性规划基本概念

### 1.1.1 问题的提出——生产计划问题

线性规划是指研究线性约束条件下，求解线性目标函数极值问题的数学理论和方法。主要研究资源的最优利用、设备的最佳运行等生产计划问题。例如，企业在一定资源条件的限制下（如设备、原材料、人工、时间等），如何组织安排生产以获得最大的经济效益。

在研究生产计划问题时，一般有下列两种提法：

（1）如何合理地利用有限的人力、物力和资金，获得最大的经济效益，此为求极大值。

（2）如何合理地利用有限的人力、物力和资金，在完成一定数量的任务前提下，使所耗费的成本最少，此为求极小值。

【例 1.1】 生产计划问题（资源利用问题）。

胜利家具厂生产桌子和椅子两种家具，桌子售价 50 元/张，椅子售价 30 元/张，生产桌子和椅子都需要木工和油漆工两种工种。生产一张桌子需要木工工时为 4h，油漆工工时为 2h；生产一张椅子需要木工工时为 3h，油漆工工时为 1h。该厂每个月可用木工工时为 120h，油漆工工时为 50h。问该厂如何组织生产才能使每月的销售收入最大。

**解** 将一个实际问题转化为线性规划模型有以下几个步骤：

（1）确定决策变量（Decision Variable）：$x_1$ = 生产桌子数量，$x_2$ = 生产椅子数量。

（2）确定目标函数（Objective Function）：家具厂的目标是销售收入最大，即

$$\max S = 50x_1 + 30x_2$$

（3）确定约束条件（Constraint Conditions）

$$4x_1 + 3x_2 \leqslant 120（木工工时限制）$$

$$2x_1 + x_2 \leqslant 50 \text{（油漆工工时限制）}$$

（4）变量符号限制（Symbolic Constraint）：也是一种约束条件，一般情况，决策变量取非负值，即 $x_1 \geqslant 0$，$x_2 \geqslant 0$。

由以上分析得数学模型

$$\max S = 50x_1 + 30x_2$$
$$\text{s. t. } 4x_1 + 3x_2 \leqslant 120$$
$$2x_1 + x_2 \leqslant 50$$
$$x_1, x_2 \geqslant 0$$

### 1.1.2　线性规划问题的数学模型

线性规划的数学模型一般由决策变量、目标函数和约束条件三部分组成。

【例 1.2】　营养配餐问题。

假定一个成年人每天需要从食物中获得 3000kJ 的热量、55g 的蛋白质和 800mg 的钙。如果市场上只有四种食品可供选择，它们每千克所含的热量、营养成分和市场价格见表 1.1。问如何选择才能在满足营养的前提下使购买食品的费用最小。

表 1.1　　　　　　　　　四种食品每千克所含的热量、营养成分和市场价格

| 序号 | 食品名称 | 热量（kJ） | 蛋白质（g） | 钙（mg） | 价格（元） |
|------|----------|-----------|------------|---------|-----------|
| 1 | 猪肉 | 1000 | 50 | 400 | 14 |
| 2 | 鸡蛋 | 800 | 60 | 200 | 6 |
| 3 | 大米 | 900 | 20 | 300 | 3 |
| 4 | 白菜 | 200 | 10 | 500 | 2 |

**解**　设 $x_j$ 为第 $j$ 种食品每天的购入量，则配餐问题的线性规划模型为

$$\min Z = 14x_1 + 6x_2 + 3x_3 + 2x_4$$
$$\text{s. t. } 1000x_1 + 800x_2 + 900x_3 + 200x_4 \geqslant 3000$$
$$50x_1 + 60x_2 + 20x_3 + 10x_4 \geqslant 55$$
$$400x_1 + 200x_2 + 300x_3 + 500x_4 \geqslant 800$$
$$x_1, x_2, x_3, x_4 \geqslant 0$$

其他典型问题：

（1）合理下料问题。

（2）运输问题。

（3）生产的组织与计划问题。

（4）投资证券组合问题。

（5）分派问题。

（6）生产工艺优化问题等。

### 1.1.3　用于成功决策的实例

（1）我国某知名连锁超市配送中心设计满足一定目标的车辆调度方案。

（2）我国超大规模集成电路中实现最优的布局方案。

（3）我国基于某城市的运营数据，实现公共交通的规划和调度。

（4）我国某能源企业进行全球资源的配置优化方案。

（5）美国某航空公司进行航班中机组人员和飞机匹配安排。

（6）美国水利部门在满足每天电力需求目标下进行水库的选择决策。

（7）美国某长途运输公司关于每周数千辆货车的调度决策。

（8）美国某炼油厂调节冶炼能力以适应无铅燃料生产的法律更改的决策。

### 1.1.4 线性规划问题的一般形式

$$\max(\min) S = c_1 x_1 + c_2 x_2 + \cdots + c_n x_n$$

$$\text{s. t. } a_{11}x_1 + a_{12}x_2 + \cdots + a_{1n}x_n \leqslant (=, \ \geqslant) b_1$$

$$a_{21}x_1 + a_{22}x_2 + \cdots + a_{2n}x_n \leqslant (=, \ \geqslant) b_2$$

$$\vdots$$

$$a_{m1}x_1 + a_{m2}x_2 + \cdots + a_{mn}x_n \leqslant (=, \ \geqslant) b_m$$

$$x_1, \ x_2, \ \cdots, \ x_n \geqslant 0$$

### 1.1.5 线性规划问题隐含的假定

（1）比例性假定。决策变量的变化所引起的目标函数的改变量和决策变量的改变量成比例；同样，每个决策变量的变化所引起的约束方程左端值的改变量和该变量的改变量成比例。

（2）可加性假定。每个决策变量对目标函数和约束方程的影响是独立于其他变量的；目标函数值是每个决策变量对目标函数贡献的总和。

（3）连续性假定。线性规划问题中的决策变量应取连续值。

（4）确定性假定。线性规划问题中的所有参数都是确定的参数，线性规划问题不包含随机因素。

### 1.1.6 线性规划问题的标准形式

线性规划问题的标准形式一

$$\max S = c_1 x_1 + c_2 x_2 + \cdots + c_n x_n$$

$$\text{s. t. } a_{11}x_1 + a_{12}x_2 + \cdots + a_{1n}x_n = b_1$$

$$a_{21}x_1 + a_{22}x_2 + \cdots + a_{2n}x_n = b_2$$

$$\vdots$$

$$a_{m1}x_1 + a_{m2}x_2 + \cdots + a_{mn}x_n = b_m$$

$$x_1, \ x_2, \ \cdots, \ x_n \geqslant 0$$

式中：$b_i \geqslant 0$, $i = 1, 2, \cdots, m$。

线性规划问题的标准形式二

$$\max S = \sum_{j=1}^{n} c_j x_j$$

$$\text{s. t. } \sum_{j=1}^{n} a_{ij} x_j = b_i, \ i = 1, 2, \cdots, m$$

$$x_j \geqslant 0, \ j = 1, 2, \cdots, n$$

线性规划问题的标准形式三

$$\max S = \boldsymbol{CX}$$

$$\text{s. t. } \boldsymbol{AX} = \boldsymbol{b}$$

$$\boldsymbol{X} \geqslant \boldsymbol{0}$$

式中：$\boldsymbol{C} = (c_1, \ c_2, \ \cdots, \ c_n)$; $\boldsymbol{X} = (x_1, \ \cdots, \ x_n)^{\text{T}}$; $\boldsymbol{A} = (a_{ij})_{m \times n}$; $\boldsymbol{b} = (b_1, \ \cdots, \ b_m)^{\text{T}}$; $\boldsymbol{0} = (0, \ \cdots, \ 0)^{\text{T}}$。

### 1.1.7　如何将一般线性规划问题化为标准形式

（1）若目标函数是求最小值 $\min Z = \boldsymbol{CX}$，令 $S = -Z$，则

$$\max S = -\boldsymbol{CX}$$

（2）若约束条件是不等式：

1）若约束条件是"$\leqslant$"不等式，则

$$\sum_{j=1}^{n} a_{ij}x_j + y_i = b_i$$

式中：$y_i \geqslant 0$ 是非负的松弛变量（Slack Variable）。

2）若约束条件是"$\geqslant$"不等式，则

$$\sum_{j=1}^{n} a_{ij}x_j - z_i = b_i$$

式中：$z_i \geqslant 0$ 是非负的松弛变量，也称剩余变量（Surplus Variable）。

（3）若约束条件右面的某一常数项 $b_i < 0$，这时只要在 $b_i$ 相对应的约束方程两边乘上 $-1$ 即可。

（4）若变量 $x_j$ 无非负限制，引进两个非负变量 $x_j'$，$x_j'' \geqslant 0$，令 $x_j = x_j' - x_j''$。

按以上方法任何形式的线性规划问题总可以化成标准形式。

【例 1.3】　将下列线性规划问题化成标准形式。

$$\min Z = -x_1 + 2x_2 - 3x_3$$
$$\text{s. t. } x_1 + x_2 + x_3 \leqslant 7$$
$$x_1 - x_2 + x_3 \geqslant 2$$
$$-3x_1 + x_2 + 2x_3 = 5$$
$$x_1, x_2 \geqslant 0, x_3 \text{ 无非负限制}$$

**解**　令 $x_3 = x_3' - x_3''$，$x_4$、$x_5 \geqslant 0$，$S = -Z$，则

$$\max S = x_1 - 2x_2 + 3x_3' - 3x_3''$$
$$\text{s. t. } x_1 + x_2 + x_3' - x_3'' + x_4 = 7$$
$$x_1 - x_2 + x_3' - x_3'' - x_5 = 2$$
$$-3x_1 + x_2 + 2x_3' - 2x_3'' = 5$$
$$x_1, x_2, x_3', x_3'', x_4, x_5 \geqslant 0$$

## 1.2　线性规划问题的解

### 1.2.1　（二维）线性规划问题的图解法（Graphical Solution）

**定义 1.1　可行解**　满足约束条件的变量值，称为可行解（Feasible Solutions）。

**定义 1.2　可行域**　可行解的全体组成问题的解集合，称为可行域（Feasible Region）。

**定义 1.3　最优解**　使目标函数取得最优值的可行解，称为最优解（Optimal Solutions）。

【例 1.4】　使用图解法求解下列线性规划问题。

$$\max S = 50x_1 + 30x_2$$
$$\text{s. t. } 4x_1 + 3x_2 \leqslant 120$$

$$2x_1 + x_2 \leqslant 50$$
$$x_1, x_2 \geqslant 0$$

**解**　同时满足：$2x_1 + x_2 \leqslant 50$，$4x_1 + 3x_2 \leqslant 120$，$x_1 \geqslant 0$，$x_2 \geqslant 0$ 的区域称为可行域。可行域是由约束条件（见图 1.1）围成的区域，该区域内的每一点都是可行解，它是可行解的全体组成问题的解集合。该问题的可行域是由 $O$，$Q_1$，$Q_2$，$Q_3$ 作为顶点的凸多边形，如图 1.2 所示。

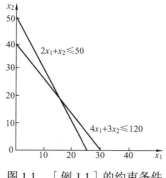

图 1.1　［例 1.1］的约束条件

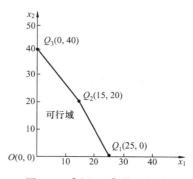

图 1.2　［例 1.1］的可行域

目标函数是以 S 作为参数的一组平行线：$x_2 = \dfrac{S}{30} - \dfrac{5}{3} x_1$，当 S 值不断增加时，该直线沿着其法线方向向右上方移动。当该直线移到 $Q_2$ 点时，S（目标函数）值达到最大：$\max S = 50 \times 15 + 30 \times 20 = 1350$，此时最优解 $x_1 = 15$，$x_2 = 20$，如图 1.3 所示。

两个重要结论：

（1）满足约束条件的可行域一般都构成凸多边形。这一事实可以推广到更多变量的场合。

（2）最优解必定能在凸多边形的某一个顶点上取得。这一事实也可以推广到更多变量的场合。

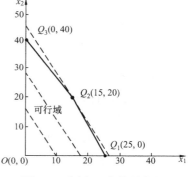

图 1.3　［例 1.1］的最优解

1. 解的讨论

（1）唯一最优解。如［例 1.4］的情况。

（2）无穷多组最优解（Multiple Optimal Solutions）。如［例 1.4］的目标函数由原来的 $\max S = 50x_1 + 30x_2$ 变成 $\max S = 40x_1 + 30x_2$，约束条件不变，则目标函数是同约束条件 $4x_1 + 3x_2 \leqslant 120$ 平行的直线 $x_2 = \dfrac{S}{30} - \dfrac{4}{3} x_1$。当 S 的值增加时，目标函数同约束条件 $4x_1 + 3x_2 \leqslant 120$ 重合，$Q_2$ 与 $Q_3$ 之间都是最优解，如图 1.4 所示。

（3）无界解（Unbounded Solution）。

【例 1.5】　用图解法求解下列线性规划问题。

$$\max S = x_1 + x_2$$
$$\text{s.t.} \ -2x_1 + x_2 \leqslant 40$$
$$x_1 - x_2 \leqslant 20$$
$$x_1, x_2 \geqslant 0$$

**解**　该可行域无界，目标函数值可增加到无穷大，称这种情况为无界解或无最优解，如图 1.5 所示。

（4）无可行解。

【例 1.6】　使用图解法求解下列线性规划问题。

$$\max S = 2x_1 + 3x_2$$
$$\text{s. t. } x_1 + 2x_2 \leqslant 8$$
$$x_1 \leqslant 4$$
$$x_2 \leqslant 3$$
$$-2x_1 + x_2 \geqslant 4$$
$$x_1, \ x_2 \geqslant 0$$

**解**　该问题的可行域是空集，因而无可行解。

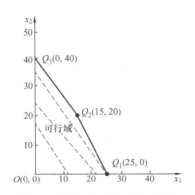

图 1.4　无穷多组最优解的情况

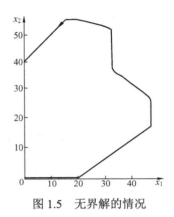

图 1.5　无界解的情况

2. 解的情况汇总

（1）有可行解：

1）有唯一最优解。

2）有无穷多最优解。

3）无界解。

（2）无可行解。

### 1.2.2　线性规划问题解的概念

线性规划标准形式的矩阵形式

$$\max S = \boldsymbol{C}\boldsymbol{X} \tag{1.1}$$
$$\text{s. t. } \boldsymbol{A}\boldsymbol{X} = \boldsymbol{b} \tag{1.2}$$
$$\boldsymbol{X} \geqslant \boldsymbol{0} \tag{1.3}$$

1. 解、可行解和最优解

（1）满足约束条件式（1.2）与式（1.3）的 $\boldsymbol{X}$，称为线性规划问题的可行解。

（2）使目标函数式（1.1）达到最优的可行解 $\boldsymbol{X}$，称为线性规划问题的最优解。

2. 基、基向量和基变量

（1）设 $r(\boldsymbol{A}) = m$，并且 $\boldsymbol{B}$ 是 $\boldsymbol{A}$ 的 $m$ 阶非奇异子矩阵 $[\det(\boldsymbol{B}) \neq 0]$，则称矩阵 $\boldsymbol{B}$ 为线性规划问题的一个基。

（2）矩阵 $\boldsymbol{B} = (\boldsymbol{P}_1, \ \boldsymbol{P}_2, \ \cdots, \ \boldsymbol{P}_m)$，其列向量 $\boldsymbol{P}_j$ 称为对应基 $\boldsymbol{B}$ 的基向量。

（3）与基向量 $\boldsymbol{P}_j$ 相对应的变量 $x_j$ 称为基变量，其余的称为非基变量。

3．基解、基可行解和可行基

（1）对于某一特定的基 **B**，非基变量取 0 值的解，称为基解。

（2）满足非负约束条件的基解，称为基可行解（Basic Feasible Solutions）。

（3）与基可行解对应的基，称为可行基。

为了理解基解、基可行解和最优解的概念，用下列例子说明。

【例 1.7】　分析下列线性规划的基解、基可行解和最优解。

$$\max S = 2x_1 + 3x_2 \tag{1.4}$$
$$\text{s. t.} \quad -2x_1 + 3x_2 \leqslant 6 \tag{1.4a}$$
$$3x_1 - 2x_2 \leqslant 6 \tag{1.4b}$$
$$x_1 + x_2 \leqslant 4 \tag{1.4c}$$
$$x_1, \ x_2 \geqslant 0 \tag{1.5}$$

**解**　满足约束条件式（1.4a）、式（1.4b）和式（1.4c）的情况下约束条件与坐标系 $x_1$，$x_2 = 0$ 的两两交点都是基解，即图 1.6 中的点 $O$、$A$、$B$、$Q_1$、$Q_2$、$Q_3$ 和 $Q_4$。注意：点（4, 0）、（0, 4）不满足式（1.4a）、式（1.4b）。满足约束条件式（1.4a）、式（1.4b）、式（1.4c），且满足式（1.5）的交点 $O$、$Q_1$、$Q_2$、$Q_3$、$Q_4$ 都是基可行解。注意：点 $A$、$B$ 不满足 $x_1$，$x_2 \geqslant 0$，且满足式（1.5）的交点 $O$、$Q_1$、$Q_2$、$Q_3$、$Q_4$ 都是基可行解，如图 1.6 所示。点 $O$、$Q_1$、$Q_2$、$Q_3$、$Q_4$ 刚好是可行域的顶点，如图 1.7 所示。

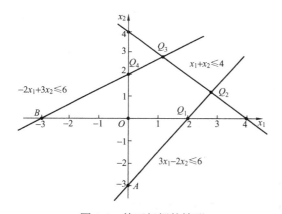

图 1.6　基可行解的情形

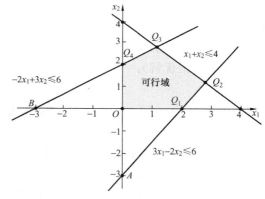

图 1.7　问题的可行域

本问题解的情况：

基解：点 $O$、$A$、$B$、$Q_1$、$Q_2$、$Q_3$、$Q_4$。

可行解：由点 $O$、$Q_1$、$Q_2$、$Q_3$、$Q_4$ 围成的区域。

基可行解：点 $O$、$Q_1$、$Q_2$、$Q_3$、$Q_4$。

最优解：点 $Q_3$。

线性规划问题解的集合之间的关系如图 1.8 所示。

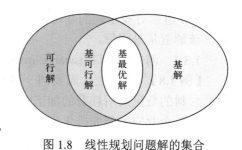

图 1.8　线性规划问题解的集合

### 1.2.3　线性规划解的性质（几何意义）

1．基本概念

**定义 1.4　凸集（Convex Set）**　设 $D$ 是 $n$ 维线性空间 $R^n$ 的一个点集，若 $D$ 中的任意两点 $x^{(1)}$、$x^{(2)}$ 的连线上的一切点 $x$ 仍在 $D$ 中，则称 $D$ 为凸集，即若 $D$ 中的任意两点 $x^{(1)}$、$x^{(2)} \in$

$D$，存在 $0<\alpha<1$，使得 $x=\alpha x^{(1)}+(1-\alpha)x^{(2)}\in D$，则称 $D$ 为凸集。

**定义 1.5** **凸组合（Convex Combination）** 设 $x^{(1)}$，$x^{(2)}$，$\cdots$，$x^{(k)}$ 是 $n$ 维线性空间 $R^n$ 中的 $k$ 个点，若存在数 $u_1$，$u_2$，$\cdots$，$u_k$，且 $0<u_i<1(i=1, 2, \cdots\cdots, k)$，$\sum\limits_{i=1}^{n}u_i=1$，使得 $x=u_1x^{(1)}+u_2x^{(2)}+\cdots+u_kx^{(k)}$ 成立，则称 $x$ 为 $x^{(1)}$，$x^{(2)}$，$\cdots$，$x^{(k)}$ 的凸组合。

**定义 1.6** **顶点（Extreme Point）** 设 $D$ 是凸集，若 $D$ 中的点 $x$ 不能成为 $D$ 中任何线段上的内点，则称 $x$ 为凸集 $D$ 的顶点，即若 $D$ 中的任意两点 $x^{(1)}$、$x^{(2)}$，不存在数 $\alpha(0<\alpha<1)$ 使得 $x=\alpha x^{(1)}+(1-\alpha)x^{(2)}$ 成立，则称 $x$ 为凸集 $D$ 的一个顶点。

2. 基本定理

**定理 1.1** 线性规划问题的可行解集是凸集，即连接线性规划问题任意两个可行解的线段上的点仍然是可行解。

**定理 1.2** 线性规划问题的可行解 $x$ 为基可行解的充分必要条件是 $x$ 的非零分量所对应的系数矩阵 $A$ 的列向量是线性无关的。

**定理 1.3** 线性规划问题的可行解集 $D$ 中的点 $x$ 是顶点的充分必要条件是 $x$ 是基可行解。

**推论 1** 可行解集 $D$ 中的顶点个数是有限的。

**推论 2** 若可行解集 $D$ 是有界的凸集，则 $D$ 中任意一点 $x$ 都可表示成 $D$ 的顶点的凸组合。

**定理 1.4** 若可行解集 $D$ 有界，则线性规划问题的最优解必定在 $D$ 的顶点上达到。

若可行解集 $D$ 无界，则线性规划问题可能有最优解，也可能无最优解。若有最优解，也必在顶点上达到。

**推论 3** 有时目标函数也可能在多个顶点上达到最优值，这些顶点的凸组合也是最优解（有无穷多最优解）。

# 1.3 线性规划的单纯形法

单纯形法（Simplex Method）基本思路：

（1）从可行域中某个基可行解（一个顶点）开始（称为初始基可行解）。

（2）如可能，从可行域中求出具有更优目标函数值的另一个基可行解（另一个顶点），以改进初始解。

（3）继续寻找更优的基可行解，进一步改进目标函数值。当某一个基可行解不能再改善时，该解就是最优解。

## 1.3.1 消去法（Gaussian Elimination）

**【例 1.8】** 一个企业需要同一种原材料生产甲、乙两种产品，它们的单位产品所需要的原材料的数量及所耗费的加工时间各不相同，从而获得的利润也不相同，见表 1.2 所列。那么，该企业应如何安排生产计划，才能使获得的利润达到最大。

表 1.2 产品所需要的原材料数量、耗费加工时间和利润

| 产品/资源 | 甲 | 乙 | 可利用的资源总量 |
|---|---|---|---|
| 原材料（t） | 2 | 3 | 100 |

续表

| 产品/资源 | 甲 | 乙 | 可利用的资源总量 |
|---|---|---|---|
| 加工时间（h） | 4 | 2 | 120 |
| 单位利润（×100 元） | 6 | 4 | |

**解**　问题的数学模型为

$$\max S = 6x_1 + 4x_2$$
$$\text{s. t. } 2x_1 + 3x_2 \leqslant 100$$
$$4x_1 + 2x_2 \leqslant 120$$
$$x_1, x_2 \geqslant 0$$

引进松弛变量 $x_3$，$x_4 \geqslant 0$，数学模型的标准形式为

$$\max S = 6x_1 + 4x_2$$
$$\text{s. t. } 2x_1 + 3x_2 + x_3 = 100$$
$$4x_1 + 2x_2 + x_4 = 120$$
$$x_1, x_2, x_3, x_4 \geqslant 0$$

约束条件的增广矩阵为

$$(\boldsymbol{A}, \boldsymbol{b}) = \begin{pmatrix} 2 & 3 & 1 & 0 & 100 \\ 4 & 2 & 0 & 1 & 120 \end{pmatrix}$$

显然 $r(\boldsymbol{A}) = r(\boldsymbol{A}, \boldsymbol{b}) = 2 < 4$，该问题有无穷多组解。令

$$\boldsymbol{A} = (\boldsymbol{P}_1, \boldsymbol{P}_2, \boldsymbol{P}_3, \boldsymbol{P}_4) = \begin{pmatrix} 2 & 3 & 1 & 0 \\ 4 & 2 & 0 & 1 \end{pmatrix}$$

$$\boldsymbol{X} = (x_1, x_2, x_3, x_4)^{\mathrm{T}}$$

$$\boldsymbol{B} = (\boldsymbol{P}_3, \boldsymbol{P}_4) = \begin{pmatrix} 1 & 0 \\ 0 & 1 \end{pmatrix}$$

$\boldsymbol{P}_3, \boldsymbol{P}_4$ 线性无关，则 $x_3$、$x_4$ 是基变量（Basic Variable），$x_1$、$x_2$ 是非基变量（Nonbasic Variable）。用非基变量表示基变量和目标函数的方程为

$$\left. \begin{array}{l} x_3 = 100 - 2x_1 - 3x_2 \\ x_4 = 120 - 4x_1 - 2x_2 \\ S = 6x_1 + 4x_2 \end{array} \right\} \tag{1.6}$$

式（1.6）称为消去系统；若 $\boldsymbol{b} = (100, 120)^{\mathrm{T}} \geqslant 0$，则称为正消去系统。令非基变量$(x_1, x_2)^{\mathrm{T}} = (0, 0)^{\mathrm{T}}$，得基可行解：$\boldsymbol{X}^{(1)} = (0, 0, 100, 120)^{\mathrm{T}}$，$S_1 = 0$。其经济含义为：不生产产品甲、乙，利润为零。再分析：$S = 6x_1 + 4x_2$（分别增加单位产品甲、乙，目标函数分别增加6、4，即利润分别增加 600 元、400 元）。增加单位产品对目标函数的贡献，这就是检验数的概念。增加单位产品甲（$x_1$）比乙对目标函数的贡献大（检验数最大）。把非基变量 $x_1$ 换成基变量，称 $x_1$ 为进基变量；而把基变量 $x_4$ 换成非基变量，称 $x_4$ 为出基变量（在选择出基变量时，一定要保证消去系统为正消去系统，也称为最小比值原则）。确定了进基变量 $x_1$ 和出基变量 $x_4$ 以后，得到新的消去系统为

$$x_3 = 40 - 2x_2 + \frac{1}{2}x_4$$
$$x_1 = 30 - \frac{1}{2}x_2 - \frac{1}{4}x_4 \tag{1.7}$$
$$S = 180 + x_2 - \frac{3}{2}x_4$$

令新的非基变量$(x_2, x_4) = (0, 0)^T$，得到新的基可行解：$\boldsymbol{X}^{(2)} = (30, 0, 40, 0)^T$，$S_2 = 180$。其经济含义为：生产甲产品 30 个，获得利润 18 000 元。

这个方案比前方案好，但是否是最优呢？再分析：$S = 180 + x_2 - \frac{3}{2}x^4$，非基变量 $x_2$ 系数仍为正数，确定 $x_2$ 为进基变量。在保证常数项非负的情况下，确定 $x_3$ 为出基变量，得到新的消去系统为

$$x_1 = 20 + \frac{1}{4}x_3 - \frac{3}{8}x_4$$
$$x_2 = 20 - \frac{1}{2}x_3 + \frac{1}{4}x_4 \tag{1.8}$$
$$S = 200 - \frac{1}{2}x_3 - \frac{5}{4}x_4$$

令新的非基变量$(x_3, x_4)^T = (0, 0)^T$，得到新的基可行解：$\boldsymbol{X}^{(3)} = (20, 20, 0, 0)^T$，$S_3 = 200$。其经济含义为：分别生产甲、乙产品各 20 个，可获得利润 20 000 元。

再分析：$S = 200 - \frac{1}{2}x_3 - \frac{5}{4}x_4$ 目标函数中的非基变量的系数无正数，$S_3 = 200$ 是最优值，$\boldsymbol{X}^{(3)} = (20, 20, 0, 0)^T$ 是最优解。该企业分别生产甲、乙产品各 20 个，可获得最大利润 20 000 元。

### 1.3.2  已知初始可行基求最优解

线性规划标准形式的矩阵形式

$$\max S = \boldsymbol{C}\boldsymbol{X} \tag{1.9}$$
$$\text{s. t. } \boldsymbol{A}\boldsymbol{X} = \boldsymbol{b} \tag{1.10}$$
$$\boldsymbol{X} \geqslant \boldsymbol{0} \tag{1.11}$$

其中

$$\boldsymbol{A} = \begin{pmatrix} a_{11} & a_{12} & \cdots & a_{1n} \\ a_{21} & a_{22} & \cdots & a_{2n} \\ \vdots & \vdots & & \vdots \\ a_{m1} & a_{m2} & \cdots & a_{mn} \end{pmatrix}, \boldsymbol{b} = \begin{pmatrix} b_1 \\ b_2 \\ \vdots \\ b_m \end{pmatrix}$$

$$\boldsymbol{C}^T = \begin{pmatrix} c_1 \\ c_2 \\ \vdots \\ c_n \end{pmatrix}, \boldsymbol{X} = \begin{pmatrix} x_1 \\ x_2 \\ \vdots \\ x_n \end{pmatrix}, \boldsymbol{0} = \begin{pmatrix} 0 \\ 0 \\ \vdots \\ 0 \end{pmatrix}$$

并且 $r(\boldsymbol{A}) = m < n$。

1. 最优解判别定理

不妨假设 $\boldsymbol{A} = (\boldsymbol{B}, \boldsymbol{N})$（$\boldsymbol{B}$ 为一个基），相应的有 $\boldsymbol{X}^T = (\boldsymbol{X}_B, \boldsymbol{X}_N)$，$\boldsymbol{C} = (\boldsymbol{C}_B, \boldsymbol{C}_N)$，由式（1.9）、

式（1.10）得 $S = (C_B, C_N)(X_B, X_N)^T = C_B X_B + C_N X_N$, $(B, N)(X_B, X_N)^T = B X_B + N X_N = b$, 因为 $B$ 为一个基，$\det(B) \neq 0$ 有 $X_B = B^{-1}b - B^{-1}N X_N$, $S = C_B B^{-1}b + (C_N - C_B B^{-1}N)X_N$, 令非基变量 $X_N = 0$, 则 $X^T = (X_B, X_N) = (B^{-1}b, 0)$ 为基解，其目标函数值为 $S = C_B B^{-1}b$, 只要 $X_B = B^{-1}b \geq 0$, $X^T = (B^{-1}b, 0) \geq 0$, $X$ 为基可行解，$B$ 就是可行基。另外，若满足 $C_N - C_B B^{-1}N \leq 0$, 则对任意的 $X \geq 0$, 有 $S = CX \leq C_B B^{-1}b$, 即对应可行基 $B$ 的可行解 $X$ 为最优解。

**定理 1.5（最优解判别准则）** 对于可行基 $B$, 若 $C - C_B B^{-1}A \leq 0$, 则对应于基 $B$ 的基可行解 $X$ 就是基最优解，此时的可行基就是最优基。$C - C_B B^{-1}A$ 为检验数。由于基变量的检验数 $C_B - C_B B^{-1}B = 0$, 所以 $C - C_B B^{-1}A = (0, C_N - C_B B^{-1}N) \leq 0$。

2. 单纯形解题步骤（已知初始可行基的情况）

（1）作出对应 $B$ 的单纯形表 $T(B)$, 见表 1.3。

表 1.3　　　　　　　　　　　　初始单纯形表格形式

| $c_j \rightarrow$ | | $c_1$ | $\cdots$ | $c_m$ | $c_{m+1}$ | $\cdots$ | $c_n$ | $b$ | $\theta_i$ |
|---|---|---|---|---|---|---|---|---|---|
| $C_B$ | $X_B$ | $x_1$ | $\cdots$ | $x_m$ | $x_{m+1}$ | $\cdots$ | $x_n$ | | |
| $c_1$ | $x_1$ | 1 | $\cdots$ | 0 | $a_{1,\,m+1}$ | $\cdots$ | $a_{1,\,n}$ | $b_1$ | $\theta_1$ |
| $c_2$ | $x_2$ | 0 | $\cdots$ | 0 | $a_{2,\,m+1}$ | $\cdots$ | $a_{2,\,n}$ | $b_2$ | $\theta_2$ |
| $\vdots$ | $\vdots$ | $\vdots$ | | $\vdots$ | $\vdots$ | | $\vdots$ | $\vdots$ | $\vdots$ |
| $c_m$ | $x_m$ | 0 | $\cdots$ | 1 | $a_{m,\,m+1}$ | $\cdots$ | $a_{m,\,n}$ | $b_m$ | $\theta_m$ |
| $\sigma_j$ | | 0 | $\cdots$ | 0 | $c_{m+1} - \sum\limits_{i=1}^{m} c_i a_{i,\,m+1}$ | $\cdots$ | $c_n - \sum\limits_{i=1}^{m} c_i a_{i,\,n}$ | $S$ | |

（2）判别：

1）若检验数全不大于零，则基 $B$ 所对应的基可行解 $X$ 就是最优解，终止。

2）若存在检验数大于零的变量 $x_s$ 所对应的系数向量 $P_s \leq 0$, 则原问题为无界解，即无最优解，终止。

3）若任一检验数大于零的变量所对应的系数向量均不大于零，则转入下一步，进行换基迭代。

（3）换基迭代：

1）确定进基变量（Incoming Basic Varible）$x_s$, 根据 $\max(\sigma_j | \sigma_j > 0) = \sigma_s$。

2）确定出基变量（Outgoing Basic Variable）$x_r$, 根据最小比值原则：

$$\min\left\{ \frac{b_i}{a_{is}} \Big| a_{is} > 0,\ 1 \leq i \leq m \right\} = \frac{b_r}{a_{rs}}\ (1 \leq r \leq m)，\ a_{rs} \text{ 为主元，} x_r \text{ 为出基变量。}$$

3）对单纯形表 $T(B)$ 进行初等行变换（主元换算）得到新的单纯形表。

经过上述有限次的换基迭代，就可得到原问题的最优解，或判定无最优解。

3. 表格单纯形法（Simplex Method in Tabular Form）

上述单纯形法可以在表格上表示出来，下面用例子来说明。

**【例 1.9】** 用单纯形法求下列线性规划。

$$\max S = 6x_1 + 4x_2$$
$$\text{s. t. } 2x_1 + 3x_2 + x_3 = 100$$
$$4x_1 + 2x_2 + x_4 = 120$$
$$x_1, x_2, x_3, x_4 \geqslant 0$$

**解** 用表格单纯形法表示，见表 1.4。根据性质，基变量 $x_3$、$x_4$ 的检验数为 0，只要计算非基变量 $x_1$、$x_2$ 的检验数，$\sigma = C_N - C_B B^{-1} N$，$\sigma_j = c_j - C_B P_j$，$\sigma_1 = 6 - 0 \times 2 - 0 \times 4 = 6$，$\sigma_2 = 4 - 0 \times 3 - 0 \times 2 = 4$，选择检验数最大的变量为进基变量 $x_1$，计算基变量 $x_3$、$x_4$ 比值 $\theta$ 分别为（50，30），其最小比值 30 所对应的基变量 $x_4$ 为出基变量，其主元为（4），进行主元运算，得到新的基变量 $x_3$、$x_1$，非基变量 $x_2$、$x_4$，重新计算非基变量 $x_2$、$x_4$ 的检验数，重复上述过程，直到所有的检验数全为非正，即得到最优解，或者判断无最优解为止。

**表 1.4** [例 1.8] 单纯形表

| $C_B$ | $X_B$ | 6 $x_1$ | 4 $x_2$ | 0 $x_3$ | 0 $x_4$ | $b$ | $\theta$ |
|---|---|---|---|---|---|---|---|
| 0 | $x_3$ | 2 | 3 | ① | 0 | 100 | $\frac{100}{2}$ |
| 0 | $x_4$ | (4) | 2 | 0 | ① | 120 | $\frac{120}{4}$ |
| | $\sigma_j$ | 6 | 4 | 0 | 0 | | $S = 0$ |
| 0 | $x_3$ | 0 | (2) | ① | $-\frac{1}{2}$ | 40 | $\frac{40}{2}$ |
| 6 | $x_1$ | ① | $\frac{1}{2}$ | 0 | $\frac{1}{4}$ | 30 | $30 / \left( \frac{1}{2} \right)$ |
| | $\sigma_j$ | 0 | 1 | 0 | $-\frac{3}{2}$ | | $S = 180$ |
| 4 | $x_2$ | 0 | ① | $\frac{1}{2}$ | $-\frac{1}{4}$ | 20 | — |
| 6 | $x_1$ | ① | 0 | $-\frac{1}{4}$ | $\frac{3}{8}$ | 20 | — |
| | $\sigma_j$ | 0 | 0 | $-\frac{1}{2}$ | $-\frac{5}{4}$ | | $S = 200$ |

由表 1.4 得到最优解为 $x_1 = 20$，$x_2 = 20$，$S = 200$。

**【例 1.10】** 用单纯形法求下列线性规划问题。

$$\max S = 4x_1 + 3x_2$$
$$\text{s. t. } 2x_1 + 3x_2 + x_3 = 6$$
$$-3x_1 + 2x_2 + x_4 = 3$$
$$2x_2 + x_5 = 5$$
$$2x_1 + x_2 + x_6 = 4$$
$$x_1, x_2, x_3, x_4, x_5, x_6 \geqslant 0$$

**解**　用表格单纯形法表示（见表 1.5），得到最优解 $x_1 = \dfrac{3}{2}$，$x_2 = 1$，$x_3 = 0$，$x_4 = \dfrac{11}{2}$，$x_5 = 3$，$S = 9$。

**表 1.5**　　　　　　　　　　　［例 1.9］单纯形表

| | $c_j$ | 4 | 3 | 0 | 0 | 0 | 0 | | |
|---|---|---|---|---|---|---|---|---|---|
| $C_B$ | $X_B$ | $x_1$ | $x_2$ | $x_3$ | $x_4$ | $x_5$ | $x_6$ | $b$ | $\theta$ |
| 0 | $x_3$ | 2 | 3 | ① | 0 | 0 | 0 | 6 | $\dfrac{6}{2}$ |
| 0 | $x_4$ | −3 | 2 | 0 | ① | 0 | 0 | 3 | — |
| 0 | $x_5$ | 0 | 2 | 0 | 0 | ① | 0 | 5 | — |
| 0 | $x_6$ | (2) | 1 | 0 | 0 | 0 | ① | 4 | $\dfrac{4}{2}$ |
| | $\sigma_j$ | 4 | 3 | 0 | 0 | 0 | 0 | \multicolumn{2}{l}{$S = 0$} |
| 0 | $x_3$ | 0 | (2) | ① | 0 | 0 | −1 | 2 | $\dfrac{2}{2}$ |
| 0 | $x_4$ | 0 | $\dfrac{7}{2}$ | 0 | ① | 0 | 3/2 | 9 | $9\Big/\left(\dfrac{7}{2}\right)$ |
| 0 | $x_5$ | 0 | 2 | 0 | 0 | ① | 0 | 5 | 5/2 |
| 4 | $x_1$ | ① | $\dfrac{1}{2}$ | 0 | 0 | 0 | $\dfrac{1}{2}$ | 2 | $2\Big/\left(\dfrac{1}{2}\right)$ |
| | $\sigma_j$ | 0 | 1 | 0 | 0 | 0 | −2 | \multicolumn{2}{l}{$S = 8$} |
| 3 | $x_2$ | 0 | ① | $\dfrac{1}{2}$ | 0 | 0 | $-\dfrac{1}{2}$ | 1 | — |
| 0 | $x_4$ | 0 | 0 | $-\dfrac{7}{4}$ | ① | 0 | $\dfrac{13}{4}$ | $\dfrac{11}{2}$ | — |
| 0 | $x_5$ | 0 | 0 | −1 | 0 | ① | 1 | 3 | — |
| 4 | $x_1$ | ① | 0 | $-\dfrac{1}{4}$ | 0 | 0 | $\dfrac{3}{4}$ | $\dfrac{3}{2}$ | — |
| | $\sigma_j$ | 0 | 0 | $-\dfrac{1}{2}$ | 0 | 0 | $-\dfrac{3}{2}$ | \multicolumn{2}{l}{$S = 9$} |

**【例 1.11】**　用单纯形法求下列线性规划问题。

$$\max S = 3x_1 + 2x_2 + 5x_3$$
$$\text{s. t. } x_1 + 2x_2 + x_3 + x_4 = 430$$
$$3x_1 + 2x_3 + x_5 = 460$$
$$x_1 + 4x_2 + x_6 = 420$$
$$x_1, x_2, x_3, x_4, x_5, x_6 \geq 0$$

**解**　用表格单纯形法表示（见表 1.6），得到最优解 $x_1 = 0$，$x_2 = 100$，$x_3 = 230$，$x_4 = 0$，$x_5 = 0$，$x_6 = 20$，$S = 1350$。

表 1.6　　　　　　　　　　　　　［例 1.10］单纯形表

| $c_j$ | | 3 | 2 | 5 | 0 | 0 | 0 | $b$ | $\theta$ |
|---|---|---|---|---|---|---|---|---|---|
| $C_B$ | $X_B$ | $x_1$ | $x_2$ | $x_3$ | $x_4$ | $x_5$ | $x_6$ | | |
| 0 | $x_4$ | 1 | 2 | 1 | ① | 0 | 0 | 430 | $\dfrac{430}{1}$ |
| 0 | $x_5$ | 3 | 0 | (2) | 0 | ① | 0 | 460 | $\dfrac{460}{2}$ |
| 0 | $x_6$ | 1 | 4 | 0 | 0 | 0 | ① | 420 | — |
| $\sigma_j$ | | 3 | 2 | 5 | 0 | 0 | 0 | $S=0$ | |
| 0 | $x_4$ | $-\dfrac{1}{2}$ | (2) | 0 | ① | $-\dfrac{1}{2}$ | 0 | 200 | $\dfrac{200}{2}$ |
| 5 | $x_3$ | $\dfrac{3}{2}$ | 0 | ① | 0 | $\dfrac{1}{2}$ | 0 | 230 | — |
| 0 | $x_6$ | 1 | 4 | 0 | 0 | 0 | ① | 420 | $\dfrac{420}{4}$ |
| $\sigma_j$ | | $-\dfrac{9}{2}$ | 2 | 0 | 0 | $-\dfrac{5}{2}$ | 0 | $S=1150$ | |
| 2 | $x_2$ | $-\dfrac{1}{4}$ | ① | 0 | $\dfrac{1}{2}$ | $-\dfrac{1}{4}$ | 0 | 100 | — |
| 5 | $x_3$ | $\dfrac{3}{2}$ | 0 | ① | 0 | $\dfrac{1}{2}$ | 0 | 230 | — |
| 0 | $x_6$ | 2 | 0 | 0 | $-2$ | 1 | ① | 20 | — |
| $\sigma_j$ | | $-4$ | 0 | 0 | $-1$ | $-2$ | 0 | $S=1350$ | |

【例 1.12】　用单纯形法求下列线性规划问题。

$$\max S = 10x_1 + 3x_2 + 4x_3 - x_4 + x_5$$
$$\text{s. t. } 3x_1 + 6x_2 + 2x_3 + x_4 = 19$$
$$9x_1 + 3x_2 + x_3 + x_5 = 9$$
$$x_1, x_2, x_3, x_4, x_5 \geqslant 0$$

**解**　用表格单纯形法表示（见表 1.7），得到最优解 $x_1 = 0$，$x_2 = 0$，$x_3 = 9$，$x_4 = 1$，$x_5 = 0$，$S = 35$。

表 1.7　　　　　　　　　　　　　［例 1.11］单纯形表

| $c_j$ | | 10 | 3 | 4 | $-1$ | 1 | $b$ | $\theta$ |
|---|---|---|---|---|---|---|---|---|
| $C_B$ | $X_B$ | $x_1$ | $x_2$ | $x_3$ | $x_4$ | $x_5$ | | |
| $-1$ | $x_4$ | 3 | 6 | 2 | ① | 0 | 19 | $\dfrac{19}{6}$ |
| 1 | $x_5$ | 9 | (3) | 1 | 0 | ① | 9 | $\dfrac{9}{3}$ |
| $\sigma_j$ | | 4 | 6 | 5 | 0 | 0 | $S=-10$ | |

续表

| $c_j$ | | 10 | 3 | 4 | -1 | 1 | $b$ | $\theta$ |
|---|---|---|---|---|---|---|---|---|
| $C_B$ | $X_B$ | $x_1$ | $x_2$ | $x_3$ | $x_4$ | $x_5$ | | |
| -1 | $x_4$ | -15 | 0 | 0 | ① | -2 | 1 | — |
| 3 | $x_2$ | 3 | ① | $\frac{1}{3}$ | 0 | $\frac{1}{3}$ | 3 | $3 / \left(\frac{1}{3}\right)$ |
| | $\sigma_j$ | -14 | 0 | 3 | 0 | -2 | | $S = 8$ |
| -1 | $x_4$ | -15 | 0 | 0 | ① | -2 | 1 | — |
| 4 | $x_3$ | 9 | 3 | ① | 0 | 1 | 9 | — |
| | $\sigma_j$ | -41 | -9 | 0 | 0 | -5 | | $S = 35$ |

如［例 1.1］生产计划问题（资源利用问题）的数学模型的标准形式

$$\max S = 50x_1 + 30x_2$$
$$\text{s. t.} \quad 4x_1 + 3x_2 + x_3 = 120$$
$$2x_1 + x_2 + x_4 = 50$$
$$x_1, x_2, x_3, x_4 \geqslant 0$$

用表格单纯形法表示（见表 1.8），得到最优解 $x_1 = 15$，$x_2 = 20$，$x_3 = 0$，$x_4 = 0$，$S = 1350$，其单纯形法的几何上的对应关系如图 1.9 所示。

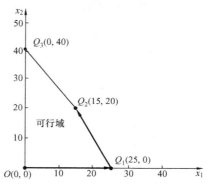

图 1.9　［例 1.1］单纯形法的几何表示

表 1.8　　　　　　　　　　　　［例 1.1］单纯形表

| $c_j$ | | 50 | 30 | 0 | 0 | $b$ | $\theta$ |
|---|---|---|---|---|---|---|---|
| $C_B$ | $X_B$ | $x_1$ | $x_2$ | $x_3$ | $x_4$ | | |
| 0 | $x_3$ | 4 | 3 | ① | 0 | 120 | $\frac{120}{4}$ |
| 0 | $x_4$ | (2) | 1 | 0 | ① | 50 | $\frac{50}{2}$ |
| | $\sigma_j$ | 50 | 30 | 0 | 0 | | $S = 0$ |
| 0 | $x_3$ | 0 | (1) | ① | -2 | 20 | $\frac{20}{1}$ |
| 50 | $x_1$ | ① | $\frac{1}{2}$ | 0 | $\frac{1}{2}$ | 25 | $25 / \left(\frac{1}{2}\right)$ |
| | $\sigma_j$ | 0 | 5 | 0 | -25 | | $S = 1250$ |
| 30 | $x_2$ | 0 | ① | 1 | -2 | 20 | — |
| 50 | $x_1$ | ① | 0 | $-\frac{1}{2}$ | $\frac{3}{2}$ | 15 | — |
| | $\sigma_j$ | 0 | 0 | -5 | -15 | | $S = 1350$ |

**【例1.13】** 用单纯形法求解下列线性规划问题。

$$\min Z = x_1 - x_2$$
$$\text{s. t.} -x_1 + x_2 \leqslant 2$$
$$2x_1 - x_2 \leqslant 2$$
$$x_1, x_2 \geqslant 0$$

**解** 将问题化成标准形式

$$\max S = -x_1 + x_2$$
$$\text{s. t.} -x_1 + x_2 + x_3 = 2$$
$$2x_1 - x_2 + x_4 = 2$$
$$x_1, x_2, x_3, x_4 \geqslant 0$$

用表格单纯形法表示，见表1.9。

**表1.9** 　　　　　　　　　　　　**［例1.12］单纯形表**

| $c_j$ | | $-1$ | $1$ | $0$ | $0$ | $b$ | $\theta$ |
|---|---|---|---|---|---|---|---|
| $C_B$ | $X_B$ | $x_1$ | $x_2$ | $x_3$ | $x_4$ | | |
| $0$ | $x_3$ | $-1$ | $(1)$ | ① | $0$ | $2$ | $\dfrac{2}{1}$ |
| $0$ | $x_4$ | $2$ | $-1$ | $0$ | ① | $2$ | — |
| $\sigma_j$ | | $-1$ | $1$ | $0$ | $0$ | | $S = 0$ |
| $1$ | $x_2$ | $-1$ | ① | $1$ | $0$ | $2$ | — |
| $0$ | $x_4$ | $1$ | $0$ | $1$ | ① | $4$ | $\dfrac{4}{1}$ |
| $\sigma_j$ | | $0$ | $0$ | $-1$ | $0$ | | $S = 2$ |
| $1$ | $x_2$ | $0$ | ① | $2$ | $1$ | $6$ | — |
| $-1$ | $x_1$ | ① | $0$ | $1$ | $1$ | $4$ | — |
| $\sigma_j$ | | $0$ | $0$ | $-1$ | $0$ | | $S = 2$ |

因为检验数全不大于零，得最优解 $\boldsymbol{X}_1 = (0, 2, 0, 4)^{\mathrm{T}}$，$S = 2$，$Z = -2$。注意：虽然所有检验数全不大于零，但非基变量 $x_1$ 对应的检验数等于零，且 $a_{21}=1>0$，$x_1$ 进基，其最优值不变。因为检验数全不大于零，得另一个最优解 $\boldsymbol{X}_2 = (4, 6, 0, 0)^{\mathrm{T}}$，$S = 2$，$Z = -2$，根据解的性质，最优解 $\boldsymbol{X}_1 = (0, 2)^{\mathrm{T}}$，$\boldsymbol{X}_2 = (4, 6)^{\mathrm{T}}$ 连线上的点仍是最优解，即

$$\boldsymbol{X} = \alpha(0, 2)^{\mathrm{T}} + (1-\alpha)(4, 6)^{\mathrm{T}} \quad (0 \leqslant \alpha \leqslant 1)$$

本题有无穷多组最优解。

**【例1.14】** 用单纯形法求下列线性规划问题。

$$\max S = 2x_1 + x_2$$
$$\text{s. t.} \ x_1 - x_2 \geqslant -5$$
$$2x_1 - 5x_2 \leqslant 10$$
$$x_1, x_2 \geqslant 0$$

**解**　将问题化成标准形式

$$\max S = 2x_1 + x_2$$
$$\text{s. t. } -x_1 + x_2 + x_3 = 5$$
$$2x_1 - 5x_2 + x_4 = 10$$
$$x_1, \ x_2, \ x_3, \ x_4 \geqslant 0$$

用表格单纯形法表示，见表 1.10。

表 1.10　　　　　　　　　　　　［例 1.13］单纯形表

| $c_j$ | | 2 | 1 | 0 | 0 | $b$ | $\theta$ |
|---|---|---|---|---|---|---|---|
| $C_B$ | $X_B$ | $x_1$ | $x_2$ | $x_3$ | $x_4$ | | |
| 0 | $x_3$ | $-1$ | 1 | ① | 0 | 5 | — |
| 0 | $x_4$ | (2) | $-5$ | 0 | ① | 10 | $\dfrac{10}{2}$ |
| $\sigma_j$ | | 2 | 1 | 0 | 0 | | $S = 0$ |
| 0 | $x_3$ | $-1$ | 1 | ① | 0 | 5 | — |
| 2 | $x_1$ | ① | $-\dfrac{5}{2}$ | 0 | $\dfrac{1}{2}$ | 5 | — |
| $\sigma_j$ | | | | | | | $S = 0$ |
| 0 | $x_3$ | 0 | $-\dfrac{3}{2}$ | ① | $\dfrac{1}{2}$ | 10 | — |
| 2 | $x_1$ | ① | $-\dfrac{5}{2}$ | 0 | $\dfrac{1}{2}$ | 5 | — |
| $\sigma_j$ | | 0 | 6 | 0 | $-1$ | | $S = 10$ |

因 $\sigma_2 = 6 > 0$，但非基变量 $x_2$ 所对应的系数向量 $\boldsymbol{B}_2^{-1}\boldsymbol{P}_2 = \left(-\dfrac{3}{2}, \ -\dfrac{5}{2}\right)^{\mathrm{T}} < 0$，所以原问题无界解，即无最优解。

### 1.3.3　无初始可行基求最优解

对无初始可行基问题求最优解的常用的方法是人工变量法（Artificial Variable Method）。人工变量法最常用的有大 $M$ 法和两阶段法。

1. 大 $M$ 法（Big $M$ Simplex Method）

大 $M$ 法是一种惩罚方法，是处理人工变量的一种简便方法。

在通过人工变量构造初始基变量以后，假定人工变量在目标函数中的系数为 $M$（$M$ 为任意大的正数）作为对基变量中存在人工变量的惩罚，迫使人工变量成为非基变量，即取值为零，原问题才能达到最优。下面用例子来说明。

**【例 1.15】**　用大 $M$ 法求下列线性规划问题。

$$\min Z = -3x_1 + x_2 + x_3$$
$$\text{s. t. } x_1 - 2x_2 + x_3 \leqslant 11$$
$$-4x_1 + x_2 + 2x_3 \geqslant 3$$

$$-2x_1 + x_3 = 1$$
$$x_1,\ x_2,\ x_3 \geqslant 0$$

**解**　将问题化成标准形式，并加入人工变量 $x_6$、$x_7$，有

$$\max S = 3x_1 - x_2 - x_3 - Mx_6 - Mx_7$$
$$\text{s.t. } x_1 - 2x_2 + x_3 + x_4 = 11$$
$$-4x_1 + x_2 + 2x_3 - x_5 + x_6 = 3$$
$$-2x_1 + x_3 + x_7 = 1$$
$$x_1, x_2, x_3, x_4, x_5, x_6, x_7 \geqslant 0$$

其中，$x_6$、$x_7$ 为人工变量。初始基可行解 $X^{(0)} = (0, 0, 0, 11, 0, 3, 1)^T$，用单纯形法得到最优解 $X^{(3)} = (4, 1, 9, 0, 0, 0, 0)^T$，其最优值 $S = 2$，$Z = -2$，见表 1.11。

**表 1.11**　　　　　　　　　　　　　　［例 1.14］单纯形表

| $c_j$ | | 3 | −1 | −1 | 0 | 0 | −M | −M | $b$ | $\theta$ |
|---|---|---|---|---|---|---|---|---|---|---|
| $C_B$ | $X_B$ | $x_1$ | $x_2$ | $x_3$ | $x_4$ | $x_5$ | $x_6$ | $x_7$ | | |
| 0 | $x_4$ | 1 | −2 | 1 | ① | 0 | 0 | 0 | 11 | $\dfrac{11}{1}$ |
| −M | $x_6$ | −4 | 1 | 2 | 0 | −1 | ① | 0 | 3 | $\dfrac{3}{2}$ |
| −M | $x_7$ | −2 | 0 | (1) | 0 | 0 | 0 | ① | 1 | $\dfrac{1}{1}$ |
| $\sigma_j$ | | 3−6M | M−1 | 3M−1 | 0 | −M | 0 | 0 | $S = -4M$ | |
| 0 | $x_4$ | 3 | −2 | 0 | ① | 0 | 0 | −1 | 10 | — |
| −M | $x_6$ | 0 | (1) | 0 | 0 | −1 | ① | −1 | 1 | $\dfrac{1}{1}$ |
| −1 | $x_3$ | −2 | 0 | ① | 0 | 0 | 0 | 1 | 1 | — |
| $\sigma_j$ | | 1 | M−1 | 0 | 0 | −M | 0 | 1−3M | $S = -M-1$ | |
| 0 | $x_4$ | 3 | 0 | 0 | ① | −2 | 2 | −5 | 12 | — |
| −1 | $x_2$ | 0 | ① | 0 | 0 | −1 | 1 | −2 | 1 | — |
| −1 | $x_3$ | −2 | 0 | ① | 0 | 0 | 0 | 1 | 1 | — |
| $\sigma_j$ | | 1 | 0 | 0 | 0 | −1 | 1−M | −M−1 | $S = -2$ | |
| 3 | $x_1$ | ① | 0 | 0 | $\dfrac{1}{3}$ | $-\dfrac{2}{3}$ | $\dfrac{2}{3}$ | $-\dfrac{5}{3}$ | 4 | — |
| −1 | $x_2$ | 0 | ① | 0 | 0 | −1 | 1 | −2 | 1 | — |
| −1 | $x_3$ | 0 | 0 | ① | $\dfrac{2}{3}$ | $-\dfrac{4}{3}$ | $\dfrac{4}{3}$ | $-\dfrac{7}{3}$ | 9 | — |
| $\sigma_j$ | | 0 | 0 | 0 | $-\dfrac{1}{3}$ | $-\dfrac{1}{3}$ | $\dfrac{1}{3}-M$ | $\dfrac{2}{3}-M$ | $S = 2$ | |

**【例 1.16】**　用大 $M$ 法求下列线性规划问题。

$$\max S = 6x_1 + 4x_2$$
$$\text{s. t. } 2x_1 + 3x_2 \leqslant 100$$
$$4x_1 + 2x_2 \leqslant 120$$
$$x_1 = 14$$
$$x_2 \geqslant 22$$
$$x_1, \ x_2 \geqslant 0$$

**解**　将问题化成标准形式

$$\max S = 6x_1 + 4x_2$$
$$\text{s. t. } 2x_1 + 3x_2 + x_3 = 100$$
$$4x_1 + 2x_2 + x_4 = 120$$
$$x_1 = 14$$
$$x_2 - x_5 = 22$$
$$x_1, \ x_2, \ x_3, \ x_4, \ x_5 \geqslant 0$$

引入人工变量，$x_6, x_7 \geqslant 0$，得

$$\max S = 6x_1 + 4x_2 - Mx_6 - Mx_7$$
$$\text{s. t. } 2x_1 + 3x_2 + x_3 = 100$$
$$4x_1 + 2x_2 + x_4 = 120$$
$$x_1 + x_6 = 14$$
$$x_2 - x_5 + x_7 = 22$$
$$x_1, \ x_2, \ x_3, \ x_4, \ x_5, \ x_6, \ x_7 \geqslant 0$$

初始基可行解 $X^{(0)} = (0, 0, 100, 120, 0, 14, 22)^{\mathrm{T}}$，进行计算得到新的基可行解 $X^{(3)} = (14, 24, 0, 16, 2, 0, 0)^{\mathrm{T}}$，为最优解，最优值 $S = 180$，见表 1.12。

**表 1.12**　　　　　　　　　　　[例 1.15]单纯形表

| $c_j$ | | 6 | 4 | 0 | 0 | 0 | $-M$ | $-M$ | $b$ | $\theta$ |
|---|---|---|---|---|---|---|---|---|---|---|
| $C_B$ | $X_B$ | $x_1$ | $x_2$ | $x_3$ | $x_4$ | $x_5$ | $x_6$ | $x_7$ | | |
| 0 | $x_3$ | 2 | 3 | 1 | 0 | 0 | 0 | 0 | 100 | $\frac{100}{2}$ |
| 0 | $x_4$ | 4 | 2 | 0 | 1 | 0 | 0 | 0 | 120 | $\frac{120}{4}$ |
| $-M$ | $x_6$ | (1) | 0 | 0 | 0 | 0 | 1 | 0 | 14 | $\frac{14}{1}$ |
| $-M$ | $x_7$ | 0 | 1 | 0 | 0 | $-1$ | 0 | 1 | 22 | — |
| $\sigma_j$ | | $6+M$ | $4+M$ | 0 | 0 | $-M$ | 0 | 0 | $S=-36M$ | |
| 0 | $x_3$ | 0 | 3 | 1 | 0 | 0 | $-2$ | 0 | 72 | $\frac{72}{3}$ |
| 0 | $x_4$ | 0 | 2 | 0 | 1 | 0 | $-4$ | 0 | 64 | $\frac{64}{2}$ |

续表

| $c_j$ | | 6 | 4 | 0 | 0 | 0 | $-M$ | $-M$ | $b$ | $\theta$ |
|---|---|---|---|---|---|---|---|---|---|---|
| $C_B$ | $X_B$ | $x_1$ | $x_2$ | $x_3$ | $x_4$ | $x_5$ | $x_6$ | $x_7$ | | |
| 6 | $x_1$ | 1 | 0 | 0 | 0 | 0 | 1 | 0 | 14 | — |
| $-M$ | $x_7$ | 0 | (1) | 0 | 0 | $-1$ | 0 | 1 | 22 | $\dfrac{22}{1}$ |
| $\sigma_j$ | | 0 | $4+M$ | 0 | 0 | $-M$ | $-M-6$ | 0 | \multicolumn{2}{c}{$S=84-22M$} |
| 0 | $x_3$ | 0 | 0 | 1 | 0 | (3) | $-2$ | $-3$ | 6 | $\dfrac{6}{3}$ |
| 0 | $x_4$ | 0 | 0 | 0 | 1 | 2 | $-4$ | $-2$ | 20 | $\dfrac{20}{2}$ |
| 6 | $x_1$ | 1 | 0 | 0 | 0 | 0 | 1 | 0 | 14 | — |
| 4 | $x_2$ | 0 | 1 | 0 | 0 | $-1$ | 0 | 1 | 22 | — |
| $\sigma_j$ | | 0 | 0 | 0 | 0 | 4 | $-M-6$ | $-M-4$ | \multicolumn{2}{c}{$S=172$} |
| 0 | $x_5$ | 0 | 0 | $\dfrac{1}{3}$ | 0 | 1 | $-\dfrac{2}{3}$ | $-1$ | 2 | |
| 0 | $x_4$ | 0 | 0 | $-\dfrac{2}{3}$ | 1 | 0 | $-\dfrac{8}{3}$ | 0 | 16 | |
| 6 | $x_1$ | 1 | 0 | 0 | 0 | 0 | 1 | 0 | 14 | |
| 4 | $x_2$ | 0 | 1 | $\dfrac{1}{3}$ | 0 | 0 | $-\dfrac{2}{3}$ | 0 | 24 | |
| $\sigma_j$ | | 0 | 0 | $-\dfrac{4}{3}$ | 0 | 0 | $-\dfrac{10}{3}-M$ | $-M$ | \multicolumn{2}{c}{$S=180$} |

**【例 1.17】** 用大 $M$ 法求下列线性规划问题。

$$\max S = x_1 + x_2$$
$$\text{s. t. } x_1 - x_2 \geqslant 0$$
$$3x_1 - x_2 \leqslant -3$$
$$x_1,\ x_2 \geqslant 0$$

**解** 将问题化成标准形式

$$\max S = x_1 + x_2$$
$$\text{s. t. } -x_1 + x_2 + x_3 = 0$$
$$-3x_1 + x_2 - x_4 = 3$$
$$x_1,\ x_2,\ x_3,\ x_4 \geqslant 0$$

引入人工变量，$x_5 \geqslant 0$，得

$$\max S = x_1 + x_2 - Mx_5$$
$$\text{s. t. } -x_1 + x_2 + x_3 = 0$$
$$-3x_1 + x_2 - x_4 + x_5 = 3$$
$$x_1,\ x_2,\ x_3,\ x_4,\ x_5 \geqslant 0$$

计算检验数全小于零，但 $X^{(0)} = (0,\ 0,\ 0,\ 0,\ 3)^{\mathrm{T}}$，人工变量不等于零，原问题无可行解，见表 1.13。

**表 1.13**　　　　　　　　　　　　　　　[例 1.16] 单纯形表

| $c_j$ | | 1 | 1 | 0 | 0 | $-M$ | | |
|---|---|---|---|---|---|---|---|---|
| $C_B$ | $X_B$ | $x_1$ | $x_2$ | $x_3$ | $x_4$ | $x_5$ | $b$ | $\theta$ |
| 0 | $x_3$ | $-1$ | 1 | 1 | 0 | 0 | 0 | $\dfrac{0}{1}$ |
| $-M$ | $x_5$ | $-3$ | 1 | 0 | $-1$ | 1 | 3 | $\dfrac{3}{1}$ |
| $\sigma_j$ | | $1-3M$ | $1+M$ | 0 | $-M$ | 0 | $S=-3M$ | |
| 1 | $x_2$ | $-1$ | 1 | 1 | 0 | 0 | 0 | — |
| $-M$ | $x_5$ | $-2$ | 0 | $-1$ | $-1$ | 1 | 3 | — |
| $\sigma_j$ | | $2-2M$ | 0 | $-1-M$ | $-M$ | 0 | $S=-3M$ | |

2. 两阶段法（Two-Phase Simplex Method）

第一阶段：引入工变量，构造辅助问题，用单纯形法求解，得到原问题可行基。

第二阶段：在第一阶段得到可行基对应的单纯形表上，去掉人工变量所在的行和列，再用单纯形法求解，得到原问题的最优解，或判断无最优解。

【例 1.18】　用两阶段法求下列线性规划问题。

$$\min Z = -3x_1 + x_2 + x_3$$
$$\text{s.t. } x_1 - 2x_2 + x_3 \leqslant 11$$
$$-4x_1 + x_2 + 2x_3 \geqslant 3$$
$$-2x_1 + x_3 = 1$$
$$x_1,\ x_2,\ x_3 \geqslant 0$$

**解**　在引入人工变量 $x_6$，$x_7 \geqslant 0$ 以后，问题的线性规划数学模型标准形式为

$$\max S = 3x_1 - x_2 - x_3$$
$$\text{s.t. } x_1 - 2x_2 + x_3 + x_4 = 11$$
$$-4x_1 + x_2 + 2x_3 - x_5 + x_6 = 3$$
$$-2x_1 + x_3 + x_7 = 1$$
$$x_j \geqslant 0$$

第一阶段：构造辅助线性规划问题

$$\max w = -x_6 - x_7$$
$$\text{s.t. } x_1 - 2x_2 + x_3 + x_4 = 11$$
$$-4x_1 + x_2 + 2x_3 - x_5 + x_6 = 3$$
$$-2x_1 + x_3 + x_7 = 1$$

第一阶段求得最优解 $w = 0$，$\boldsymbol{X}^* = (0,\ 1,\ 1,\ 12,\ 0,\ 0,\ 0)^{\mathrm{T}}$ 是原问题的基可行解，见表 1.14。

**表 1.14**　　　　　　　　　　　　　　［例 1.17］单纯形表（一）

| $c_j$ | | 0 | 0 | 0 | 0 | 0 | −1 | −1 | $b$ | $\theta$ |
|---|---|---|---|---|---|---|---|---|---|---|
| $C_B$ | $X_B$ | $x_1$ | $x_2$ | $x_3$ | $x_4$ | $x_5$ | $x_6$ | $x_7$ | | |
| 0 | $x_4$ | 1 | −2 | 1 | 1 | 0 | 0 | 0 | 11 | $\dfrac{11}{1}$ |
| −1 | $x_6$ | −4 | 1 | 2 | 0 | −1 | 1 | 0 | 3 | $\dfrac{3}{2}$ |
| −1 | $x_7$ | −2 | 0 | (1) | 0 | 0 | 0 | 1 | 1 | $\dfrac{1}{1}$ |
| $\sigma_j$ | | −6 | 1 | 3 | 0 | −1 | 0 | 0 | $w=-4$ | |
| 0 | $x_4$ | 3 | −2 | 0 | 1 | 0 | 0 | −1 | 10 | — |
| −1 | $x_6$ | 0 | (1) | 0 | 0 | −1 | 1 | −2 | 1 | $\dfrac{1}{1}$ |
| 0 | $x_3$ | −2 | 0 | 1 | 0 | 0 | 0 | 1 | 1 | — |
| $\sigma_j$ | | 0 | 1 | 0 | 0 | −1 | 0 | −3 | $w=-1$ | |
| 0 | $x_4$ | 3 | 0 | 0 | 1 | −2 | 2 | −5 | 12 | — |
| 0 | $x_2$ | 0 | 1 | 0 | 0 | −1 | 1 | −2 | 1 | — |
| 0 | $x_3$ | −2 | 0 | 1 | 0 | 0 | 0 | 1 | 1 | — |
| $\sigma_j$ | | 0 | 0 | 0 | 0 | 0 | −1 | −1 | $w=0$ | |

第二阶段：第一阶段最优表中去掉人工变量所在的行和列，目标函数的系数填入原问题的系数，继续求解，见表 1.15。

计算检验数全部小于零，最优解 $\boldsymbol{X}^* = (4,\ 1,\ 9,\ 0,\ 0,\ 0,\ 0)^{\mathrm{T}}$；检验数全为非正，得到原问题最优解 $\boldsymbol{X}^* = (4,\ 1,\ 9,\ 0,\ 0)^{\mathrm{T}}$，最优值 $\min Z = -2$。

**表 1.15**　　　　　　　　　　　　　　［例 1.17］单纯形表（二）

| $c_j$ | | 3 | −1 | −1 | 0 | 0 | $b$ | $\theta$ |
|---|---|---|---|---|---|---|---|---|
| $C_B$ | $X_B$ | $x_1$ | $x_2$ | $x_3$ | $x_4$ | $x_5$ | | |
| 0 | $x_4$ | (3) | 0 | 0 | 1 | −2 | 12 | $\dfrac{12}{3}$ |
| −1 | $x_2$ | 0 | 1 | 0 | 0 | −1 | 1 | — |
| −1 | $x_3$ | −2 | 0 | 1 | 0 | 0 | 1 | — |
| $\sigma_j$ | | 1 | 0 | 0 | 0 | −1 | $S=-2$ | |
| 3 | $x_1$ | 1 | 0 | 0 | $\dfrac{1}{3}$ | $-\dfrac{2}{3}$ | 4 | — |
| −1 | $x_2$ | 0 | 1 | 0 | 0 | −1 | 1 | — |

续表

| | $c_j$ | 3 | $-1$ | $-1$ | 0 | 0 | $b$ | $\theta$ |
|---|---|---|---|---|---|---|---|---|
| $C_B$ | $X_B$ | $x_1$ | $x_2$ | $x_3$ | $x_4$ | $x_5$ | | |
| $-1$ | $x_3$ | 0 | 0 | 1 | $\dfrac{2}{3}$ | $-\dfrac{4}{3}$ | 9 | — |
| | $\sigma_j$ | 0 | 0 | 0 | $-\dfrac{1}{3}$ | $-\dfrac{1}{3}$ | $S=2$ | |

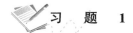

## 本 章 小 结

线性规划模型是一种数学模型，由决策变量、目标函数和约束条件三部分组成。决策变量是管理者可以控制的活动。目标函数是对管理者所要达到目标的抽象描述，是决策变量的线性函数。而约束条件是管理者作决策所必须面临的条件限制，是关于决策变量的线性等式或不等式。

对于仅含有两个变量的线性规划问题，可以借助图解法进行求解，而单纯形法则是求解线性规划的一般方法。规模较小的线性规划问题可以通过手工计算来求解，而对于大型问题通常需要借助相关软件求解，如 LINDO、Excel 等。

## 习　题　1

### 一、计算题

**1.1** 用图解法求解下列线性规划问题，并指出各问题是否具有唯一最优解、无穷多最优解、无界解或无可行解。

（1）$\min Z = 6x_1 + 4x_2$

s. t. $2x_1 + x_2 \geq 1$

$\quad\ 3x_1 + 4x_2 \geq 1.5$

$\quad\quad\ \ x_1,\ x_2 \geq 0$

（2）$\max Z = 4x_1 + 8x_2$

s. t. $2x_1 + x_2 \leq 10$

$\quad\ -x_1 + x_2 \geq 8$

$\quad\quad\ \ x_1,\ x_2 \geq 0$

（3）$\max Z = x_1 + x_2$

s. t. $8x_1 + 6x_2 \geq 24$

$\quad\ 4x_1 + 6x_2 \geq -12$

$\quad\quad\quad\ 2x_2 \geq 4$

$\quad\quad\ \ x_1,\ x_2 \geq 0$

（4）$\max Z = 3x_1 - 2x_2$

s. t. $x_1 + x_2 \leq 1$

$\quad\ 2x_1 + 2x_2 \geq 4$

$$x_1, \ x_2 \geqslant 0$$

（5）$\max Z = 3x_1 + 9x_2$

s. t. $x_1 + 3x_2 \leqslant 22$

$-x_1 + x_2 \leqslant 4$

$x_2 \leqslant 6$

$2x_1 - 5x_2 \leqslant 0$

$x_1, \ x_2 \geqslant 0$

（6）$\max Z = 3x_1 + 4x_2$

s. t. $-x_1 + 2x_2 \leqslant 8$

$x_1 + 2x_2 \leqslant 12$

$2x_1 + x_2 \leqslant 16$

$x_1, \ x_2 \geqslant 0$

**1.2**　在下列线性规划问题中，找出所有基解，指出哪些是基可行解并分别代入目标函数，比较找出最优解。

（1）$\max Z = 3x_1 + 5x_2$

s. t. $x_1 + x_3 = 4$

$2x_2 + x_4 = 12$

$3x_1 + 2x_2 + x_5 = 18$

$x_j \geqslant 0 \quad (j = 1, \cdots, 5)$

（2）$\min Z = 4x_1 + 12x_2 + 18x_3$

s. t. $x_1 + 3x_3 - x_4 = 3$

$2x_2 + 2x_3 - x_5 = 5$

$x_j \geqslant 0 \quad (j = 1, \cdots, 5)$

**1.3**　分别用图解法和单纯形法求解下列线性规划问题，并对照指出单纯形法迭代的每一步相当于图解法可行域中的哪一个顶点。

（1）$\max Z = 10x_1 + 5x_2$

s. t. $3x_1 + 4x_2 \leqslant 9$

$5x_1 + 2x_2 \leqslant 8$

$x_1, \ x_2 \geqslant 0$

（2）$\max Z = 100x_1 + 200x_2$

s. t. $x_1 + x_2 \leqslant 500$

$x_1 \leqslant 200$

$2x_1 + 6x_2 \leqslant 1200$

$x_1, \ x_2 \geqslant 0$

**1.4**　分别用大 $M$ 法和两阶段法求解下列线性规划问题，并指出问题的解属于哪一类。

（1）$\max Z = 4x_1 + 5x_2 + x_3$

s. t. $3x_1 + 2x_2 + x_3 \geqslant 18$

$2x_1 + x_2 \leqslant 4$

$$x_1 + x_2 - x_3 = 5$$
$$x_j \geqslant 0 \quad (j = 1, \ 2, \ 3)$$

（2）$\max Z = 2x_1 + x_2 + x_3$

s.t. $4x_1 + 2x_2 + 2x_3 \geqslant 4$

$\qquad 2x_1 + 4x_2 \leqslant 20$

$\qquad 4x_1 + 8x_2 + 2x_3 \leqslant 16$

$\qquad x_j \geqslant 0 \quad (j = 1, \ 2, \ 3)$

（3）$\max Z = x_1 + x_2$

s.t. $8x_1 + 6x_2 \geqslant 24$

$\qquad 4x_1 + 6x_2 \geqslant -12$

$\qquad 2x_2 \geqslant 4$

$\qquad x_1, \ x_2 \geqslant 0$

（4）$\max Z = x_1 + 2x_2 + 3x_3 - x_4$

s.t. $x_1 + 2x_2 + 3x_3 = 15$

$\qquad 2x_1 + x_2 + 5x_3 = 20$

$\qquad x_1 + 2x_2 + x_3 + x_4 = 10$

$\qquad x_j \geqslant 0 \quad (j = 1, \cdots, \ 4)$

（5）$\max Z = 4x_1 + 6x_2$

s.t. $2x_1 + 4x_2 \leqslant 180$

$\qquad 3x_1 + 2x_2 \leqslant 150$

$\qquad x_1 + x_2 = 57$

$\qquad x_2 \geqslant 22$

$\qquad x_1, \ x_2 \geqslant 0$

（6）$\max Z = 5x_1 + 3x_2 + 6x_3$

s.t. $x_1 + 2x_2 + x_3 \leqslant 18$

$\qquad 2x_1 + x_2 + 3x_3 \leqslant 16$

$\qquad x_1 + x_2 + x_3 = 10$

$\qquad x_1, \ x_2 \geqslant 0, \ x_3$ 无约束

**1.5**　线性规划问题 $\max Z = CX$，$AX = b$，$X \geqslant 0$，如 $X^*$ 是该问题的最优解，又 $\lambda > 0$ 为某一常数，分别讨论下列情况时最优解的变化。

（1）目标函数变为 $\max Z = \lambda CX$。

（2）目标函数变为 $\max Z = (C + \lambda)X$。

（3）目标函数变为 $\max Z = \dfrac{C}{\lambda} X$，约束条件变为 $AX = \lambda b$。

**1.6**　表 1.16 中给出某求极大化问题的单纯形表，问表中 $a_1$、$a_2$、$c_1$、$c_2$、$d$ 为何值时以及表中变量属于哪一种类型时有：

（1）表中解为唯一最优解。

（2）表中解为无穷多最优解之一。

（3）表中解为退化的可行解（基可行解中存在基变量等于零的解称为退化的可行解。此时迭代后目标函数值不变）。

（4）下一步迭代将以 $x_1$ 替换基变量 $x_5$。

（5）该线性规划问题具有无界解。

（6）该线性规划问题无可行解。

**表 1.16**　　　　　　　　　　　**某求极大化问题的单纯形表**

| $X_B$ | $C_B$ | $x_1$ | $x_2$ | $x_3$ | $x_4$ | $x_5$ |
|---|---|---|---|---|---|---|
| $x_3$ | $d$ | 4 | $a_1$ | 1 | 0 | 0 |
| $x_4$ | 2 | $-1$ | $-5$ | 0 | 1 | 0 |
| $x_5$ | 3 | $a_2$ | $-3$ | 0 | 0 | 1 |
| $\sigma_j$ | | $c_1$ | $c_2$ | 0 | 0 | 0 |

**1.7**　战斗机是一种重要的作战工具，但要使战斗机发挥作用必须有足够的驾驶员。因此生产出来的战斗机除一部分直接用于战斗外，还需抽一部分用于培训驾驶员。已知每年生产的战斗机数量为 $a_j(j=1, \cdots, n)$，又每架战斗机每年能培训出 $k$ 名驾驶员，问应如何分配每年生产出来的战斗机，使在 $n$ 年内生产出来的战斗机为空防做出最大贡献？

**1.8**　某石油管道公司希望知道，在图 1.10 所示的管道网络中可以流过的最大流量是多少及怎样输送，弧上数字是容量限制。请建立此问题的线性规划模型，不必求解。

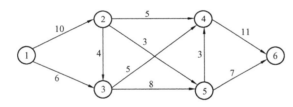

图 1.10　管道网络示意图

**1.9**　某昼夜服务的公交线路每天各时间区段内所需司机和乘务人员数见表 1.17。设司机和乘务人员分别在各时间区段一开始时上班，并连续工作 8h，问该公交线路至少配备多少名司机和乘务人员？列出此问题的线性规划模型。

**表 1.17**　　　　　　　　　　　**某公交线路每天各时间区段所需人数**

| 班次 | 时间区段 | 所需人数 |
|---|---|---|
| 1 | 6:00～10:00 | 60 |
| 2 | 10:00～14:00 | 70 |
| 3 | 14:00～18:00 | 60 |
| 4 | 18:00～22:00 | 50 |
| 5 | 22:00～2:00 | 20 |
| 6 | 2:00～6:00 | 30 |

**1.10**　某班有男生 30 人，女生 20 人，周日去植树。根据经验，一天男生平均每人挖坑 20 个，或栽树 30 棵，或给 25 棵树浇水；女生平均每人挖坑 10 个，或栽树 20 棵，或给 15 棵树浇水。问应怎样安排，才能使植树（包括挖坑、栽树、浇水）最多？请建立此问题的

线性规划模型，不必求解。

**1.11**　某糖果厂用原料 A、B、C 加工成三种不同牌号的糖果甲、乙、丙。已知各种牌号糖果中 A、B、C 含量，原料成本，各种原料的每月限制用量，三种牌号糖果的单位加工费及售价见表 1.18。问该厂每月应生产这三种牌号糖果各多少千克，使该厂获利最大？试建立此问题的线性规划模型。

**表 1.18**　　　　　　　　　　　　糖 果 的 有 关 资 料

| 项目 | 甲 | 乙 | 丙 | 原料成本（元/kg） | 每月限量（kg） |
|---|---|---|---|---|---|
| A | ≥60% | ≥15% |  | 2.00 | 2000 |
| B |  |  |  | 1.50 | 2500 |
| C | ≤20% | ≤60% | ≤50% | 1.00 | 1200 |
| 加工费（元/kg） | 0.50 | 0.40 | 0.30 | — | — |
| 售价 | 3.40 | 2.85 | 2.25 | — | — |

**1.12**　某商店制定 7～12 月进货售货计划，已知商店仓库容量不得超过 500 件，6 月底已存货 200 件，以后每月初进货一次。假设各月份此商品买进、售出单价见表 1.19，问各月进货、售货各多少，才能使总收入最多？请建立此问题的线性规划模型，不必求解。

**表 1.19**　　　　　　　　　　　商品 7～12 月买进售出单价

| 月份 | 7 | 8 | 9 | 10 | 11 | 12 |
|---|---|---|---|---|---|---|
| 买进单价（元/件） | 28 | 24 | 25 | 27 | 23 | 23 |
| 售出单价（元/件） | 29 | 24 | 26 | 28 | 22 | 25 |

**1.13**　某农场有 100 公顷土地及 15 000 元资金可用于发展生产。农场需劳动力为秋冬季 3500 人日，春夏季 4000 人日，如劳动力本身用不了时可外出干活，春夏季收入为 2.1 元/人日，秋冬季收入为 1.8 元/人日。该农场种植三种作物：大豆、玉米和小麦，并饲养奶牛和鸡。种作物时不需要专门投资，而饲养动物时每头奶牛投资 400 元，每只鸡投资 3 元。养奶牛时每头需拨出 1.5 公顷土地种饲草，并占用人工秋冬季为 100 人日，春夏季为 50 人日，年净收入 400 元/头（奶牛）。养鸡时不占土地，需人工为每只鸡秋冬季 0.6 人日，春夏季为 0.3 人日，年净收入为 2 元/只（鸡）。农场现有鸡舍允许最多养 3000 只鸡，牛栏允许最多养 32 头奶牛。三种作物每年需要的人工及收入情况见表 1.20。试决定该农场的经营方案，使年净收入最大。请建立此问题的线性规划模型，不必求解。

**表 1.20**　　　　　　　　三种作物每年需要的人工及收入情况

| 项目 | 大豆 | 玉米 | 麦子 |
|---|---|---|---|
| 秋冬季需人日数 | 20 | 35 | 10 |
| 春夏季需人日数 | 50 | 75 | 40 |
| 年净收入（元/公顷） | 175 | 300 | 120 |

**1.14** 某厂接到生产 A、B 两种产品的合同，产品 A 需 200 件，产品 B 需 300 件。这两种产品的生产都经过毛坯制造与机械加工两个工艺阶段。在毛坯制造阶段，产品 A 每件需要 2h，产品 B 每件需要 4h。机械加工阶段又分粗加工和精加工两道工序，每件产品 A 需粗加工 4h，精加工 10h；每件产品 B 需粗加工 7h，精加工 12h。若毛坯生产阶段能力为 1700h，粗加工设备拥有能力为 1000h，精加工设备拥有能力为 3000h。又加工费用在毛坯、粗加工、精加工时分别为 3、3、2 元/h。此外，在粗加工阶段允许设备可进行 500h 的加班生产，但加班生产时间内每小时增加额外成本 4.5 元。试根据以上资料，为该厂制定一个成本最低的生产计划。

**1.15** 对某厂Ⅰ、Ⅱ、Ⅲ三种产品下一年各季度的合同预订数见表 1.21。该三种产品 1 季度初无库存，要求在 4 季度末各库存 150 件。已知该厂每季度生产工时为 15 000h，生产Ⅰ、Ⅱ、Ⅲ产品每件分别需时 2、4、3h。因更换工艺装备，产品Ⅰ在 2 季度无法生产。规定当产品不能按期交货时，产品Ⅰ、Ⅱ每件每迟交一个季度赔偿 20 元，产品Ⅲ赔偿 10 元；又生产出来产品不在本季度交货的，每件每季度的库存费用为 5 元。问该厂应如何安排生产，使总的赔偿加库存的费用为最小（要求建立线性规划模型，不必求解）？

**表 1.21** 三种产品下一年各季度的合同预订数

| 产品 | 季度 | | | |
|---|---|---|---|---|
| | 1 | 2 | 3 | 4 |
| Ⅰ | 1500 | 1000 | 2000 | 1200 |
| Ⅱ | 1500 | 1500 | 1200 | 1500 |
| Ⅲ | 1000 | 2000 | 1500 | 2500 |

**1.16** 某公司有三项工作需分别招收技工和力工来完成。第一项工作可由 1 个技工单独完成，或由 1 个技工和 2 个力工组成的小组来完成；第二项工作可由 1 个技工或 1 个力工单独完成；第三项工作可由 5 个力工组成的小组完成，或由 1 个技工领着 3 个力工来完成。已知技工和力工每周工资分别为 100 元和 80 元，他们每周都工作 48h，但他们每人实际的有效工作小时数分别为 42h 和 36h。为完成这三项工作任务，该公司需要每周总有效工作小时数为：第一项工作 10000h，第二项工作 20000h，第三项工作 30000h。又能招收到的工人数为：技工不超过 400 人，力工不超过 800 人。问确定招收技工和力工各多少人，使总的工资支出为最少（建立线性规划模型，不必求解）。

**二、复习思考题**

**1.17** 试述线性规划数学模型的结构及各要素的特征。

**1.18** 求解线性规划问题时可能出现哪几种结果？哪些结果反映建模时有错误。

**1.19** 什么是线性规划问题的标准形式，如何将一个非标准形式的线性规划问题转化为标准形式？

**1.20** 试述线性规划问题的可行解、基解、基可行解、最优解的概念以及上述解之间的相互关系。

**1.21** 试述单纯形法的计算步骤，如何在单纯形表上判别问题是具有唯一最优解、无穷多最优解、无界解或无可行解。

**1.22**　如果线性规划的标准形式变换为求目标函数的极小化 min Z，则用单纯形法计算时如何判别问题已得到最优解。

**1.23**　在确定初始可行基时，什么情况下要在约束条件中增添人工变量，在目标函数中人工变量前的系数为 $-M$ 的经济意义是什么？

**1.24**　什么是单纯形法计算的两阶段法，为什么要将计算分两个阶段进行，以及如何根据第一阶段的计算结果来判定第二阶段的计算是否需继续进行？

**1.25**　举例说明生产和生活中应用线性规划方面，并对如何应用进行必要描述。

**1.26**　判断下列说法是否正确（正确的在括号中打"√"，错误的在括号中打"×"）。

（1）图解法同单纯形法虽然求解的形式不同，但从几何上理解，两者是一致的。
　　　　　　　　　　　　　　　　　　　　　　　　　　　　　　　　　（　　）

（2）线性规划模型中增加一个约束条件，可行域的范围一般将缩小；减少一个约束条件，可行域的范围一般将扩大。　　　　　　　　　　　　　　　　　（　　）

（3）线性规划问题的每一个基解对应可行域的一个顶点。　　　　　　（　　）

（4）如线性规划问题存在最优解，则最优解一定对应可行域边界上的一个点。（　　）

（5）对取值无约束的变量 $x_j$，通常令 $x_j = x_j' - x_j''$，其中 $x_j' \geqslant 0$，$x_j'' \geqslant 0$，在用单纯形法求得的最优解中有可能同时出现 $x_j' > 0$，$x_j'' > 0$。　　　　　　（　　）

（6）用单纯形法求解标准形式的线性规划问题时，与大于 0 对应的变量都可以被选作进基变量。　　　　　　　　　　　　　　　　　　　　　　　　　　　（　　）

（7）单纯形法计算中，如不按最小比值原则选取出基变量，则在下一个解中至少有一个基变量的值为负。　　　　　　　　　　　　　　　　　　　　　（　　）

（8）单纯形法计算中，选取最大正检验数对应的变量为进基变量，将使目标函数值得到最快的增长。　　　　　　　　　　　　　　　　　　　　　　　　（　　）

（9）一旦一个人工变量在迭代中变为非基变量后，该变量及相应列的数字可以从单纯形表中删除，而不影响计算结果。　　　　　　　　　　　　　　　　　（　　）

（10）线性规划问题的任一可行解都可以用全部基可行解的线性组合表示。（　　）

（11）若 **X'**、**X''** 分别是某一线性规划问题的最优解，则它们的线性组合也是该线性规划问题的最优解。　　　　　　　　　　　　　　　　　　　　　　（　　）

# 第 2 章 线性规划的对偶理论

## 2.1 线性规划的对偶问题

[例 1.1] 给出的生产计划问题的数学模型为

$$
\left.
\begin{aligned}
&\max S = 50x_1 + 30x_2 \\
&\text{s.t. } 4x_1 + 3x_2 \leqslant 120 \\
&\qquad 2x_1 + x_2 \leqslant 50 \\
&\qquad x_1,\ x_2 \geqslant 0
\end{aligned}
\right\}
\tag{2.1}
$$

如果换一个角度,考虑另外一种经营问题。假如有一个企业家有一批等待加工的订单,他想利用该家具厂的木工和油漆工资源来加工他的产品。因此,他要同家具厂谈判付给该厂每个木工和油漆工工时的价格。问题是构造一个数学模型来研究如何使家具厂觉得有利可图肯把资源出租给他,又使自己付的租金最少。假设 $y_1$、$y_2$ 分别表示每个木工和油漆工工时的租金,则所付租金最小的目标函数可表示为 $\min Z = 120y_1 + 50y_2$,目标函数中的系数 120、50 分别表示可供出租的木工和油漆工工时数。该企业家所付租金不能太低,否则家具厂的管理者觉得无利可图而不肯出租给他。因此,他付的租金应不低于家具厂利用这些资源所能得到的利益,即

$$
\begin{aligned}
4y_1 + 2y_2 &\geqslant 50 \\
3y_1 + y_2 &\geqslant 30 \\
y_1,\ y_2 &\geqslant 0
\end{aligned}
$$

因此,得到另外一个数学模型

$$
\left.
\begin{aligned}
&\min Z = 120y_1 + 50y_2 \\
&\text{s.t. } 4y_1 + 2y_2 \geqslant 50 \\
&\qquad 3y_1 + y_2 \geqslant 30 \\
&\qquad y_1,\ y_2 \geqslant 0
\end{aligned}
\right\}
\tag{2.2}
$$

模型式（2.1）和模型式（2.2）既有区别又有联系。联系在于它们都是关于家具厂的模型并且使用相同的数据,区别在于模型反映的实质内容是不同的。模型式（2.1）是站在家具厂经营者立场追求销售收入最大,模型式（2.2）则是站在家具厂对手的立场追求所付的租金最少。

如果模型式（2.1）称为原问题,则模型式（2.2）称为对偶问题（Duality Programming）。

对偶问题的意义:任何线性规划问题都有对偶问题,而且都有相应的意义,如对[例 1.2] 的营养配餐问题,其线性规划模型为

$$\left.\begin{aligned}
&\min Z = 14x_1 + 6x_2 + 3x_3 + 2x_4 \\
&\text{s. t. } 1000x_1 + 800x_2 + 900x_3 + 200x_4 \geqslant 3000 \\
&\qquad\ \ 50x_1 + 60x_2 + 20x_3 + 10x_4 \geqslant 55 \\
&\qquad 400x_1 + 200x_2 + 300x_3 + 500x_4 \geqslant 800 \\
&\qquad\qquad\qquad x_1,\ x_2,\ x_3,\ x_4 \geqslant 0
\end{aligned}\right\} \qquad (2.3)$$

该问题的对偶问题为

$$\left.\begin{aligned}
&\max S = 3000y_1 + 55y_2 + 800y_3 \\
&\text{s. t. } 1000y_1 + 50y_2 + 400y_3 \leqslant 14 \\
&\qquad\ \ 800y_1 + 60y_2 + 200y_3 \leqslant 6 \\
&\qquad\ \ 900y_1 + 20y_2 + 300y_3 \leqslant 3 \\
&\qquad\ \ 200y_1 + 10y_2 + 500y_3 \leqslant 2 \\
&\qquad\qquad\qquad y_1,\ y_2,\ y_3 \geqslant 0
\end{aligned}\right\} \qquad (2.4)$$

该问题的对偶问题式（2.4）经济意义可解释为：市场上有一厂商生产可代替食品中热量、蛋白质和钙的三种营养素，该厂商希望这些产品既有市场竞争力，又能带来最大利润，因此需要构造一个模型来研究定价问题。以上模型的变量为各营养素单位营养量的价格，目标函数反映厂商利润最大的目标，约束条件反映市场的竞争条件，即用于购买与某种食品营养价值相同的营养素的价格应小于该食品的市场价格。

线性规划的对偶关系

$$\left.\begin{aligned}
&\max S = \boldsymbol{CX} \\
&\text{s. t. } \boldsymbol{AX} \leqslant \boldsymbol{b} \\
&\qquad\ \ \boldsymbol{X} \geqslant 0
\end{aligned}\right\} \qquad (2.5)$$

$$\left.\begin{aligned}
&\min Z = \boldsymbol{Yb} \\
&\text{s. t. } \boldsymbol{YA} \geqslant \boldsymbol{C} \\
&\qquad\ \ \boldsymbol{Y} \geqslant 0
\end{aligned}\right\} \qquad (2.6)$$

式（2.5）、式（2.6）称作互为对偶问题。其中一个称为原问题，另一个称为它的对偶问题。

【例 2.1】　写出下列线性规划问题的对偶问题。

$$\begin{aligned}
&\min Z = 12x_1 + 8x_2 + 16x_3 + 12x_4 \\
&\text{s. t. } 2x_1 + x_2 + 4x_3 \geqslant 2 \\
&\qquad\ \ 2x_1 + 2x_2 + 4x_4 \geqslant 3 \\
&\qquad\ \ x_1,\ x_2,\ x_3,\ x_4 \geqslant 0
\end{aligned}$$

**解**　对原问题的每个约束条件定义一个对偶变量 $y_1$、$y_2$，则其对偶问题为

$$\begin{aligned}
&\max S = 2y_1 + 3y_2 \\
&\text{s. t. } 2y_1 + 2y_2 \leqslant 12 \\
&\qquad\ \ y_1 + 2y_2 \leqslant 8 \\
&\qquad\ \ 4y_1 \leqslant 16 \\
&\qquad\ \ 4y_2 \leqslant 12 \\
&\qquad\ \ y_1, y_2 \geqslant 0
\end{aligned}$$

【例 2.2】　写出下列线性规划问题的对偶问题。

$$\max S = 10x_1 + x_2 + 2x_3$$
$$\text{s. t. } x_1 + x_2 + 2x_3 \leqslant 10$$
$$4x_1 + 2x_2 - x_3 \leqslant 20$$
$$x_1, \ x_2, \ x_3 \geqslant 0$$

**解** 对原问题的每个约束条件定义一个对偶变量 $y_1$、$y_2$，则其对偶问题为

$$\min Z = 10y_1 + 20y_2$$
$$\text{s. t. } y_1 + 4y_2 \geqslant 10$$
$$y_1 + 2y_2 \geqslant 1$$
$$2y_1 - y_2 \geqslant 2$$
$$y_1, \ y_2 \geqslant 0$$

[例 2.1] 与 [例 2.2] 所示的对偶关系称为对称型的对偶关系。此外，还有非对称型的对偶关系。所谓非对称型的对偶关系，即原问题是求目标函数极小（大）化，约束中出现 "$\leqslant$"（"$\geqslant$"）不等式约束条件、等式约束条件、无约束的决策变量或非正约束的决策变量等情况。

**【例 2.3】** 写出下列线性规划问题的对偶问题。

$$\min Z = x_1 + 2x_2 + 3x_3$$
$$\text{s. t. } 2x_1 + 3x_2 + 5x_3 \geqslant 2$$
$$3x_1 + x_2 + 7x_3 \leqslant 3$$
$$x_1, \ x_2, \ x_3 \geqslant 0$$

**解** 用 $-1$ 乘以第二个不等式约束的两边，得

$$\min Z = x_1 + 2x_2 + 3x_3$$
$$\text{s. t. } 2x_1 + 3x_2 + 5x_3 \geqslant 2$$
$$-3x_1 - x_2 - 7x_3 \geqslant -3$$
$$x_1, \ x_2, \ x_3 \geqslant 0$$

然后对原问题的每个约束条件定义一个对偶变量 $y_1$、$y_2$，则其对偶问题为

$$\max S = 2y_1 - 3y_2$$
$$\text{s. t. } 2y_1 - 3y_2 \leqslant 1$$
$$3y_1 - y_2 \leqslant 2$$
$$5y_1 - 7y_2 \leqslant 3$$
$$y_1, \ y_2 \geqslant 0$$

**【例 2.4】** 写出下列线性规划问题的对偶问题。

$$\min Z = 2x_1 + 3x_2 - 5x_3$$
$$\text{s. t. } x_1 + x_2 - x_3 \geqslant 5$$
$$2x_1 + x_3 = 4$$
$$x_1, \ x_2, \ x_3 \geqslant 0$$

**解** 将原问题的约束方程写成不等式约束形式

$$\min Z = 2x_1 + 3x_2 - 5x_3$$
$$\text{s. t. } x_1 + x_2 - x_3 \geqslant 5$$

$$2x_1 + x_3 \geqslant 4$$
$$-2x_1 - x_3 \geqslant -4$$
$$x_1, \ x_2, \ x_3 \geqslant 0$$

引入对偶变量 $y_1$、$y_2'$、$y_2''$，写出对偶问题为

$$\max S = 5y_1 + 4y_2' - 4y_2''$$

$$\text{s. t. } y_1 + 2y_2' - 2y_2'' \leqslant 2$$
$$y_1 \leqslant 3$$
$$-y_1 + y_2' - y_2'' \leqslant -5$$
$$y_1, \ y_2', \ y_2'' \geqslant 0$$

令 $y_2 = y_2' - y_2''$，得到

$$\max S = 5y_1 + 4y_2$$
$$\text{s. t. } y_1 + 2y_2 \leqslant 2$$
$$y_1 \leqslant 3$$
$$-y_1 + y_2 \leqslant -5$$
$$y_1 \geqslant 0, \ y_2 无约束$$

综述所有可能的线性规划一般形式，对偶规则（Dual Rule）总结如下：

（1）对每个原问题约束条件规定一个（非负的）对偶变量。

（2）将原问题的目标函数的系数作为对偶问题的右端常数。

（3）将原问题的右端常数作为对偶问题的目标函数的系数。

（4）将原问题的系数矩阵转置后作为对偶问题的系数矩阵。

（5）将最优化方向改变。

（6）若原问题中有等式约束，则与之对应的对偶变量无约束。

（7）根据对偶规划的对称性，若原问题某个变量无约束，则与之对应的对偶约束为等式约束。

（8）如果原问题（max）中约束条件是"$\geqslant$"，则与之对应的对偶变量 $\leqslant 0$。

（9）如果原问题（max）中约束条件是"$\leqslant$"，则与之对应的对偶变量 $\geqslant 0$。

（10）如果原问题（min）中约束条件是"$\geqslant$"，则与之对应的对偶变量 $\geqslant 0$。

（11）如果原问题（min）中约束条件是"$\leqslant$"，则与之对应的对偶变量 $\leqslant 0$。

（12）如果原问题（max）中变量是"$\leqslant 0$"，则与之对应的对偶问题的约束条件是"$\leqslant$"。

（13）如果原问题（max）中变量是"$\geqslant 0$"，则与之对应的对偶问题的约束条件是"$\geqslant$"。

（14）如果原问题（min）中变量是"$\leqslant 0$"，则与之对应的对偶问题的约束条件是"$\geqslant$"。

（15）如果原问题（min）中变量是"$\geqslant 0$"，则与之对应的对偶问题的约束条件是"$\leqslant$"。

【例 2.5】　写出下列线性规划问题的对偶问题。

$$\min Z = 3x_1 - 2x_2 + x_3$$
$$\text{s. t. } x_1 + 2x_2 = 1$$
$$2x_2 - x_3 \leqslant -2$$
$$2x_1 + x_3 \geqslant 3$$

$$x_1 - 2x_2 + 3x_3 \geqslant 4$$
$$x_1,\ x_2 \geqslant 0,\ x_3\text{无约束}$$

**解**　综合运用对偶规则得到

$$\max S = y_1 - 2y_2 + 3y_3 + 4y_4$$
$$\text{s. t. } y_1 + 2y_3 + y_4 \leqslant 3$$
$$2y_1 + 2y_2 - 2y_4 \leqslant -2$$
$$-y_2 + y_3 + 3y_4 = 1$$
$$y_1\text{无约束}, y_2 \leqslant 0,\ y_3,\ y_4 \geqslant 0$$

## 2.2　对偶问题的基本定理

**定理 2.1　对称性定理**　对偶问题的对偶就是原问题。

**定理 2.2　弱对偶定理**　对于式（2.5）、式（2.6）给出的互为对偶问题中的任意可行解 $X^{(0)}$、$Y^{(0)}$，都有

$$CX^{(0)} \leqslant Y^{(0)}b$$

**推理 1**　互为对偶问题中，原问题任意一个可行解所对应的目标函数值都是对偶问题目标函数值的界。

**推理 2**　若原问题和对偶问题都有可行解，则它们都有最优解。

**推理 3**　若互为对偶问题中任意一个有可行解，但无最优解，则另一个就无可行解。

**定理 2.3　最优准则**　若原问题的某一个可行解与对偶问题的某一个可行解的目标函数值相等，则它们分别是原问题与对偶问题的最优解。

**定理 2.4　对偶定理**　若原问题有最优解，则对偶问题也有最优解，且最优值相等。

**推理 4**　式（2.6）给出的对偶问题的最优解为式（2.5）给出的原问题最优解中相应的松弛变量检验数的相反数。

若将式（2.5）、式（2.6）写成标准形式

$$\left. \begin{aligned} &\max S = CX \\ &\text{s. t. } AX + X^{(S)} = b \\ &\qquad\quad x,\ x^{(S)} \geqslant 0 \end{aligned} \right\} \tag{2.7}$$

$$\left. \begin{aligned} &\min Z = Yb \\ &\text{s. t. } YA - Y^{(S)} = C \\ &\qquad\quad Y,\ Y^{(S)} \geqslant 0 \end{aligned} \right\} \tag{2.8}$$

式中：$X^{(S)}$、$Y^{(S)}$ 分别是相应的松弛变量。

**定理 2.5　互补松弛性**　对于互为对偶问题的式（2.7）、式（2.8）中的任意可行解 $X^{(0)}$、$Y^{(0)}$，那么，$Y^{(0)}X^{(0)} = 0$，$Y^{(S)}X^{(0)} = 0$，当且仅当 $X^{(0)}$ 和 $Y^{(0)}$ 为最优解。

**推理 5**　对于原问题式（2.7）单纯形表的检验数行对应其对偶问题式（2.8）的一个基解。

综上所述，原问题与对偶问题解的对应关系见表 2.1。

表 2.1　　　　　　　　　　　原问题与对偶问题解的对应关系

| 问题与解的状态 | | 对偶问题 | | |
|---|---|---|---|---|
| | | 最优解 | 无界解 | 无可行解 |
| 原问题 | 最优解 | 一定 | 不可能 | 不可能 |
| | 无界 | 不可能 | 不可能 | 可能 |
| | 无可行解 | 不可能 | 可能 | 可能 |

【例 2.6】　已知线性规划问题

$$\max S = x_1 + x_2$$
$$\text{s. t. } -x_1 + x_2 + x_3 \leqslant 2$$
$$-2x_1 + x_2 - x_3 \leqslant 1$$
$$x_1, \ x_2, \ x_3 \geqslant 0$$

试用对偶理论证明上述线性规划问题无最优解。

**证明**　首先看到该问题存在可行解，例如 $\boldsymbol{x} = (0, \ 0, \ 0)$；而它的对偶问题为

$$\min Z = 2y_1 + y_2$$
$$\text{s. t. } -y_1 - 2y_2 \geqslant 1$$
$$y_1 + y_2 \geqslant 1$$
$$y_1 - y_2 \geqslant 0$$
$$y_1, \ y_2 \geqslant 0$$

由第一个约束条件可知对偶问题无可行解，再由表 2.1 可知，原问题无最优解。

【例 2.7】　已知线性规划问题

$$\min Z = 2x_1 + 3x_2 + 5x_3 + 2x_4 + 3x_5$$
$$\text{s. t. } x_1 + x_2 + 2x_3 + x_4 + 3x_5 \geqslant 4$$
$$2x_1 - x_2 + 4x_3 + x_4 + x_5 \geqslant 3$$
$$x_1, \ x_2, \ x_3, \ x_4, \ x_5 \geqslant 0$$

其对偶问题的最优解为 $y_1^* = 4/5$，$y_2^* = 3/5$，$S = 5$。试用对偶理论找出原问题的最优解。

**解**　先写出它的对偶问题

$$\max S = 4y_1 + 3y_2$$
$$\text{s. t. } y_1 + 2y_2 \leqslant 2 \tag{1}$$
$$y_1 - y_2 \leqslant 3 \tag{2}$$
$$2y_1 + 4y_2 \leqslant 5 \tag{3}$$
$$y_1 + y_2 \leqslant 2 \tag{4}$$
$$3y_1 + y_2 \leqslant 3 \tag{5}$$
$$y_1, \ y_2 \geqslant 0$$

将 $y_1^* = 4/5$，$y_2^* = 3/5$ 代入约束条件，式（2）～式（4）为严格不等式成立；由互补松弛性得 $x_2^* = x_3^* = x_4^* = 0$。因 $y_1, \ y_2 \geqslant 0$，原问题的两个约束条件应取等式，故有

$$x_1^* + 3x_5^* = 4$$
$$2x_1^* + x_5^* = 3$$

求解后得到 $x_1^* = 1$，$x_5^* = 1$；故原问题的最优解为

$$\boldsymbol{X}^* = (1,\ 0,\ 0,\ 0,\ 1)^\mathrm{T},\ Z^* = 5$$

## 2.3　对偶解的经济解释

如果将线性规划的约束看成广义资源约束，右边项则代表某种资源的可用量。对偶解的经济含义是资源的单位改变量引起目标函数值的改变量，通常称为影子价格。影子价格表明对偶解是对系统内部资源的客观估计，又表明它是一种虚拟的价格而不是真实价格。

影子价格（Shadow Price）具有以下特征：

（1）影子价格是对系统资源的最优估计，只有系统达到最优状态时才可能赋予资源这种价值，因此也称为最优价格。

（2）影子价格的取值与系统的价值取向有关，并受系统状态变化的影响。系统内部资源数量和价格的变化是一种动态的价格体系。

（3）对偶解，即影子价格的大小客观反映了资源在系统内的稀缺程度。如果某资源在系统内供大于求，尽管它有市场价格，但它的影子价格仍等于零。增加这种资源的供应不会引起系统目标的任何变化。如果某资源是稀缺资源，其影子价格必然大于零。影子价格越高，这种资源在系统中越稀缺。

（4）影子价格是一种边际价值，它与经济学中边际成本的概念相同，因而在经济管理中有十分重要的价值。企业管理者可以根据资源在企业内部影子价格的大小决定企业的经营策略。

【例 2.8】　某企业生产 A、B 两种产品。A 产品需要消耗 2 个单位原料和 1h 人工；B 产品需要消耗 3 个单位原料和 2h 人工；A 产品销售价格 23 元，B 产品销售价格 40 元。该企业每天可利用生产原料 25 单位和 15 个人工。

（1）问该企业如何生产才能使销售收入最大？

（2）若每单位原料的采购成本为 5 元，每小时人工工资为 10 元，问该企业如何生产才能使销售利润最大？

**解**　（1）设 $x_1$、$x_2$ 分别为该企业生产 A、B 产品的数量，销售收入最大的数学模型为

$$\max Z = 23x_1 + 40x_2$$
$$\text{s. t. } 2x_1 + 3x_2 \leqslant 25$$
$$x_1 + 2x_2 \leqslant 15$$
$$x_1,\ x_2 \geqslant 0$$

最优解 $\boldsymbol{X} = (5,\ 5)^\mathrm{T}$，最优值 $Z = 315$，对偶解 $\boldsymbol{Y} = (6,\ 11)$。

（2）设 $x_1$、$x_2$ 分别为该企业生产 A、B 产品的数量，销售利润最大的数学模型为

$$\max Z = 3x_1 + 5x_2$$
$$\text{s. t. } 2x_1 + 3x_2 \leqslant 25$$
$$x_1 + 2x_2 \leqslant 15$$
$$x_1,\ x_2 \geqslant 0$$

最优解 $\boldsymbol{X} = (5,\ 5)^\mathrm{T}$，最优值 $Z = 40$，对偶解 $\boldsymbol{Y} = (1,\ 1)$。

　　[例 2.8] 的问题（1）中对偶解（即影子价格）的经济含义为：在最优方案下，每增加一单位生产原料或人工，销售收入的增加额。由于销售收入增加并不意味着销售利润增加，因此，影子价格需与市场价格（生产成本）进行比较。若影子价格大于市场价格，表明增加该类资源能够使销售收入的增加额大于生产成本的增加额，即销售利润为正，否则为负。因此，此类问题可按以下原则考虑企业经营策略：

　　1）如果某资源的影子价格大于市场价格，表明该资源在系统内有获利能力，应买入该资源。

　　2）如果某资源的影子价格小于市场价格，表明该资源在系统内无获利能力，应卖出该资源。

　　3）如果某资源的影子价格等于市场价格，表明该资源在系统内处于平衡状态，既不用买入也不用卖出。

　　[例 2.8] 的问题（2）中对偶解（即影子价格）的经济含义为：在最优方案下，每增加一单位生产原料或人工，销售利润的增加额。若影子价格大于零，表明增加该类资源能够使销售利润的增加额为正，否则为负。因此，此类问题可按以下原则考虑企业经营策略：

　　1）如果某资源的影子价格大于零，表明该资源在系统内有获利能力，应买入该资源。

　　2）如果某资源的影子价格小于零，表明该资源在系统内无获利能力，应卖出该资源。

　　3）如果某资源的影子价格等于零，表明该资源在系统内处于平衡状态，既不用买入也不用卖出。

## 2.4　对　偶　单　纯　形　法

　　为了便于区别，将前面所述的单纯形法称为原始单纯形法。

　　原始单纯形法的基本思路：在换基迭代过程中，始终保持基变量值非负，逐步使检验数变成非正，最后求得最优解或判断无最优解。

　　对偶单纯形法（Dual Simplex Method）的基本思路：在换基迭代过程中，始终保持检验数非正，逐步使基变量值变成非负，最后求得最优解或判断无最优解。

　　对偶单纯形法计算步骤：

　　（1）根据线性规划问题，列出单纯形表。若检查 $b$ 列的数字都为非负，检验数都为非正，则已得到最优解，停止计算。若检查 $b$ 列的数字至少有一个负分量，检验数保持非正，则进行下面计算。

　　（2）确定出基变量。按 $\min\{(\boldsymbol{B}^{-1}\boldsymbol{b}) \,|\, (\boldsymbol{B}^{-1}\boldsymbol{b}) < 0\} = (\boldsymbol{B}^{-1}\boldsymbol{b})_i$，对应的基变量 $x_i$ 为出基变量。

　　（3）确定进基变量。在单纯形表中检查 $x_i$ 所在行的各系数 $a_{ij}(j = 1, 2, \cdots, n)$。若所有的 $a_{ij} \geqslant 0$，则无可行解，停止计算。若存在 $a_{ij} < 0(j = 1, 2, \cdots, n)$，计算 $\theta = \min\left\{ \dfrac{\sigma_j}{a_{lj}} \,\middle|\, a_{ij} < 0, \right\} = \dfrac{\sigma_k}{a_{lk}}$，按 $\theta$ 规则所对应的列的非基变量 $x_k$ 为进基变量，这样才能保持得到的对偶问题的解仍是可行解。

（4）以 $a_{lk}$ 为主元，按原单纯形法在表中进行迭代运算，得到新的计算表。

重复上述步骤（1）～（4）。

【例2.9】 用对偶单纯形法解下列线性规划问题

$$\min Z = x_1 + 4x_2 + 3x_4$$
$$\text{s. t. } x_1 + 2x_2 - x_3 + x_4 \geqslant 3$$
$$-2x_1 - x_2 + 4x_3 + x_4 \geqslant 2$$
$$x_1, x_2, x_3, x_4 \geqslant 0$$

**解** 此题可用人工变量方法求解，但也可用对偶单纯形法。先化成标准形式后，约束条件两边同时乘以-1得

$$\max S = -x_1 - 4x_2 - 3x_4$$
$$\text{s. t. } -x_1 - 2x_2 + x_3 - x_4 + x_5 = -3$$
$$2x_1 + x_2 - 4x_3 - x_4 + x_6 = -2$$
$$x_1, x_2, x_3, x_4, x_5, x_6 \geqslant 0$$

列出对偶单纯形表格，见表2.2。

表2.2　　　　　　　　　　［例2.9］对偶单纯形表（一）

| $c_j$ | | $-1$ | $-4$ | $0$ | $-3$ | $0$ | $0$ | $b$ |
|---|---|---|---|---|---|---|---|---|
| $C_B$ | $X_B$ | $x_1$ | $x_2$ | $x_3$ | $x_4$ | $x_5$ | $x_6$ | |
| $0$ | $x_5$ | $(-1)$ | $-2$ | $1$ | $-1$ | $1$ | $0$ | $-3$ |
| $0$ | $x_6$ | $2$ | $1$ | $-4$ | $-1$ | $0$ | $1$ | $-2$ |
| $\sigma_j$ | | $-1$ | $-4$ | $0$ | $-3$ | $0$ | $0$ | $S=0$ |

计算检验数（方法与原始单纯形法相同）全为非正，称为对偶可行；而常数项全是负数，称为原始不可行。取常数项是负数且最小者，确定出基变量 $x_5$，用出基变量 $x_5$ 行的所有负数分别去除对应的负的检验数（$\sigma_j \leqslant 0$），其最小值对应的变量为进基变量 $x_1$，它们的交叉元素为主元（-1）（见表2.2），进行主元运算得到表2.3。

表2.3　　　　　　　　　　［例2.9］对偶单纯形表（二）

| $c_j$ | | $-1$ | $-4$ | $0$ | $-3$ | $0$ | $0$ | $b$ |
|---|---|---|---|---|---|---|---|---|
| $C_B$ | $X_B$ | $x_1$ | $x_2$ | $x_3$ | $x_4$ | $x_5$ | $x_6$ | |
| $-1$ | $x_1$ | $1$ | $2$ | $-1$ | $1$ | $-1$ | $0$ | $3$ |
| $0$ | $x_6$ | $0$ | $-3$ | $(-2)$ | $-3$ | $2$ | $1$ | $-8$ |
| $\sigma_j$ | | $0$ | $-2$ | $-1$ | $-2$ | $-1$ | $0$ | $S=-3$ |

确定出基变量 $x_6$，确定进基变量 $x_3$，主元为-2，进行主元运算：第二行乘 $-\frac{1}{2}$，第一行加第二行，得到表2.4。

**表 2.4**　　　　　　　　　　[ 例 2.9 ] 对偶单纯形表（三）

| $c_j$ | | $-1$ | $-4$ | $0$ | $-3$ | $0$ | $0$ | |
|---|---|---|---|---|---|---|---|---|
| $C_B$ | $X_B$ | $x_1$ | $x_2$ | $x_3$ | $x_4$ | $x_5$ | $x_6$ | $b$ |
| $-1$ | $x_1$ | $1$ | $\frac{7}{2}$ | $0$ | $\frac{5}{2}$ | $-2$ | $-\frac{1}{2}$ | $7$ |
| $0$ | $x_3$ | $0$ | $\frac{3}{2}$ | $1$ | $\frac{3}{2}$ | $-1$ | $-\frac{1}{2}$ | $4$ |
| | $\sigma_j$ | $0$ | $-\frac{1}{2}$ | $0$ | $-\frac{1}{2}$ | $-2$ | $-\frac{1}{2}$ | $S=-7$ |

　　计算检验数，其数值全为非正。但此时 $b$ 的任一分量均大于零，得到最优解为 $X=(7,$ $0,\ 4,\ 0)$，最优值 $S=-7$，$Z=7$。

　　【**例 2.10**】　用对偶单纯形法解下列线性规划问题。

$$\min Z = x_1 + 2x_2$$
$$\text{s. t. } -x_1 + 2x_2 - x_3 \geqslant 1$$
$$-x_1 - 2x_2 + x_3 \geqslant 6$$
$$x_1,\ x_2,\ x_3 \geqslant 0$$

　　**解**　将原问题化成

$$\max S = -x_1 - 2x_2$$
$$\text{s. t. } x_1 - 2x_2 + x_3 + x_4 = -1$$
$$x_1 + 2x_2 - x_3 + x_5 = -6$$
$$x_1,\ x_2,\ x_3,\ x_4,\ x_5 \geqslant 0$$

列出对偶单纯形表格，见表 2.5。

**表 2.5**　　　　　　　　　　[ 例 2.10 ] 对偶单纯形表（一）

| $c_j$ | | $-1$ | $-2$ | $0$ | $0$ | $0$ | |
|---|---|---|---|---|---|---|---|
| $C_B$ | $X_B$ | $x_1$ | $x_2$ | $x_3$ | $x_4$ | $x_5$ | $b$ |
| $0$ | $x_4$ | $1$ | $(-2)$ | $1$ | $1$ | $0$ | $-1$ |
| $0$ | $x_5$ | $1$ | $2$ | $-1$ | $0$ | $1$ | $-6$ |
| | $\sigma_j$ | $-1$ | $-2$ | $0$ | $0$ | $0$ | $S=0$ |

　　常数项最小的变量 $x_5$ 为出基变量，按 $\theta$ 原则无法比较。其常数项次最小的变量 $x_4$ 为出基变量，按 $\theta$ 规则 $x_2$ 为进基变量，主元为 $-2$，进行主元运算得到表 2.6。

**表 2.6**　　　　　　　　　　[ 例 2.10 ] 对偶单纯形表（二）

| $c_j$ | | $-1$ | $-2$ | $0$ | $0$ | $0$ | |
|---|---|---|---|---|---|---|---|
| $C_B$ | $X_B$ | $x_1$ | $x_2$ | $x_3$ | $x_4$ | $x_5$ | $b$ |
| $-2$ | $x_2$ | $-\frac{1}{2}$ | $1$ | $-\frac{1}{2}$ | $-\frac{1}{2}$ | $0$ | $\frac{1}{2}$ |
| $0$ | $x_5$ | $2$ | $0$ | $0$ | $1$ | $1$ | $-7$ |
| | $\sigma_j$ | $-2$ | $0$ | $-1$ | $-1$ | $0$ | $S=-1$ |

再计算检验数：已经全为非正值，但常数项为负数的行元素全大于零，故原问题无可行解。

## 2.5　灵敏度分析

线性规划问题假定目标函数系数、约束条件系数以及右端常数项等参数都是常数，是对现实情况的估计值或预测值。现实中，市场、工艺以及资源等的变化会引起这些参数的变化，进而影响决策方案。灵敏度分析可以解决下列问题：

（1）当这些参数中的一个或多个发生变化时，原最优解会怎样变化？

（2）当这些参数在什么范围内变化时，原最优解仍保持不变？

（3）若最优解发生变化，如何用最简单的方法找到现行的最优解？

下面通过［例 2.11］对该类问题进行分析。

【例 2.11】　某工厂用甲、乙两种原料生产 A、B、C、D 四种产品，每种产品的利润、现有的原料数及每种产品消耗原料定量见表 2.7。试求：

（1）怎样组织生产，才能使总利润最大？

（2）若 A、C 产品的利润产生波动，波动范围多大，其最优基不变？

（3）若想增加甲种原料，增加多少时，原最优基不变？

表 2.7　　　　　　　　　　　　**产 品 有 关 参 数 表**

| 产品（万件）/原料（kg） | A | B | C | D | 提供量 |
|---|---|---|---|---|---|
| 甲 | 3 | 2 | 10 | 4 | 18 |
| 乙 | 0 | 0 | 2 | $\frac{1}{2}$ | 3 |
| 利润（万元/万件） | 9 | 8 | 50 | 19 | — |

（4）若考虑要生产产品 E，且生产 1 万件 E 产品要消耗甲原料 3kg，消耗乙原料 1kg。那么，E 产品的每万件利润是多少时有利于投产？

（5）假设该工厂又增加了用电不超过 8kW·h 的限制，而生产 A、B、C、D 四种产品各 1 万件分别消耗电 4kW·h、3kW·h、5kW·h 和 2kW·h，此约束是否改变了原最优决策方案？

**解**　（1）设生产 A、B、C、D 产品各 $x_1$、$x_2$、$x_3$、$x_4$ 万件，数学模型为

$$\max S = 9x_1 + 8x_2 + 50x_3 + 19x_4$$
$$\text{s. t. } 3x_1 + 2x_2 + 10x_3 + 4x_4 \leqslant 18$$
$$2x_3 + \frac{1}{2}x_4 \leqslant 3$$
$$x_1,\ x_2,\ x_3,\ x_4 \geqslant 0$$

化成标准形式

$$\max S = 9x_1 + 8x_2 + 50x_3 + 19x_4$$
$$\text{s. t. } 3x_1 + 2x_2 + 10x_3 + 4x_4 + x_5 = 18$$

$$2x_3 + \frac{1}{2}x_4 + x_6 = 3$$

$$x_1,\ x_2,\ x_3,\ x_4,\ x_5,\ x_6 \geq 0$$

其初始基为 $\boldsymbol{B}_1 = (\boldsymbol{P}_5,\ \boldsymbol{P}_6)$，列出单纯形表格，并进行计算得到表 2.8。

表 2.8　　　　　　　　　　　　　［例 2.11］单纯形表（一）

| $c_j$ | | 9 | 8 | 50 | 19 | 0 | 0 | |
|---|---|---|---|---|---|---|---|---|
| $C_B$ | $X_B$ | $x_1$ | $x_2$ | $x_3$ | $x_4$ | $x_5$ | $x_6$ | $b$ |
| 0 | $x_5$ | 3 | 2 | 10 | 4 | 1 | 0 | 18 |
| 0 | $x_6$ | 0 | 0 | (2) | $\frac{1}{2}$ | 0 | 1 | 3 |
| $\sigma_j$ | | 9 | 8 | 50 | 19 | 0 | 0 | $S = 0$ |
| 0 | $x_5$ | (3) | 2 | 0 | $\frac{3}{2}$ | 1 | $-5$ | 3 |
| 50 | $x_3$ | 0 | 0 | 1 | $\frac{1}{4}$ | 0 | $\frac{1}{2}$ | $\frac{3}{2}$ |
| $\sigma_j$ | | 9 | 8 | 0 | $\frac{13}{2}$ | 0 | $-25$ | $S = 75$ |
| 9 | $x_1$ | 1 | $\left(\frac{2}{3}\right)$ | 0 | $\frac{1}{2}$ | $\frac{1}{3}$ | $-\frac{5}{3}$ | 1 |
| 50 | $x_3$ | 0 | 0 | 1 | $\frac{1}{4}$ | 0 | $\frac{1}{2}$ | $\frac{3}{2}$ |
| $\sigma_j$ | | 0 | 2 | 0 | 2 | $-3$ | $-10$ | $S = 84$ |
| 8 | $x_2$ | $\frac{3}{2}$ | 1 | 0 | $\left(\frac{3}{4}\right)$ | $\frac{1}{2}$ | $-\frac{5}{2}$ | $\frac{3}{2}$ |
| 50 | $x_3$ | 0 | 0 | 1 | $\frac{1}{4}$ | 0 | $\frac{1}{2}$ | $\frac{3}{2}$ |
| $\sigma_j$ | | $-3$ | 0 | 0 | $\frac{1}{2}$ | $-4$ | $-5$ | $S = 87$ |
| 19 | $x_4$ | 2 | $\frac{4}{3}$ | 0 | 1 | $\frac{2}{3}$ | $-\frac{10}{3}$ | 2 |
| 50 | $x_3$ | $-\frac{1}{2}$ | $-\frac{1}{3}$ | 1 | 0 | $-\frac{1}{6}$ | $\frac{4}{3}$ | 1 |
| $\sigma_j$ | | $-4$ | $-\frac{2}{3}$ | 0 | 0 | $-\frac{13}{3}$ | $-\frac{10}{3}$ | $S = 88$ |

其最优基 $\boldsymbol{B}_5 = (\boldsymbol{P}_4,\ \boldsymbol{P}_3)$，最优解为 $(0,\ 0,\ 1,\ 2)$，$S = 88$。最优决策方案为：生产 C 产品 1 万件，D 产品 2 万件，最大利润为 88 万元。

（2）在初始表中 $\boldsymbol{P}_4$、$\boldsymbol{P}_3$ 的位置为基矩阵

$$\boldsymbol{B}_5 = (\boldsymbol{P}_4,\ \boldsymbol{P}_3) = \begin{bmatrix} 4 & 10 \\ \dfrac{1}{2} & 2 \end{bmatrix}$$

在最优表所对应初始表中的松弛变量的位置即为 $\boldsymbol{B}^{-1}$，而最优表中系数矩阵即为 $\boldsymbol{B}^{-1}\boldsymbol{A}$，见表 2.9。

表 2.9 　　　　　　　　　　[例 2.11] 单纯形表（二）

| $c_j$ | | 9 | 8 | 50 | 19 | 0 | 0 | $\boldsymbol{b}$ | |
|---|---|---|---|---|---|---|---|---|---|
| $\boldsymbol{C_B}$ | $\boldsymbol{X_B}$ | $x_1$ | $x_2$ | $x_3$ | $x_4$ | $x_5$ | $x_6$ | | |
| 0 | $x_5$ | 3 | 2 | 10 | 4 | 1 | 0 | 18 | 初始表 |
| 0 | $x_6$ | 0 | 0 | 2 | $\frac{1}{2}$ | 0 | 1 | 3 | |
| $\sigma_j$ | | 9 | 8 | 50 | 19 | 0 | 0 | $S=0$ | |
| 19 | $x_4$ | 2 | $\frac{4}{3}$ | 0 | 1 | $\frac{2}{3}$ | $-\frac{10}{3}$ | 2 | 最优表 |
| 50 | $x_3$ | $-\frac{1}{2}$ | $-\frac{1}{3}$ | 1 | 0 | $-\frac{1}{6}$ | $\frac{4}{3}$ | 1 | |
| $\sigma_j$ | | $-4$ | $-\frac{2}{3}$ | 0 | 0 | $-\frac{13}{3}$ | $-\frac{10}{3}$ | $S=88$ | |

$$\boldsymbol{B}^{-1} = \begin{bmatrix} \frac{2}{3} & -\frac{10}{3} \\ -\frac{1}{6} & \frac{4}{3} \end{bmatrix}$$

$$\boldsymbol{B}^{-1}\boldsymbol{A} = \begin{bmatrix} 2 & \frac{4}{3} & 0 & 1 & \frac{2}{3} & -\frac{10}{3} \\ -\frac{1}{2} & -\frac{1}{3} & 1 & 0 & -\frac{1}{6} & \frac{4}{3} \end{bmatrix}$$

$$\boldsymbol{C_B} = (c_4,\ c_3) = (19,\ 50),\quad \boldsymbol{C} = (9,\ 8,\ 50,\ 19,\ 0,\ 0)。$$

1）当目标函数的 $c_1 = 9$ 有波动时，设波动为 $c_1 = 9 + \Delta c_1$，$\boldsymbol{C_B}$ 的其他分量不变，$\boldsymbol{C} = (9 + \Delta c_1,\ 8,\ 50,\ 19,\ 0,\ 0)$，得到检验数的变化为 $\boldsymbol{\sigma} = \left(-4 + \Delta c_1,\ -\frac{2}{3},\ 0,\ 0,\ -\frac{13}{3},\ -\frac{10}{3}\right)$，见表 2.10。

表 2.10 　　　　　　　　　　[例 2.11] 单纯形表（三）

| $c_j$ | | $9 + \Delta c_1$ | 8 | 50 | 19 | 0 | 0 | $\boldsymbol{b}$ |
|---|---|---|---|---|---|---|---|---|
| $\boldsymbol{C_B}$ | $\boldsymbol{X_B}$ | $x_1$ | $x_2$ | $x_3$ | $x_4$ | $x_5$ | $x_6$ | |
| 19 | $x_4$ | (2) | $\frac{4}{3}$ | 0 | 1 | $\frac{2}{3}$ | $-\frac{10}{3}$ | 2 |
| 50 | $x_3$ | $-\frac{1}{2}$ | $-\frac{1}{3}$ | 1 | 0 | $-\frac{1}{6}$ | $\frac{4}{3}$ | 1 |
| $\sigma_j$ | | $-4 + \Delta c_1$ | $-\frac{2}{3}$ | 0 | 0 | $-\frac{13}{3}$ | $-\frac{10}{3}$ | 88 |

仅当 $-4+\Delta c_1<0$ 时，即 $\Delta c_1<4$，原最优解不变，最优利润值还是 88 万元。说明每万件 A 产品的利润不超过 13 万元时，原最优决策方案不变。当 $\Delta c_1>4$ 时，即每万件 A 产品的利润超过 13 万元时，$\boldsymbol{B}$ 已经不是最优基，继续进行最优化。

当 $\Delta c_1>4$ 时，即 $-4+\Delta c_1>0$，$x_1$ 进基，$x_4$ 出基，进行主元运算：第一行乘以 $\frac{1}{2}$，然后第二行加上第一行乘以 $\frac{1}{2}$。重新计算检验数，为了保证 $\boldsymbol{B}$ 为最优，必须满足 $6-2\Delta c_1\leqslant0$，$4-\Delta c_1\leqslant0$，$-9-\Delta c_1\leqslant0$，$5\Delta c_1-30\leqslant0$，得到 $4\leqslant\Delta c_1\leqslant6$；当 $4\leqslant\Delta c_1\leqslant6$ 时，即每万件 A 产品的利润在 13 万～15 万元之间，得到新的最优基（$\boldsymbol{P}_1$，$\boldsymbol{P}_3$），最优决策方案为 $\left(1,\ 0,\ \frac{3}{2},\ 0\right)^{\mathrm{T}}$，最优利润为 $84+\Delta c_1$，最大利润在 88 万～90 万元之间，见表 2.11。

**表 2.11**　　　　　　　　　　[例 2.11] 单纯形表（四）

| $c_j$ | | $9+\Delta c_1$ | 8 | 50 | 19 | 0 | 0 | $b$ |
|---|---|---|---|---|---|---|---|---|
| $C_B$ | $X_B$ | $x_1$ | $x_2$ | $x_3$ | $x_4$ | $x_5$ | $x_6$ | |
| $9+\Delta c_1$ | $x_1$ | 1 | $\frac{2}{3}$ | 0 | $\frac{1}{2}$ | $\frac{1}{3}$ | $-\frac{5}{3}$ | 1 |
| 50 | $x_3$ | 0 | 0 | 1 | $\frac{1}{4}$ | 0 | $\frac{1}{2}$ | $\frac{3}{2}$ |
| $\sigma_j$ | | 0 | $2-\frac{2}{3}\Delta c_1$ | 0 | $2-\frac{1}{2}\Delta c_1$ | $-3-\frac{1}{3}\Delta c_1$ | $\frac{5}{3}\Delta c_1-10$ | $S=84+\Delta c_1$ |

2）当目标函数的 $c_3=50$ 有波动时，设波动为 $c_3=50+\Delta c_3$，其他系数不变，原最优表见表 2.12。为保证最优，满足所有检验数不大于零，得到 $\Delta c_3-8\leqslant0$，$\Delta c_3-2\leqslant0$，$\Delta c_3-26\leqslant0$，$-10-4\Delta c_3\leqslant0$，解得 $-\frac{5}{2}\leqslant\Delta c_3\leqslant2$，即 C 产品的利润在 47.5 万～52 万元之间；原最优决策方案不变，最优利润在 85.5 万～90 万元之间。同理可以讨论 $\Delta c_3<-\frac{5}{2}$ 时，只要 $x_6$ 进基变量，或 $\Delta c_3>2$ 时，只要 $x_2$ 进基变量，见表 2.12。

**表 2.12**　　　　　　　　　　[例 2.11] 单纯形表（五）

| $c_j$ | | 9 | 8 | $50+\Delta c_3$ | 19 | 0 | 0 | $b$ |
|---|---|---|---|---|---|---|---|---|
| $C_B$ | $X_B$ | $x_1$ | $x_2$ | $x_3$ | $x_4$ | $x_5$ | $x_6$ | |
| 19 | $x_4$ | 2 | $\frac{4}{3}$ | 0 | 1 | $\frac{2}{3}$ | $-\frac{10}{3}$ | 2 |
| $50+\Delta c_3$ | $x_3$ | $-\frac{1}{2}$ | $-\frac{1}{3}$ | 1 | 0 | $-\frac{1}{6}$ | $\frac{4}{3}$ | 1 |
| $\sigma_j$ | | $\frac{1}{2}\Delta c_3-4$ | $\frac{1}{3}\Delta c_3-\frac{2}{3}$ | 0 | 0 | $\frac{1}{6}\Delta c_3-\frac{10}{3}$ | $\frac{-4}{3}\Delta c_3-\frac{13}{3}$ | $S=88+\Delta c_3$ |

（3）当增加甲种原料供应量时，$b_1$ 发生了变化，设 $b_1 = 18 + \Delta b_1$，$\boldsymbol{b} = (18 + \Delta b_1,\ 3)$，有

$$\boldsymbol{B}^{-1}\boldsymbol{b} = \begin{bmatrix} \dfrac{2}{3} & -\dfrac{10}{3} \\ -\dfrac{1}{6} & \dfrac{4}{3} \end{bmatrix} \begin{bmatrix} 18 + \Delta b_1 \\ 3 \end{bmatrix} = \begin{bmatrix} 2 + \dfrac{2}{3}\Delta b_1 \\ 1 - \dfrac{1}{6}\Delta b_1 \end{bmatrix}$$

满足 $2 + \dfrac{2}{3}\Delta b_1 \geq 0$，$1 - \dfrac{1}{6}\Delta b_1 \geq 0$，得到 $-3 \leq \Delta b_1 \leq 6$，即 $15 \leq b_1 \leq 24$，原最优基不变，但最优解与目标函数最优值都是 $\Delta b_1$ 的函数 $\boldsymbol{X} = \left(0,\ 0,\ 1 - \dfrac{1}{6}\Delta b_1,\ 2 + \dfrac{2}{3}\Delta b_1\right)^{\mathrm{T}}$，$S = 88 + \dfrac{13}{3}\Delta b_1$（万元），当 $\Delta b_1 > 6$ 且 $\Delta b_1 < -3$ 时，改变了原最优基。下面讨论 $\Delta b_1 > 6$ 的情形。原问题最优基见表 2.13。

表 2.13　　　　　　　　　　　　　[ 例 2.11 ] 单纯形表（六）

| $c_j$ | | 9 | 8 | 50 | 19 | 0 | 0 | $\boldsymbol{b}$ |
|---|---|---|---|---|---|---|---|---|
| $C_B$ | $X_B$ | $x_1$ | $x_2$ | $x_3$ | $x_4$ | $x_5$ | $x_6$ | |
| 19 | $x_4$ | 2 | $\dfrac{4}{3}$ | 0 | 1 | $\dfrac{2}{3}$ | $-\dfrac{10}{3}$ | 2 |
| 50 | $x_3$ | $-\dfrac{1}{2}$ | $-\dfrac{1}{3}$ | 1 | 0 | $-\dfrac{1}{6}$ | $\dfrac{4}{3}$ | 1 |
| $\sigma_j$ | | $-4$ | $-\dfrac{2}{3}$ | 0 | 0 | $-\dfrac{13}{3}$ | $-\dfrac{10}{3}$ | $S = 88$ |

用 $\boldsymbol{B}^{-1}\boldsymbol{b} = \begin{bmatrix} 2 + \dfrac{2}{3}\Delta b_1 \\ 1 - \dfrac{1}{6}\Delta b_1 \end{bmatrix}$ 代替常数项，因为 $\Delta b_1 > 6$，则 $1 - \dfrac{1}{6}\Delta b_1 < 0$，原始不可行，但是对偶可行，用对偶单纯形法求解，见表 2.14。

表 2.14　　　　　　　　　　　　　[ 例 2.11 ] 单纯形表（七）

| $c_j$ | | 9 | 8 | 50 | 19 | 0 | 0 | $\boldsymbol{b}$ |
|---|---|---|---|---|---|---|---|---|
| $C_B$ | $X_B$ | $x_1$ | $x_2$ | $x_3$ | $x_4$ | $x_5$ | $x_6$ | |
| 19 | $x_4$ | 2 | $\dfrac{4}{3}$ | 0 | 1 | $\dfrac{2}{3}$ | $-\dfrac{10}{3}$ | $2 + \dfrac{2}{3}\Delta b_1$ |
| 50 | $x_3$ | $-\dfrac{1}{2}$ | $-\dfrac{1}{3}$ | 1 | 0 | $-\dfrac{1}{6}$ | $\dfrac{4}{3}$ | $1 - \dfrac{1}{6}\Delta b_1$ |
| $\sigma_j$ | | $-4$ | $-\dfrac{2}{3}$ | 0 | 0 | $-\dfrac{13}{3}$ | $-\dfrac{10}{3}$ | $S = 88 + \dfrac{13}{3}\Delta b_1$ |

用对偶单纯形法求解，第二行乘以 $-3$，第一行加上第二行乘以 $-\dfrac{4}{3}$，见表 2.15。

表 2.15　　　　　　　　　　　　　　[ 例 2.11 ] 单纯形表（八）

| | $c_j$ | 9 | 8 | 50 | 19 | 0 | 0 | |
|---|---|---|---|---|---|---|---|---|
| $C_B$ | $X_B$ | $x_1$ | $x_2$ | $x_3$ | $x_4$ | $x_5$ | $x_6$ | $b$ |
| 19 | $x_4$ | 0 | 0 | 4 | 1 | 0 | 2 | 6 |
| 8 | $x_2$ | $\frac{3}{2}$ | 1 | $-3$ | 0 | $\frac{1}{2}$ | $-4$ | $\frac{1}{2}\Delta b_1 - 3$ |
| | $\sigma_j$ | $-3$ | 0 | $-2$ | 0 | $-4$ | $-6$ | $S = 90 + 4\Delta b_1$ |

当 $-3 + \frac{1}{2}\Delta b_1 \geq 0$，即 $\Delta b_1 > 6$ 时，新的最优基 $\boldsymbol{B} = (\boldsymbol{P}_4, \boldsymbol{P}_2)$，最优解为 $\left(0, -3 + \frac{1}{2}\Delta b_1, 0, 6\right)^{\mathrm{T}}$，最大利润为 $90 + 4\Delta b_1$ 万元。

（4）增加变量：设生产 E 产品 $x_7$ 万件，每万件利润是 $c_7$ 万元，则模型为

$$\max S = 9x_1 + 8x_2 + 50x_3 + 19x_4 + c_7 x_7$$
$$\text{s. t.} \quad 3x_1 + 2x_2 + 10x_3 + 4x_4 + x_5 + 3x_7 = 18$$
$$2x_3 + \frac{1}{2}x_4 + x_6 + x_7 = 3$$
$$x_1, \ x_2, \ x_3, \ x_4, \ x_5, \ x_6, \ x_7 \geq 0$$
$$\boldsymbol{A} = (\boldsymbol{P}_1, \ \boldsymbol{P}_2, \ \boldsymbol{P}_3, \ \boldsymbol{P}_4, \ \boldsymbol{P}_5, \ \boldsymbol{P}_6, \ \boldsymbol{P}_7), \ \text{其中} \boldsymbol{P}_7 = (3, \ 1)^{\mathrm{T}}$$

原最优解为 $(0, \ 0, \ 1, \ 2, \ 0, \ 0)^{\mathrm{T}}$，则 $\boldsymbol{X} = (0, \ 0, \ 1, \ 2, \ 0, \ 0, \ 0)^{\mathrm{T}}$ 一定是原问题的可行解，但不一定是原问题的最优解。

若要生产 E，在原最优表中增加非基变量 $x_7$，其中

$$\boldsymbol{P}'_7 = \boldsymbol{B}^{-1}\boldsymbol{P}_7 = \begin{bmatrix} \frac{2}{3} & -\frac{10}{3} \\ -\frac{1}{10} & \frac{4}{3} \end{bmatrix} \begin{bmatrix} 3 \\ 1 \end{bmatrix} = \begin{bmatrix} -\frac{4}{3} \\ \frac{5}{6} \end{bmatrix}$$

相应的检验数 $= -\frac{49}{3} + c_7 > 0$ 时，才有利于生产。令 $c_7 = 17$，相应的检验数为 $\frac{2}{3}$，插入原最优表，继续求解，见表 2.16。

表 2.16　　　　　　　　　　　　　　[ 例 2.11 ] 单纯形表（九）

| | $c_j$ | 9 | 8 | 50 | 19 | 0 | 0 | 17 | |
|---|---|---|---|---|---|---|---|---|---|
| $C_B$ | $X_B$ | $x_1$ | $x_2$ | $x_3$ | $x_4$ | $x_5$ | $x_6$ | $x_7$ | $b$ |
| 19 | $x_4$ | 2 | $\frac{4}{3}$ | 0 | 1 | $\frac{2}{3}$ | $-\frac{10}{3}$ | $-\frac{4}{3}$ | 2 |
| 50 | $x_3$ | $-\frac{1}{2}$ | $-\frac{1}{3}$ | 1 | 0 | $-\frac{1}{6}$ | $\frac{4}{3}$ | $\frac{5}{6}$ | 1 |
| | $\sigma_j$ | $-4$ | $-\frac{2}{3}$ | 0 | 0 | $-\frac{13}{3}$ | $-\frac{10}{3}$ | $\frac{2}{3}$ | $S = 88$ |

第二行乘以 $\frac{6}{5}$，第一行加上第二行乘以 $\frac{4}{3}$，见表 2.17。

表 2.17           [例 2.11] 单纯形表（十）

| $c_j$ | | 9 | 8 | 50 | 19 | 0 | 0 | 17 | $b$ |
|---|---|---|---|---|---|---|---|---|---|
| $C_B$ | $X_B$ | $x_1$ | $x_2$ | $x_3$ | $x_4$ | $x_5$ | $x_6$ | $x_7$ | |
| 19 | $x_4$ | $\frac{6}{5}$ | $\frac{4}{5}$ | $\frac{8}{5}$ | 1 | $\frac{2}{5}$ | $-\frac{6}{5}$ | 0 | $\frac{18}{5}$ |
| 17 | $x_7$ | $-\frac{3}{5}$ | $-\frac{2}{5}$ | $\frac{6}{5}$ | 0 | $\frac{1}{5}$ | $\frac{8}{5}$ | 1 | $\frac{6}{5}$ |
| $\sigma_j$ | | $-\frac{18}{5}$ | $-\frac{2}{5}$ | $-\frac{4}{5}$ | 0 | $-\frac{21}{5}$ | $-\frac{22}{5}$ | 0 | $S = 88\frac{4}{5}$ |

得到新的最优解 $\boldsymbol{X} = \left(0,\ 0,\ 0,\ \dfrac{18}{5},\ 0,\ 0,\ \dfrac{6}{5}\right)^{\mathrm{T}}$，最优值为 $88\dfrac{4}{5}$。最优方案生产 D 产品 $\dfrac{18}{5}$ 万件，E 产品 $\dfrac{6}{5}$ 万件，利润达到 88.8 万元。

（5）只需在模型中增加新的约束条件 $4x_1 + 3x_2 + 5x_3 + 2x_4 \leqslant 8$，标准化后有 $4x_1 + 3x_2 + 5x_3 + 2x_4 + x_7 = 8$，加入模型中，见表 2.18。

表 2.18           [例 2.11] 单纯形表（十一）

| $c_j$ | | 9 | 8 | 50 | 19 | 0 | 0 | 0 | $b$ |
|---|---|---|---|---|---|---|---|---|---|
| $C_B$ | $X_B$ | $x_1$ | $x_2$ | $x_3$ | $x_4$ | $x_5$ | $x_6$ | $x_7$ | |
| 19 | $x_4$ | 2 | $\frac{4}{3}$ | 0 | 1 | $\frac{2}{3}$ | $-\frac{10}{3}$ | 0 | 2 |
| 50 | $x_3$ | $-\frac{1}{2}$ | $-\frac{1}{3}$ | 1 | 0 | $-\frac{1}{6}$ | $\frac{4}{3}$ | 0 | 1 |
| 0 | $x_7$ | 4 | 3 | 5 | 2 | 0 | 0 | 1 | 8 |
| $\sigma_j$ | | $-4$ | $-\frac{2}{3}$ | 0 | 0 | $-\frac{13}{3}$ | $-\frac{10}{3}$ | 0 | $S = 88$ |

$x_4$、$x_3$、$x_7$ 是基变量，使增加一行元素（5）、（2）变为零，见表 2.19。

表 2.19           [例 2.11] 单纯形表（十二）

| $c_j$ | | 9 | 8 | 50 | 19 | 0 | 0 | 0 | $b$ |
|---|---|---|---|---|---|---|---|---|---|
| $C_B$ | $X_B$ | $x_1$ | $x_2$ | $x_3$ | $x_4$ | $x_5$ | $x_6$ | $x_7$ | |
| 19 | $x_4$ | 2 | $\frac{4}{3}$ | 0 | 1 | $\frac{2}{3}$ | $-\frac{10}{3}$ | 0 | 2 |
| 50 | $x_3$ | $-\frac{1}{2}$ | $-\frac{1}{3}$ | 1 | 0 | $-\frac{1}{6}$ | $\frac{4}{3}$ | 0 | 1 |
| 0 | $x_7$ | $\frac{5}{2}$ | 2 | 0 | 0 | $-\frac{1}{2}$ | 0 | 1 | $-1$ |

利用对偶单纯形法，$x_7$ 出基，$x_5$ 进基，$-\dfrac{1}{2}$ 为主元。

第三行乘以$-2$，第一行加上第三行乘以$-\dfrac{2}{3}$，第二行加上第三行乘以$\dfrac{1}{6}$，计算检验数得最优表，见表 2.20。

**表 2.20** [例 2.11] 单纯形表（十三）

| $c_j$ | | 9 | 8 | 50 | 19 | 0 | 0 | 0 | |
|---|---|---|---|---|---|---|---|---|---|
| $C_B$ | $X_B$ | $x_1$ | $x_2$ | $x_3$ | $x_4$ | $x_5$ | $x_6$ | $x_7$ | $b$ |
| 19 | $x_4$ | $\dfrac{16}{3}$ | 4 | 0 | 1 | 0 | $-\dfrac{10}{3}$ | $\dfrac{4}{3}$ | $\dfrac{2}{3}$ |
| 50 | $x_3$ | $-\dfrac{4}{3}$ | $-1$ | 1 | 0 | 0 | $\dfrac{4}{3}$ | $\dfrac{1}{3}$ | $\dfrac{4}{3}$ |
| 0 | $x_5$ | $-5$ | $-4$ | 0 | 0 | 1 | $-2$ | $-2$ | 2 |
| $\sigma_j$ | | $-\dfrac{77}{3}$ | $-18$ | 0 | 0 | 0 | $-\dfrac{10}{3}$ | $-\dfrac{26}{3}$ | $S = 79.5$ |

增加用电约束后，最优生产方案为：生产$\dfrac{4}{3}$万件 C 产品，$\dfrac{2}{3}$万件 D 产品，总利润为 79.5 万元。

## 2.6 用 Microsoft Excel Solver 求解线性规划问题

为了通过 Excel Solver 来求解数学规划问题，首先安装 Excel 中的"规划求解"功能。方法是插入源安装光盘，打开 Excel，选定"工具""加载宏""规划求解"来安装"规划求解"功能。

**【例 2.12】** AB 公司在一周内只生产两种产品：产品 A 和产品 B。产品 A 的价格是每吨 25 美元，产品 B 的价格是每吨 10 美元。管理部门必须决定每种产品各生产多少吨，才能使收益最好。产品 A 和产品 B 是由多种材料混合而成。可供这一周使用的三种原料数量如下：原料 1，12 000t；原料 2，4000t；原料 3，6000t。产品 A 由 60%的原料 1 和 40%的原料 2 组成。产品 B 由 50%的原料 1、10%的原料 2 和 40%的原料 3 组成。假设产品 A 和产品 B 各生产$x_1$、$x_2$，则数学模型为

$$\max S = 25x_1 + 10x_2$$
$$\text{s. t. } 0.6x_1 + 0.5x_2 \leqslant 12\,000$$
$$0.4x_1 + 0.1x_2 \leqslant 4000$$
$$0.4x_2 \leqslant 6000$$
$$x_1,\ x_2 \geqslant 0$$

**解** 将问题输入电子数据表：$C_5$、$C_6$分别对应于变量$x_1$、$x_2$，目标函数系数在$B_5$、$B_6$单元表示，目标函数值在$C_3$单元被计算出来（运用公式，目标函数值 $= B_5 \times C_5 + B_6 \times C_6$），注意决策变量值被初始化为 1，这样通过程序计算得到一个结果，但是可使用其他任何一个初始变量值，如图 2.1 所示。约束条件被表示在第 9~11 行，B 列写明了可用资源量，C 列注明了每种资源在当前解的情况下各自的使用量。利用这个电子表，通过改变$C_5$和$C_6$单元的值

来寻找 $C_3$ 单元的最大值，同时确保 $C_9$、$C_{10}$ 和 $C_{11}$ 单元格的值相应地不超过 $B_9$、$B_{10}$ 和 $B_{11}$ 的值。具体步骤如下：

（1）选定"工具"弹出下拉列表框，双击"规划求解"，弹出参数表，如图 2.2 所示。

（2）选定目标函数类型，输入约束条件并求解，如图 2.3 所示。

（3）保存方案运算结果，如图 2.4 所示。

（4）报告可以提供两种有用报告中的任何一种：求解结果报告和灵敏度分析报告，分别如图 2.5 和图 2.6 所示。

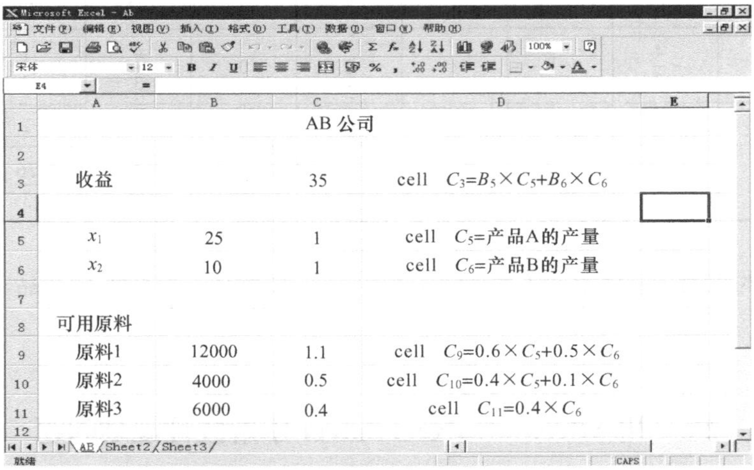

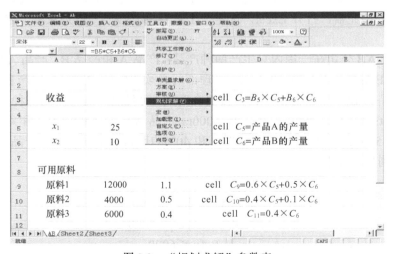

图 2.1　问题的电子数据表

图 2.2　"规划求解"参数表

【例 2.13】　某人有一笔 50 万元的资金可用于长期投资，可供选择的投资机会包括购买国库券、公司债券、投资房地产、股票或银行保值储蓄等。不同投资方式的具体参数见表 2.21。投资者希望投资组合的平均年限不超过 5 年，平均的期望收益率不低于 13%，风险系数不超过 4，收益的增长潜力不低于 10%。问在满足上述要求的前提下投资者该如何选择投资组合使平均年收益率最高。

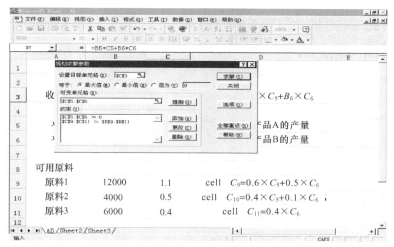

图 2.3 目标函数类型选择

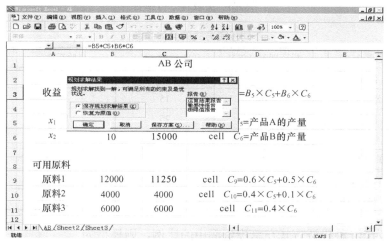

图 2.4 保存方案运算结果

|  | A | B | C | D |
|---|---|---|---|---|
| 1 | | | AB 公司 | |
| 2 | | | | |
| 3 | 收益 | | 306250 | cell $C_3=B_5\times C_5+B_6\times C_6$ |
| 4 | | | | |
| 5 | $x_1$ | 25 | 6250 | cell $C_5=$产品A的产量 |
| 6 | $x_2$ | 10 | 15000 | cell $C_6=$产品B的产量 |
| 7 | | | | |
| 8 | 可用原料 | | | |
| 9 | 原料1 | 12000 | 11250 | cell $C_9=0.6\times C_5+0.5\times C_6$ |
| 10 | 原料2 | 4000 | 4000 | cell $C_{10}=0.4\times C_5+0.1\times C_6$ |
| 11 | 原料3 | 6000 | 6000 | cell $C_{11}=0.4\times C_6$ |
| 12 | | | | |

图 2.5 求解结果报告

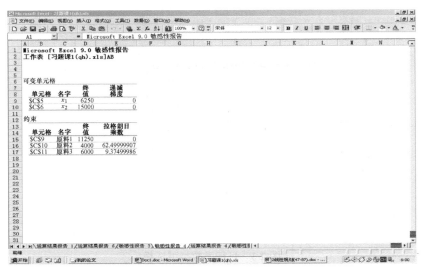

图 2.6  灵敏度分析报告

表 2.21  不同投资方式的具体参数

| 序号 | 投资方式 | 投资期限（年） | 年收益率（%） | 风险系数 | 增长潜力（%） |
|---|---|---|---|---|---|
| 1 | 国库券 | 3 | 11 | 1 | 0 |
| 2 | 公司债券 | 10 | 15 | 3 | 15 |
| 3 | 房地产 | 6 | 25 | 8 | 30 |
| 4 | 股票 | 2 | 20 | 6 | 20 |
| 5 | 短期存款 | 1 | 10 | 1 | 5 |
| 6 | 长期储蓄 | 5 | 12 | 2 | 10 |
| 7 | 现金存款 | 0 | 3 | 0 | 0 |

**解**  设 $x_i$ 为第 $i$ 种投资方式在总投资额中的比例，则模型为

$$\max S = 11x_1 + 15x_2 + 25x_3 + 20x_4 + 10x_5 + 12x_6 + 3x_7$$
$$\text{s. t. } 3x_1 + 10x_2 + 6x_3 + 2x_4 + x_5 + 5x_6 \leqslant 5$$
$$11x_1 + 15x_2 + 25x_3 + 20x_4 + 10x_5 + 12x_6 + 3x_7 \geqslant 13$$
$$x_1 + 3x_2 + 8x_3 + 6x_4 + x_5 + 2x_6 \leqslant 4$$
$$15x_2 + 30x_3 + 20x_4 + 5x_5 + 10x_6 \geqslant 10$$
$$x_1 + x_2 + x_3 + x_4 + x_5 + x_6 + x_7 = 1$$
$$x_1, x_2, x_3, x_4, x_5, x_6, x_7 \geqslant 0$$

模型的目标函数反映的是平均收益率最大，前 4 个约束分别是对投资年限、平均收益率、风险系数和增长潜力的限制，最后一个约束是全部投资比例的总和必须等于 1。通过计算得到最优解 $x_1 = 0.571\,43$，$x_3 = 0.428\,57$，平均年收益率为 17%，即投资国库券 $0.571\,43 \times 50$ 万元 = 29 万元，投资房地产 $0.428\,57 \times 50$ 万元 = 21 万元，投资年限 4.285 71 年，平均年收益率 17%，风险系数 4，增长潜力 12.857 1%。问题的电子数据表、求解结果报告和灵敏度分析报告分别如图 2.7～图 2.9 所示。

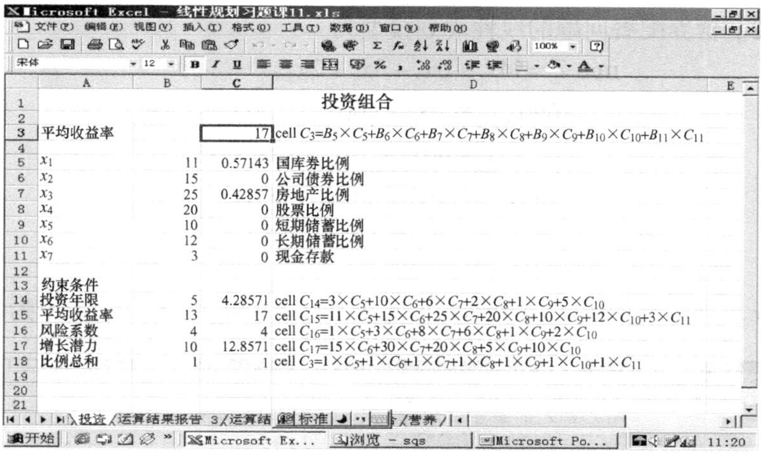

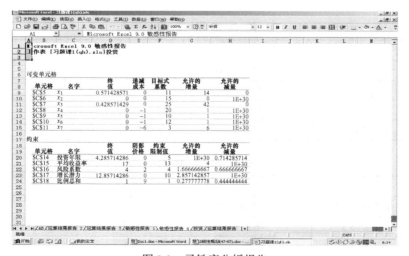

图 2.7　问题的电子数据表

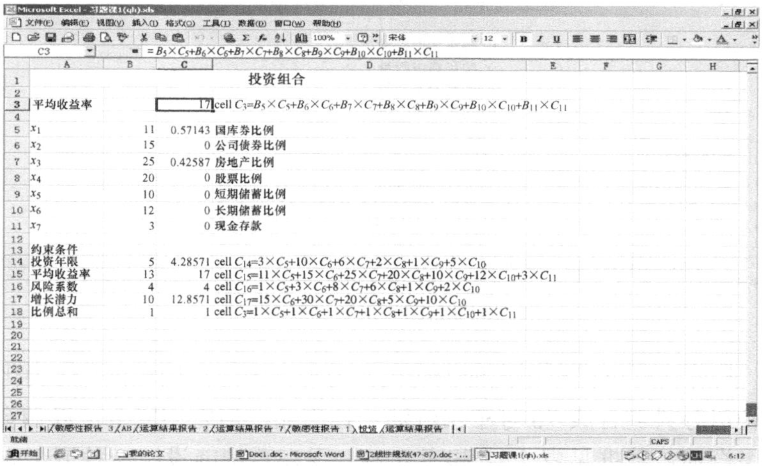

图 2.8　求解结果报告

图 2.9　灵敏度分析报告

如［例 1.2］营养配餐问题的线性规划模型为

$$\min Z = 14x_1 + 6x_2 + 3x_3 + 2x_4$$
$$\text{s.t. } 1000x_1 + 800x_2 + 900x_3 + 200x_4 \geqslant 3000$$
$$50x_1 + 60x_2 + 20x_3 + 10x_4 \geqslant 55$$
$$400x_1 + 200x_2 + 300x_3 + 500x_4 \geqslant 800$$
$$x_1, x_2, x_3, x_4 \geqslant 0$$

用 Excel Solver 求解结果如图 2.10 所示，即每天购买 3.33kg 大米，总费用为 10 元。

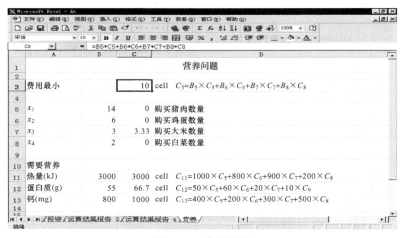

图 2.10　求解结果

【例 2.14】　某炼油厂可供车用汽油调合的组分有三种：直馏汽油、热裂化汽油和催化汽油。过去这三种组分只调合成 70 号车用汽油一种产品，但它们完全可以调合成 76 号和 85 号更高级的车用汽油，数据见表 2.22 和表 2.23。现在希望能设计一种调合方案，使纯收入更高（70 号汽油由三种组分调合成，76 号和 85 号汽油只用直馏汽油和催化汽油调合而成）。

表 2.22　　　　　　　　　　　　　　调 合 组 分 质 量

| 组分 | 组分质量 | | | 产量（t） | 成本（元/t） |
| --- | --- | --- | --- | --- | --- |
| | 全馏温度（℃） | 10%馏出温度（℃） | 辛烷值 | | |
| 直馏汽油 | 97.8 | 94.7 | 48 | 75 200 | 443 |
| 热裂化汽油 | 91.5 | 67.2 | 64 | 35 240 | 417 |
| 催化汽油 | 96.7 | 57 | 77 | 62 964 | 402 |

表 2.23　　　　　　　　　　　　　　汽 油 组 分 质 量

| 指标 | 组分质量 | | | 价格（元/t） |
| --- | --- | --- | --- | --- |
| | 全馏温度（℃） | 10%馏出温度（℃） | 辛烷值 | |
| 70 号汽油 | ≥95.5 | ≤81 | 不控制 | 540 |
| 76 号汽油 | 不控制 | 不控制 | ≥65 | 600 |
| 85 号汽油 | 不控制 | 不控制 | ≥74 | 680 |

**解** 设 $x_{11}$、$x_{12}$、$x_{13}$ 分别为调合 70、76、85 号汽油的直馏汽油数（单位：t），$x_{21}$ 为调合 70 号汽油的热裂化汽油数（单位：t），$x_{31}$、$x_{32}$、$x_{33}$ 分别为调合 70 号、76 号、85 号汽油的催化汽油数（单位：t），则模型为

$$\max S = 540(x_{11}+x_{21}+x_{31})+600(x_{12}+x_{32})-443(x_{11}+x_{12}+x_{13})$$
$$-417x_{21}-402(x_{31}+x_{32}+x_{33})$$

$$\text{s.t.}\ \ x_{11}+x_{21}+x_{31}\leqslant 75\,200$$
$$x_{21}\leqslant 35\,240$$
$$x_{31}+x_{32}+x_{33}\leqslant 62\,964$$

70 号汽油全馏温度要求条件

$$97.8x_{11}+91.5x_{21}+96.7x_{31}\geqslant 95.5(x_{11}+x_{21}+x_{31})$$

70 号汽油 10%馏出温度要求条件

$$94.7x_{11}+67.2x_{21}+57x_{31}\leqslant 81(x_{11}+x_{21}+x_{31})$$

76 号汽油空白辛烷值要求条件

$$48x_{12}+77x_{32}\geqslant 65(x_{12}+x_{32})$$

85 号汽油空白辛烷值要求条件

$$48x_{13}+77x_{33}\geqslant 74(x_{13}+x_{33})$$
$$x_{ij}\geqslant 0$$

最优解：(55 368.7，16 586.2，3245，35 240，11 343，23 497，28 123)，最优值：2711.45 万元。求解结果如图 2.11 所示。

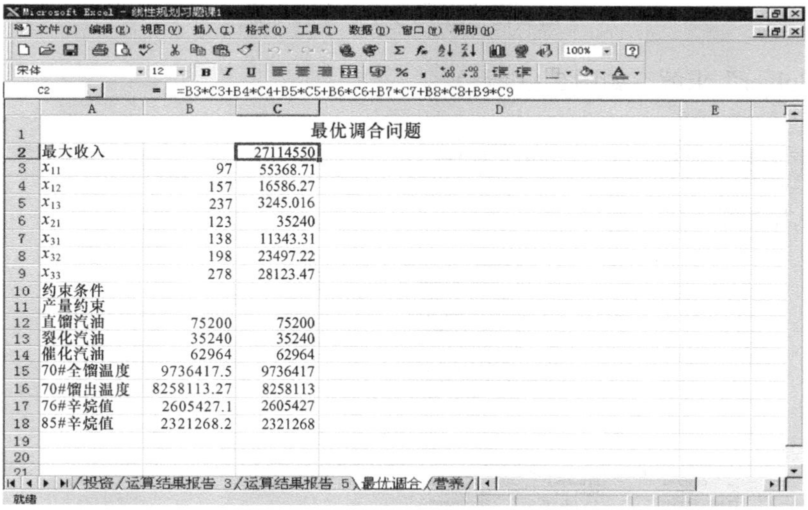
C2　=B3*C3+B4*C4+B5*C5+B6*C6+B7*C7+B8*C8+B9*C9

| | A | B | C | D |
|---|---|---|---|---|
| 1 | | | 最优调合问题 | |
| 2 | 最大收入 | | 27114550 | |
| 3 | $x_{11}$ | 97 | 55368.71 | |
| 4 | $x_{12}$ | 157 | 16586.27 | |
| 5 | $x_{13}$ | 237 | 3245.016 | |
| 6 | $x_{21}$ | 123 | 35240 | |
| 7 | $x_{31}$ | 138 | 11343.31 | |
| 8 | $x_{32}$ | 198 | 23497.22 | |
| 9 | $x_{33}$ | 278 | 28123.47 | |
| 10 | 约束条件 | | | |
| 11 | 产量约束 | | | |
| 12 | 直馏汽油 | 75200 | 75200 | |
| 13 | 裂化汽油 | 35240 | 35240 | |
| 14 | 催化汽油 | 62964 | 62964 | |
| 15 | 70#全馏温度 | 9736417.5 | 9736417 | |
| 16 | 70#馏出温度 | 8258113.27 | 8258113 | |
| 17 | 76#辛烷值 | 2605427.1 | 2605427 | |
| 18 | 85#辛烷值 | 2321268.2 | 2321268 | |

图 2.11　求解结果

## 2.7　用 LINDO 求解线性规划问题并分析其输出

LINDO 是被广泛使用的用来求解各类数学规划问题的软件包。现在使用 LINDO 求解

［例2.11］。［例2.11］的数学模型为

$$\max S = 25x_1 + 10x_2$$
$$\text{s. t.} \ 0.6x_1 + 0.5x_2 \leqslant 12\ 000$$
$$0.4x_1 + 0.1x_2 \leqslant 4000$$
$$0.4x_2 \leqslant 6000$$
$$x_1, \ x_2 \geqslant 0$$

首先安装 LINDO。启动 LINDO，选择 Edit 便得到全屏编辑屏幕，逐行输入题目，如图 2.12 所示。

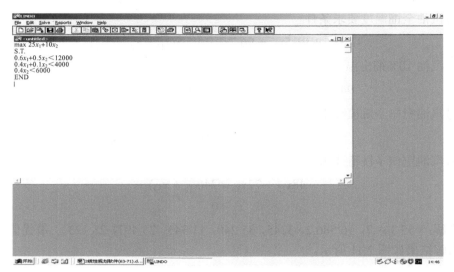

图 2.12　LINDO 全屏编辑屏幕

选择"Solver"求解，如图 2.13 所示。

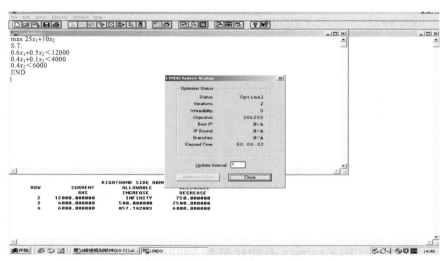

图 2.13　选择"Solver"求解

得到结果输出报告，如图 2.14 所示。

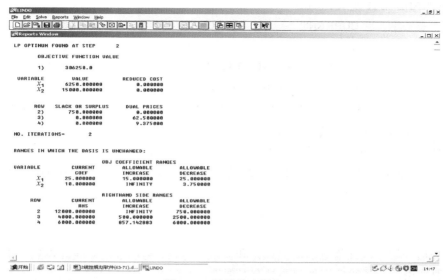

图 2.14 结果输出报告

输出的第一部分是：

LP OPTIMUM FOUND AT STEP  2

因单纯形法通过二次迭代得到最优解，接下来输出的是目标函数值及构成最优解的决策变量：

OBJECTIVE FUNCTION VALUE

1      306 250.0

| VARIABLE | VALUE | REDUCED COST |
|---|---|---|
| $x_1$ | 6 250.000 000 | 0.000 000 |
| $x_2$ | 15 000.000 000 | 0.000 000 |

输出的下一部分列出了约束条件，对每一约束都列出了松弛量、剩余量和对偶价格：

| ROW | SLACK OR SURPLUS | DUAL PRICES |
|---|---|---|
| 2 | 750.000 000 | 0.000 000 |
| 3 | 0.000 000 | 62.500 000 |
| 4 | 0.000 000 | 9.375 000 |

迭代次数：NO. ITERATIONS = 2

输出的最后一部分给出了这样的信息：

RANGES IN WHICH THE BASIS IS UNCHANGED:

OBJ COEFFICIENT RANGES

| VARIABLE | RRENT COEF | ALLOWABLE INCREASE | ALLOWABLE DECREASE |
|---|---|---|---|
| $x_1$ | 25.000 000 | 15.000 000 | 25.000 000 |

| $x_2$ | 10.000 000 | INFINITY | 3.750 000 |

RIGHTHAND SIDE RANGES

| ROW | CURRENT RHS | ALLOWABLE INCREASE | ALLOWABLE DECREASE |
| --- | --- | --- | --- |
| 2 | 12 000.000 000 | INFINITY | 750.000 000 |
| 3 | 4 000.000 000 | 500.000 000 | 2500.000 000 |
| 4 | 6 000.000 000 | 857.142 883 | 6000.000 000 |

第一组给出目标函数系数的范围。

右边项的范围指明了对偶价格在多大范围内是有效的。

第3、4行都未起约束作用，输出的范围提供了目前对偶价格的适用范围。

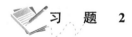

## 本 章 小 结

本章先后介绍了线性规划的对偶理论和灵敏度分析，它们都是对线性规划理论的进一步讨论。对偶理论揭示了线性规划问题具有对偶性，原问题与对偶问题之间存在密切关系。从其中一个问题的表达式可以直接写出其对偶问题的表达式。确定其中一个问题的解的信息，便可以推知其对偶问题解的情况。基于这种关系，可以利用对偶单纯形法解决线性规划问题。

线性规划的模型参数往往是在建模时对实际情况进行粗略估计，如果这种估计与实际值差距过大，那么通过模型计算得到的最优解是否有效就值得思考。通过灵敏度分析可以考察线性规划不同参数变化情况对原线性规划问题的解的影响。体现在实际的管理问题中，灵敏度分析对于生产中的价格调整、资源的购进、生产计划的制定等具有重要意义。本章在保持最优基不变的条件下从理论上分析了如何确定各类参数的变化范围。

## 习 题 2

### 一、计算题

**2.1** 写出下列线性规划问题的对偶问题。

（1）$\max Z = 10x_1 + x_2 + 2x_3$

    s. t. $x_1 + x_2 + 2x_3 \leqslant 10$

         $4x_1 + x_2 + x_3 \leqslant 20$

         $x_j \geqslant 0 \quad (j = 1, 2, 3)$

（2）$\max Z = 2x_1 + x_2 + 3x_3 + x_4$

    s. t. $x_1 + x_2 + x_3 + x_4 \leqslant 5$

         $2x_1 - x_2 + 3x_3 = -4$

         $x_1 - x_3 + x_4 \geqslant 1$

    $x_1, x_3 \geqslant 0, x_2, x_4$ 无约束

（3）$\min Z = 3x_1 + 2x_2 - 3x_3 + 4x_4$

    s. t. $x_1 - 2x_2 + 3x_3 + 4x_4 \leqslant 3$

$$x_2 + 3x_3 + 4x_4 \geqslant -5$$
$$2x_1 - 3x_2 - 7x_3 - 4x_4 = 2$$
$$x_1 \geqslant 0,\, x_2,\, x_3\text{无约束},\, x_4 \leqslant 0$$

（4）$\min Z = -5x_1 - 6x_2 - 7x_3$

s. t. $-x_1 + 5x_2 - 3x_3 \geqslant 15$

$\qquad -5x_1 - 6x_2 + 10x_3 \leqslant 20$

$\qquad x_1 - x_2 - x_3 = -5$

$\qquad x_1 \leqslant 0,\ x_2 \geqslant 0,\ x_3\text{无约束}$

**2.2**　已知线性规划问题 $\max Z = \boldsymbol{CX}$，$\boldsymbol{AX} = \boldsymbol{b}$，$\boldsymbol{X} \geqslant \boldsymbol{0}$，请分别说明发生下列情况时，其对偶问题的解的变化。

（1）问题的第 $k$ 个约束条件乘常数 $\lambda$（$\lambda \neq 0$）。

（2）将第 $k$ 个约束条件乘常数 $\lambda$（$\lambda \neq 0$）后加到第 $r$ 个约束条件上。

（3）目标函数改变为 $\max Z = \lambda \boldsymbol{CX}$（$\lambda \neq 0$）。

（4）模型中全部 $x_1$ 用 $3x_1'$ 替换。

**2.3**　已知线性规划问题

$$\min Z = 8x_1 + 6x_2 + 3x_3 + 6x_4$$

s. t. $x_1 + 2x_2 + x_4 \geqslant 3$

$\qquad 3x_1 + x_2 + x_3 + x_4 \geqslant 6$

$\qquad x_3 + x_4 = 2$

$\qquad x_1 + x_3 \geqslant 2$

$\qquad x_j \geqslant 0 \quad (j = 1,\ 2,\ 3,\ 4)$

试完成：

（1）写出其对偶问题。

（2）已知原问题最优解为 $\boldsymbol{X}^* = (1,\ 1,\ 2,\ 0)^{\mathrm{T}}$，试根据对偶理论，直接求出对偶问题的最优解。

**2.4**　已知线性规划问题 $\max Z = 2x_1 + x_2 + 5x_3 + 6x_4$　　对偶变量

s. t. $2x_1 + x_3 + x_4 \leqslant 8 \qquad\qquad y_1$

$\qquad 2x_1 + 2x_2 + x_3 + 2x_4 \leqslant 12 \qquad y_2$

$\qquad x_j \geqslant 0 \quad (j = 1,\ 2,\ 3,\ 4)$

其对偶问题的最优解 $y_1^* = 4$，$y_2^* = 1$，试根据对偶问题的性质，求出原问题的最优解。

**2.5**　考虑线性规划问题

$$\max Z = 2x_1 + 4x_2 + 3x_3$$

s. t. $3x_1 + 4x_2 + 2x_3 \leqslant 60$

$\qquad 2x_1 + x_2 + 2x_3 \leqslant 40$

$\qquad x_1 + 3x_2 + 2x_3 \leqslant 80$

$\qquad x_j \geqslant 0 \quad (j = 1,\ 2,\ 3)$

试完成：

（1）写出其对偶问题。

（2）用单纯形法求解原问题，列出每步迭代计算得到的原问题的解与互补的对偶问题的解。

（3）用对偶单纯形法求解其对偶问题，并列出每步迭代计算得到的对偶问题的解及与其互补的对偶问题的解。

（4）比较（2）和（3）的计算结果。

**2.6** 已知线性规划问题

$$\max Z = 10x_1 + 5x_2$$
$$\text{s. t. } 3x_1 + 4x_2 \leqslant 9$$
$$5x_1 + 2x_2 \leqslant 8$$
$$x_j \geqslant 0 \quad (j = 1, 2)$$

用单纯形法求得最终表见表 2.24。

**表 2.24**                 最 终 表

| $X_B$ | $x_1$ | $x_2$ | $x_3$ | $x_4$ | $b$ |
|---|---|---|---|---|---|
| $x_2$ | 0 | 1 | $\frac{5}{14}$ | $-\frac{3}{14}$ | $\frac{3}{2}$ |
| $x_1$ | 1 | 0 | $-\frac{1}{7}$ | $\frac{2}{7}$ | 1 |
| $\sigma_j = c_j - Z_j$ | 0 | 0 | $-\frac{5}{14}$ | $-\frac{25}{14}$ | — |

试用灵敏度分析的方法分别判断：

（1）目标函数系数 $c_1$ 或 $c_2$ 分别在什么范围内变动，上述最优解不变。

（2）约束条件右端项 $b_1$、$b_2$，当一个保持不变时，另一个在什么范围内变化，上述最优基保持不变。

（3）问题的目标函数变为 $\max Z = 12x_1 + 4x_2$ 时上述最优解的变化。

（4）约束条件右端项由 $\binom{9}{8}$ 变为 $\binom{11}{19}$ 时上述最优解的变化。

**2.7** 线性规划问题为

$$\max Z = -5x_1 + 5x_2 + 13x_3$$
$$\text{s. t. } -x_1 + x_2 + 3x_3 \leqslant 20 \qquad (1)$$
$$12x_1 + 4x_2 + 10x_3 \leqslant 90 \qquad (2)$$
$$x_j \geqslant 0 \quad (j = 1, 2, 3)$$

先用单纯形法求解，然后分析下列各种条件下，最优解分别有什么变化？

（1）约束条件（1）的右端常数由 20 变为 30。

（2）约束条件（2）的右端常数由 90 变为 70。

（3）目标函数中 $x_3$ 的系数由 13 变为 8。

（4）$x_1$ 的系数列向量由 $(-1, 12)^T$ 变为 $(0, 5)^T$。

（5）增加一个约束条件（3）$2x_1 + 3x_2 + 5x_3 \leqslant 50$。

（6）将原约束条件（2）改变为 $10x_1 + 5x_2 + 10x_3 \leqslant 100$。

**2.8** 用单纯形法求解某线性规划问题，得到最终单纯形表见表 2.25。

表 2.25　　　　　　　　　　　　　　最 终 单 纯 形 表

| $c_j$ | 基变量 | 50 | 40 | 10 | 60 | $S$ |
| | | $x_1$ | $x_2$ | $x_3$ | $x_4$ | |
| $a$ | $c$ | 0 | 1 | $\dfrac{1}{2}$ | 1 | 6 |
| $b$ | $d$ | 1 | 0 | $\dfrac{1}{4}$ | 2 | 4 |
| $\sigma_j = c_j - Z_j$ | | 0 | 0 | $e$ | $f$ | $g$ |

试完成：

（1）给出 $a$、$b$、$c$、$d$、$e$、$f$、$g$ 的值或表达式。

（2）指出原问题是求目标函数的最大值还是最小值。

（3）用 $a + \Delta a$ 和 $b + \Delta b$ 分别代替 $a$ 和 $b$，仍然保持表 2.25 是最优单纯形表，求 $\Delta a$、$\Delta b$ 满足的范围。

**2.9** 某文教用品厂用原材料白坯纸生产原稿纸、日记本和练习本三种产品。该厂现有工人 100 人，每月白坯纸供应量为 30 000kg。已知工人的劳动生产率为：每人每月可生产原稿纸 30 捆，或日记本 30 打，或练习本 30 箱。已知原材料消耗为：每捆原稿纸用白坯纸 $\dfrac{10}{3}$kg，每打日记本用白坯纸 $\dfrac{40}{3}$kg，每箱练习本用白坯纸 $\dfrac{80}{3}$kg。又知每生产一捆原稿纸可获利 2 元，生产一打日记本获利 3 元，生产一箱练习本获利 1 元。试确定：

（1）现有生产条件下获利最大的方案。

（2）如白坯纸的供应数量不变，当工人数不足时可招收临时工，临时工工资支出为每人每月 40 元，则该厂要不要招收临时工？如要的话，招多少临时工最合适？

**2.10** 某厂生产甲、乙两种产品，需要 A、B 两种原料，生产消耗等参数见表 2.26（表中的消耗系数单位为 kg/件）。试完成：

（1）请构造数学模型使该厂利润最大，并求解。

（2）原料 A、B 的影子价格各为多少？

（3）现有新产品丙，每件消耗 3kg 原料 A 和 4kg 原料 B，问该产品的销售价格至少为多少时才值得投产？

（4）工厂可在市场上买到原料 A。工厂是否应该购买该原料以扩大生产？在保持原问题最优基不变的情况下，最多应购入多少？可增加多少利润？

表 2.26　　　　　　　　　　　　　　产 品 参 数

| 产品原料 | 甲 | 乙 | 可用量（kg） | 原料成本（元/kg） |
| --- | --- | --- | --- | --- |
| A | 2 | 4 | 160 | 1.0 |
| B | 3 | 2 | 180 | 2.0 |
| 销售价（元） | 13 | 16 | — | — |

**2.11** 某厂生产 A、B 两种产品需要同种原料，所需原料、工时和利润等参数见表 2.27。试完成：

（1）请构造一数学模型使该厂总利润最大，并求解。

（2）如果原料和工时的限制分别为 300kg 和 900h，又如何安排生产？

（3）如果生产中除原料和工时外，尚考虑水的用量，设 A、B 两产品的单位产品分别需要水 4t 和 2t，水的总用量限制在 400t 以内，又应如何安排生产？

表 2.27                                    产 品 参 数 表

| 单位产品 | A | B | 可用量（kg） |
|---|---|---|---|
| 原料（kg） | 1 | 2 | 200 |
| 工时（h） | 2 | 1 | 300 |
| 利润（万元） | 4 | 3 | — |

**二、复习思考题**

**2.12** 试从经济上解释对偶问题及对偶变量的含义。

**2.13** 根据原问题同对偶问题之间的对应关系，分别找出两个问题变量之间、解以及检验数之间的对应关系。

**2.14** 什么是资源的影子价格？同相应的市场价格之间有何区别？以及研究影子价格的意义是什么？

**2.15** 试述对偶单纯形法的计算步骤、优点及应用上的局限性。

**2.16** 将 $a_{ij}$、$b_i$、$c_j$ 的变化分别直接反映到最终单纯形表中，表中原问题和对偶问题的解各自将会出现什么变化，有多少种不同情况以及如何去处理？

**2.17** 判断下列说法是否正确（正确的在括号中打"√"，错误的在括号中打"×"）。

（1）任何线性规划问题存在并具有唯一的对偶问题。                （    ）

（2）对偶问题的对偶问题一定是原问题。                      （    ）

（3）根据对偶问题的性质，当原问题为无界解时，其对偶问题无可行解；反之，当对偶问题无可行解时，其原问题具有无界解。                      （    ）

（4）若某种资源的影子价格等于 $k$，在其他条件不变的情况下，当该种资源增加 5 个单位时，相应的目标函数值将增大 $5k$。                      （    ）

（5）应用对偶单纯形法计算时，若单纯形表中某一基变量 $x_i<0$，又 $x_i$ 所在行的元素全部大于或等于零，则可以判断其对偶问题具有无界解。                （    ）

（6）若线性规划问题中的 $b_i$、$c_j$ 值同时发生变化，反映到最终单纯形表中，不会出现原问题与对偶问题均为非可行解的情况。                      （    ）

（7）在线性规划问题的最优解中，如某一变量 $x_j$ 为非基变量，则在原问题中，无论改变它在目标函数中的系数 $c_j$ 或在各约束中的相应系数 $a_{ij}$，反映到最终单纯形表中，除该列数字有变化外，将不会引起其他列数字的变化。                      （    ）

# 第 3 章  运 输 问 题

在实际工作中，经常会遇到大宗物资的调运问题，如煤炭、钢材、粮食、木材等物资，在全国有若干个生产基地（产地），根据已有的交通网，应如何制定调运方案，将这些物资运到各销售地点（销地），而使总运费最省。这就是运输问题（Transportation Problem），它本质上是线性规划问题，由于其约束条件的特殊性，因此产生了特殊的解法。

## 3.1  平衡的运输问题

### 3.1.1  问题的提出

从 $m$ 个产地 $A_1$, $A_2$, $\cdots$, $A_m$ 向 $n$ 个销地 $B_1$, $B_2$, $\cdots$, $B_n$ 运送某种货物。$A_i$ 地的产量为 $a_i$，$B_j$ 地的销量为 $b_j$。由 $A_i$ 地运往 $B_j$ 地单位货物的运费为 $c_{ij}$，由 $A_i$ 地运往 $B_j$ 地货物的运量为 $x_{ij}$。问如何调配才能使运费最省？当产地的产量总和 $\sum_{i=1}^{m} a_i$ 和销地的销量总和 $\sum_{j=1}^{m} b_j$ 相等时，称此运输问题为平衡的运输问题；否则称此运输问题为非平衡的运输问题。若没有特别说明，均假定运输问题为平衡的运输问题。

运输问题的数学模型

$$\min Z = \sum_{i=1}^{m} \sum_{j=1}^{n} c_{ij} x_{ij}$$

$$\text{s. t.} \quad \sum_{j=1}^{n} x_{ij} = a_i \quad (i = 1, 2, \cdots, m)$$

$$\sum_{i=1}^{m} x_{ij} = b_j \quad (j = 1, 2, \cdots, n)$$

$$x_{ij} \geq 0 \quad (i = 1, 2, \cdots, m; \ j = 1, 2, \cdots, n)$$

其中 $a_i \geq 0$，$b_j \geq 0$，$c_{ij} \geq 0$，有 $m \times n$ 个变量，$m + n$ 个约束方程，并且 $\sum_{i=1}^{m} a_i = \sum_{j=1}^{m} b_j$ 成立。运输问题可以用图表形式表示，见表 3.1。

表 3.1　　　　　　　　　　　　　运 输 问 题 的 图 表

| 产地＼销地 | B₁ | B₂ | $\cdots$ | B_n | 产量 |
|---|---|---|---|---|---|
| A₁ | （$c_{11}$） | （$c_{12}$） | $\cdots$ | （$c_{1n}$） | $a_1$ |
| A₂ | （$c_{21}$） | （$c_{22}$） | $\cdots$ | （$c_{2n}$） | $a_2$ |
| $\cdots$ | $\cdots$ | $\cdots$ | $\cdots$ | $\cdots$ | $\cdots$ |

续表

| 产地＼销地 | B₁ | B₂ | … | Bₙ | 产量 |
|---|---|---|---|---|---|
| Aₘ | $(c_{m1})$ | $(c_{m2})$ | … | $(c_{mn})$ | $a_m$ |
| 销量 | $b_1$ | $b_2$ | … | $b_n$ | 总量 |

运输问题是典型的线性规划问题，由于形式特殊，且 $\sum\limits_{i=1}^{m}a_i=\sum\limits_{j=1}^{m}b_j$ 成立，其 $m+n$ 个约束方程并不是独立的。实际上最多有 $m+n-1$ 个是独立的，即约束方程系数矩阵的秩 $\leqslant m+n-1$。下面介绍一种比较简便的表上作业法求解运输问题。

### 3.1.2　运输问题的求解

表上作业法（Tabular Method）是单纯形法在求解运输问题时的一种简化方法，其实质是单纯形法。表上作业法的计算步骤如下：

（1）找出初始基可行解（也称初始调运方案），即在 $m\times n$ 的产销平衡表上给出 $m+n-1$ 数字格。

（2）求各非基变量的检验数，即在表上计算空格的检验数，判断是否达到最优解。如已是最优解，则停止计算，否则转到下一步。

（3）确定进基变量和出基变量，找出新的基可行解。在表上用闭回路法进行调整。

（4）重复（2）、（3）直到得到最优解为止。

以上运算都可以在表上完成，下面通过例子说明表上作业法。

（一）确定初始方案

【例 3.1】　某公司生产某种产品，有三个加工厂，每天的产量分别为 4、6、3t。该公司将这些产品分别运往四个销售点，各销售点每天的销量分别为 2、4、3、4t。已知各工厂运往各销售点单位产品的运价（单位：百元）见表 3.2。问该公司如何安排调运方案，才能使总运费最省。

表 3.2　　　　　　　　　　［例 3.1］运输问题表（一）

| 加工厂＼销售点 | B₁ | B₂ | B₃ | B₄ | 产量 |
|---|---|---|---|---|---|
| A₁ | (6) | (5) | (3) | (4) | 4 |
| A₂ | (4) | (4) | (7) | (5) | 6 |
| A₃ | (7) | (6) | (5) | (8) | 3 |
| 销量 | 2 | 4 | 3 | 4 | 13 |

**解**　确定初始方案，有三种方法：

（1）西北角法（Northwest Corner Rule）。该方法的基本思想是优先从运价表的西北角的变量赋值，当行或列分配完毕后，再在表中余下部分的西北角赋值，以此类推，按序逐个确定供销关系，一直到得到初始方案为止。

1）从表的西北角（左上方）开始，填入 $a_1$ 与 $b_1$ 较小的值（运量），$b_1=2$，即从 A₁ 运

给 $B_1$2t，$B_1$ 已经满足，划去 $b_1$ 列，并将 $a_1' = 4-2 = 2$，见表 3.3。

2）从（$A_1$，$B_1$）格开始，向较大方向移动一格（或向右，或向下），此时向右移动一格（$A_1$，$B_2$），$B_2$ 需要 4t，而 $A_1$ 只剩余 2t，即从 $A_1$ 运给 $B_2$ 只有 2t，$A_1$ 的产量已全部运完，划去 $A_1$ 行，并把 $b_2$ 改成 $b_2' = 4-2 = 2$，见表 3.3。

表 3.3 　　　　　　　　　　［例 3.1］运输问题表（二）

| 加工厂 ＼ 销售点 | $B_1$ | $B_2$ | $B_3$ | $B_4$ | 产量 |
|---|---|---|---|---|---|
| $A_1$ | (6) 2 | (5) 2 | (3) | (4) | 4 |
| $A_2$ | (4) | (4) | (7) | (5) | 6 |
| $A_3$ | (7) | (6) | (5) | (8) | 3 |
| 销量 | 2 | 4 | 3 | 4 | 13 |

3）继续进行，直到把所有运量分配完，得到初始调运方案，见表 3.4。

表 3.4 　　　　　　　　　　［例 3.1］运输问题表（三）

| 加工厂 ＼ 销售点 | $B_1$ | $B_2$ | $B_3$ | $B_4$ | 产量 |
|---|---|---|---|---|---|
| $A_1$ | (6) 2 | (5) 2 | (3) | (4) | 4 |
| $A_2$ | (4) | (4) 2 | (7) 3 | (5) 1 | 6 |
| $A_3$ | (7) | (6) | (5) | (8) 3 | 3 |
| 销量 | 2 | 4 | 3 | 4 | 13 |

4）得到初始方案为 $x_{11} = 2$，$x_{12} = 2$，$x_{22} = 2$，$x_{23} = 3$，$x_{24} = 1$，$x_{34} = 3$，总运费 $= 6×2 + 5×2 + 4×2 + 7×3 + 5×1 + 8×3 = 80$（百元）。

（2）最小元素法（the Least Cost Rule）。该方法的基本思想是就近供应，即最小运价 $c_{ij}$ 对应的变量 $x_{ij}$ 优先赋值 $x_{ij} = \min\{a_i, b_j\}$，然后在剩下的运价中取最小运价对应的变量赋值并满足约束，依次下去，直到最后得到一个初始基可行解。

1）从表 3.2 中的最小元素格（$A_1$，$B_3$）的（3）开始，即 $A_1$ 优先满足 $B_3$ 的 3 个单位，$B_3$ 已经满足，划去 $B_3$ 列。

2）再从最小元素格（$A_1$，$B_4$）（4）开始，即剩余的 $A_1$ 优先满足 $B_4$ 的 1 个单位，$A_1$ 已经满足，划去 $A_1$ 行（当最小元素格出现多个时，原则上可任意取其中的一个）。

3）再从未划去的最小元素格（$A_2$，$B_1$）（4）开始，即 $A_2$ 优先满足 $B_1$ 的 2 个单位，$B_1$ 已经满足，划去 $B_1$ 列。

4）再从未划去的最小元素格（$A_2$，$B_2$）（4）开始，即 $A_2$ 优先满足 $B_2$ 的 4 个单位，$B_2$、$A_2$ 已经满足，划去 $B_2$ 列 $A_2$ 行（此时出现退化现象，必须在划去的 $B_2$ 列或 $A_2$ 行的任一空格处添上一个 "0"，以保证有 $m + n-1$ 个数字格）。

5）最后 $A_3$ 满足 $B_4$ 的 3 个单位，得到初始方案，见表 3.5。

**表 3.5**                                      **[ 例 3.1 ] 运输问题表（四）**

| 加工厂＼销售点 | $B_1$ | $B_2$ | $B_3$ | $B_4$ | 产量 |
|---|---|---|---|---|---|
| $A_1$ | （6） | （5） | （3）3 | （4）1 | 4 |
| $A_2$ | （4）2 | （4）4 | （7） | （5） | 6 |
| $A_3$ | （7） | （6）0 | （5） | （8）3 | 3 |
| 销量 | 2 | 4 | 3 | 4 | 13 |

6）得到初始方案：$x_{13} = 3$，$x_{14} = 1$，$x_{21} = 2$，$x_{22} = 4$，$x_{34} = 3$，总运费 $= 3×3 + 4×1 + 4× 2 + 4×4 + 8×3 = 61$（百元）。

（3）伏格尔法（Vogel′s Approximation Method，VAM）。该方法的基本思想是一产地的产品不能按最小运费就近供应，应考虑次小运费，这就产生一个差额。差额越大，说明不能按最小运费调运时，运费增加越多。因此对差额最大处，应该用最小运费调运。

所以伏格尔法是每次从当前运价表上计算各行和各列中最小运价与次小运价的差额（也称行差额 $h_i$，列差额 $k_j$）。从行或列差额中选出最大者，选择它所在行或列中的最小元素格来确定运输关系，直到求出初始方案。仍以表 3.2 为例计算行或列的差额，其中 $B_1$、$B_3$ 列差额 $k_j$ 为最大（2），任选一列（如选 $B_1$ 列）中最小运费所在的行（$A_2$ 行），即 $A_2$ 优先满足 $B_1$ 的 2 个单位，$B_1$ 已经满足，划去 $B_1$ 列，见表 3.6。

**表 3.6**                                      **[ 例 3.1 ] 运输问题表（五）**

| 加工厂＼销售点 | $B_1$ | $B_2$ | $B_3$ | $B_4$ | 产量 | $h_i$ |
|---|---|---|---|---|---|---|
| $A_1$ | （6） | （5） | （3） | （4） | 4 | 1 |
| $A_2$ | （4）2 | （4） | （7） | （5） | 6 | 0 |
| $A_3$ | （7） | （6） | （5） | （8） | 3 | 1 |
| 销量 | 2 | 4 | 3 | 4 | 13 | — |
| $k_j$ | 2 | 1 | 2 | 1 | — | — |

重新计算行或列差额，其中 $B_3$ 列差额 $k_j$ 为最大（2），选其最小运费（3）所在格（$A_1$，$B_3$）确定运输关系，见表 3.7。

**表 3.7**                                      **[ 例 3.1 ] 运输问题表（六）**

| 加工厂＼销售点 | $B_1$ | $B_2$ | $B_3$ | $B_4$ | 产量 | $h_i$ |
|---|---|---|---|---|---|---|
| $A_1$ | （6） | （5） | （3）3 | （4） | 4 | 1 |
| $A_2$ | （4）2 | （4） | （7） | （5） | 6 | 1 |
| $A_3$ | （7） | （6） | （5） | （8） | 3 | 1 |
| 销量 | 2 | 4 | 3 | 4 | 13 | — |
| $k_j$ | — | 1 | 2 | 1 | — | — |

重复上述过程，得到初始调运方案，见表 3.8。

表 3.8 　　　　　　　　　　［例 3.1］运输问题表（七）

| 加工厂＼销售点 | B₁ | B₂ | B₃ | B₄ | 产量 | $h_i$ |
|---|---|---|---|---|---|---|
| A₁ | （6） | （5） | （3）3 | （4）1 | 4 | — |
| A₂ | （4）2 | （4）1 | （7） | （5）3 | 6 | 1 |
| A₃ | （7） | （6）3 | （5） | （8） | 3 | — |
| 销量 | 2 | 4 | 3 | 4 | 13 | |
| $k_j$ | — | 1 | — | 3 | — | — |

伏格尔法初始方案如下：$x_{13} = 3$，$x_{14} = 1$，$x_{21} = 2$，$x_{22} = 1$，$x_{24} = 3$，$x_{32} = 3$，总运费 $= 3×3 + 4×1 + 4×2 + 4×1 + 5×3 + 6×3 = 58$（百元）。

伏格尔法给出的初始方案比其他方法更接近最优解。

（二）求最优方案

判别最优方案的方法是计算空格（非基变量）的检验数。因运输问题的目标函数是要求实现最小化，故当所有的检验数≥0时，为最优方案。否则应调整方案，直至达到最优。

仍以［例 3.1］为例说明求最优方案的方法，具体步骤如下：

1. 求检验数

下面介绍两种计算空格（非基变量）检验数的方法：

（1）闭回路法（Close Circular Adjust Method）。在初始调运方案的计算表中，从任意空格出发，沿着纵向或横向行进，遇到适当填有数据的方格可以 90°转弯，继续行进，总能回到起始空格。这个封闭的曲线称为闭回路（Close Circular）。可以证明：每个空格对应着唯一的闭回路。如［例 3.1］中用西北角法得到的表 3.4 中(A₂, B₁)的闭回路为(A₂, B₁)→(A₂, B₂)→(A₁, B₂)→(A₁, B₁)→(A₂, B₁)；(A₃, B₁)的闭回路为(A₃, B₁)→(A₃, B₄)→(A₂, B₄)→(A₂, B₂)→(A₁, B₂)→(A₁, B₁)→(A₂, B₁)。

将［例 3.1］中用西北角法得到表 3.4 作为初始方案，计算检验数（检验数的计算只与拐角点的奇偶性有关，而与闭回路的旋转方向无关）。闭回路从非基变量（空格）为起始点，以基变量为其他顶点，依次进行标号，最后回到该空格点，则非基变量（空格）的检验数为第奇数次拐角点运价之和减去第偶数次拐角点运价之和。也即从起点开始，分别在顶点上交替标上代数符号＋、－、＋、－、…，以这些符号分别乘以相应的运价，其代数和就是这个非基变量的检验数。

如空格 $x_{21}$ 的检验数 $= 4 - 6 + 5 - 4 = -1$，空格 $x_{14}$ 的检验数 $= 4 - 5 + 4 - 5 + = -2$，空格 $x_{31}$ 的检验数 $= 7 - 6 + 5 - 4 + 5 - 8 = -1$，可以得到检验数都为负值，见表 3.9，原方案不是最优解。

表 3.9 　　　　　　　　　　［例 3.1］运输问题表（八）

| 加工厂＼销售点 | B₁ | B₂ | B₃ | B₄ | 产量 |
|---|---|---|---|---|---|
| A₁ | （6）2 | （5）2 | （3）[－5] | （4）[－2] | 4 |
| A₂ | （4）[－1] | （4）2 | （7）3 | （5）1 | 6 |

| 加工厂　　　销售点 | $B_1$ | $B_2$ | $B_3$ | $B_4$ | 产量 |
|---|---|---|---|---|---|
| $A_3$ | (7) [−1] | (6) [−1] | (5) [−5] | (8) 3 | 3 |
| 销量 | 2 | 4 | 3 | 4 | 13 |

（2）位势法（$u$−$v$ Method）。对初始调运方案，定义一组新的变量（相应于线性规划中的对偶变量）$u_i$ 和 $v_j$($i = 1, 2, \cdots, m$; $j = 1, 2, \cdots, n$)，它有这样的性质，对于基变量 $x_{ij}$ 有 $u_i + v_j = c_{ij}$，称 $u_i$ 与 $v_j$ 为相应的各行与各列的位势。在 ［例 3.1］ 的表 3.4 中可以得到如下方程：$u_1 + v_1 = 6$，$u_1 + v_2 = 5$，$u_2 + v_2 = 4$，$u_2 + v_3 = 7$，$u_2 + v_4 = 5$，$u_3 + v_4 = 8$，方程中有 7 个变量，但只有 6 个方程，所以一定有一个自由变量，不妨假定 $u_1$ 为自由变量，所以令 $u_1 = 0$，得到表 3.10。

表 3.10　　　　　　　　　　　　　　　　［例 3.1］运输问题表（九）

| 加工厂　　　销售点 | $B_1$ | $B_2$ | $B_3$ | $B_4$ | $u_i$ |
|---|---|---|---|---|---|
| $A_1$ | (6) 2 | (5) 2 | (3) | (4) | 0 |
| $A_2$ | (4) | (4) 2 | (7) 3 | (5) 1 | −1 |
| $A_3$ | (7) | (6) | (5) | (8) 3 | 2 |
| $v_j$ | 6 | 5 | 8 | 6 | |

而对空格（非基变量）的检验数 = $c_{ij} - (u_i + v_j)$，得到表 3.11，与闭回路法相同。

表 3.11　　　　　　　　　　　　　　　　［例 3.1］运输问题表（十）

| 加工厂　　　销售点 | $B_1$ | $B_2$ | $B_3$ | $B_4$ | $u_i$ |
|---|---|---|---|---|---|
| $A_1$ | (6) 2 | (5) 2 | (3) [−5] | (4) [−2] | 0 |
| $A_2$ | (4) [−1] | (4) 2 | (7) 3 | (5) 1 | −1 |
| $A_3$ | (7) [−1] | (6) [−1] | (5) [−5] | (8) 3 | 2 |
| $v_j$ | 6 | 5 | 8 | 6 | |

2. 调整方案

从一个方案调整到最优方案的过程，就是单纯形法迭代的过程。选择检验数（一般取最小）为负值的空格（非基变量）所对应的变量为进基变量，在进基变量的回路中，比较偶数拐角点的运量，选择一个具有最小运量的基变量作为出基变量（相应于单纯形法中最小比值），并调整运量 $\theta = \min$（偶数拐角点的运量 $x_{ij}$）$= x_{kj}$。在表 3.11 中，选择检验数最小的格 $(A_1, B_3)$（如出现多个最小值时，可以任意选一个）进行调整，相应的闭回路为$(A_1, B_3) \rightarrow (A_1, B_2) \rightarrow (A_2, B_2) \rightarrow (A_2, B_3) \rightarrow (A_1, B_3)$；其偶数拐角点的运量分别是$(A_1, B_2)$点的 2 和$(A_2, B_3)$点的 3，所以最小运量 $\theta = \min(2, 3) = 2$，在相应的闭回路上，对奇数点运量加上 $\theta$，偶数点的运量减去 $\theta$，而表中其余点处的运量不变，这样就得到新的基可行解。其中取得 $\theta$ 值的 $x_{kl}$ 就变为 0 并擦掉，也就是说 $x_{kl}$ 为出基变量（若在闭回路上有多个偶数点处的运量等于 $\theta$，则可任取其中一个作为出基变量，其他几个点的值调整后变为 0，但应填入，说明这些变量还在基内，这时就出现了退化现象）。在表 3.11 中得到新的调运方案，总运费 = 6×2 + 3×2 + 4×4 + 7×1 + 5×1+ 8×3 = 70（百元）。而原方案运费为 80 百元，继续求检验数，见表 3.12。

表 3.12　　　　　　　　　　　[ 例 3.1 ] 运输问题表（十一）

| 销售点\加工厂 | $B_1$ | $B_2$ | $B_3$ | $B_4$ | $u_i$ |
|---|---|---|---|---|---|
| $A_1$ | (6) 2 | (5) [5] | (3) 2 | (4) [3] | 0 |
| $A_2$ | (4) [−6] | (4) 4 | (7) 1 | (5) 1 | 4 |
| $A_3$ | (7) [−6] | (6) [−1] | (5) [−5] | (8) 3 | 7 |
| $v_j$ | 6 | 0 | 3 | 1 | — |

选择检验数最小的空格 $(A_2，B_1)$ 点继续调整运量，其闭回路为 $(A_2，B_1)→(A_1，B_1)→(A_1，B_3)→(A_2，B_3)→(A_2，B_1)$，偶数拐角点的运量分别为 $x_{11}=2$，$x_{23}=1$，$\theta = \min(2，1)=1$，得到调运方案，总运费 = 6×1+ 3×3 + 4×1+ 4×4 + 5×1+ 8×3 = 64（百元），继续计算检验数，见表 3.13。

表 3.13　　　　　　　　　　　[ 例 3.1 ] 运输问题表（十二）

| 销售点\加工厂 | $B_1$ | $B_2$ | $B_3$ | $B_4$ | $u_i$ |
|---|---|---|---|---|---|
| $A_1$ | (6) 1 | (5) [−1] | (3) 3 | (4) [−3] | 0 |
| $A_2$ | (4) 1 | (4) 4 | (7) [6] | (5) 1 | −2 |
| $A_3$ | (7) [0] | (6) [−1] | (5) [1] | (8) 3 | 1 |
| $v_j$ | 6 | 6 | 3 | 7 | — |

选择检验数最小的空格 $(A_2，B_4)$ 点继续调整运量。最小运量 = 1，得到新的调运方案，此时出现退化现象，为保证基可行解的个数有 $m+n-1$ 个数字格，在空格 $(A_2，B_4)$ 处添上一个 "0"，视为基变量，总运费 = 3×3 + 4×1+ 4×2 + 4×4 + 8×3 = 61（百元），继续计算检验数，见表 3.14。

表 3.14　　　　　　　　　　　[ 例 3.1 ] 运输问题表（十三）

| 销售点\加工厂 | $B_1$ | $B_2$ | $B_3$ | $B_4$ | $u_i$ |
|---|---|---|---|---|---|
| $A_1$ | (6) [3] | (5) [2] | (3) 3 | (4) 1 | 0 |
| $A_2$ | (4) 2 | (4) 4 | (7) [3] | (5) 0 | 1 |
| $A_3$ | (7) [0] | (6) [−1] | (5) [−2] | (8) 3 | 4 |
| $v_j$ | 3 | 3 | 3 | 4 | — |

选择检验数最小的空格 $(A_3，B_3)$ 点继续调整运量。最小运量 = 3，得到新的调运方案，总运费 = 4×4 + 4×2 + 4×4 + 5×3 = 55（百元），继续计算检验数，见表 3.15。

**表 3.15** [例 3.1] 运输问题表（十四）

| 销售点\加工厂 | $B_1$ | $B_2$ | $B_3$ | $B_4$ | $u_i$ |
|---|---|---|---|---|---|
| $A_1$ | (6) [3] | (5) [2] | (3) 0 | (4) 4 | 0 |
| $A_2$ | (4) 2 | (4) 4 | (7) [3] | (5) 0 | 1 |
| $A_3$ | (7) [2] | (6) [1] | (5) 3 | (8) [2] | 2 |
| $v_j$ | 3 | 3 | 3 | 4 | — |

继续计算检验数：空格的检验数全为非负，此时是最优解。该方案为最优调运方案：$x_{21}=2$，$x_{22}=4$，$x_{14}=4$，$x_{33}=3$，最小运费 55 百元。

【例 3.2】 某石油公司设有四个炼油厂，它们生产普通汽油，并为七个销售区服务，生产和需求情况见表 3.16 和表 3.17。

**表 3.16** 石 油 公 司 生 产 情 况

| 炼油厂 | 1 | 2 | 3 | 4 |
|---|---|---|---|---|
| 日产量（万 L）$a_i$ | 35 | 25 | 15 | 40 |

**表 3.17** 石 油 公 司 需 求 情 况

| 销售区 | 1 | 2 | 3 | 4 | 5 | 6 | 7 |
|---|---|---|---|---|---|---|---|
| 日最大销售量（万 L）$b_j$ | 25 | 20 | 10 | 25 | 10 | 15 | 10 |

从炼油厂运往第 $j$ 个销售区汽油平均运费（单位：元/L）见表 3.18，问应如何调运，使运费最省。

**表 3.18** [例 3.2] 运 输 价 格 表

| 销售区\炼油厂 | 1 | 2 | 3 | 4 | 5 | 6 | 7 |
|---|---|---|---|---|---|---|---|
| 1 | (6) | (5) | (2) | (6) | (3) | (6) | (3) |
| 2 | (3) | (7) | (5) | (8) | (6) | (9) | (2) |
| 3 | (4) | (8) | (6) | (5) | (5) | (8) | (5) |
| 4 | (7) | (4) | (4) | (7) | (4) | (7) | (4) |

**解** 此问题为平衡问题，用最小元素法求初始方案，见表 3.19。

**表 3.19** [例 3.2] 运输问题表（一）

| 销售区\炼油厂 | 1 | 2 | 3 | 4 | 5 | 6 | 7 | $a_i$ |
|---|---|---|---|---|---|---|---|---|
| 1 | (6) | (5) | (2) 10 | (6) 15 | (3) 10 | (6) | (3) | 35 |
| 2 | (3) 15 | (7) | (5) | (8) | (6) | (9) | (2) 10 | 25 |
| 3 | (4) 10 | (8) | (6) | (5) 5 | (5) | (8) | (5) | 15 |
| 4 | (7) | (4) 20 | (4) | (7) 5 | (4) | (7) 15 | (4) | 40 |
| $b_j$ | 25 | 20 | 10 | 25 | 10 | 15 | 10 | — |

用位势法计算检验数，得到结果见表 3.20。

**表 3.20　　　　　　　　　[例 3.2] 运输问题表（二）**

| 销售区<br>炼油厂 | 1 | 2 | 3 | 4 | 5 | 6 | 7 | $u_i$ |
|---|---|---|---|---|---|---|---|---|
| 1 | (6) [1] | (5) [2] | (2) 10 | (6) 15 | (3) 10 | (6) [0] | (3) [−1] | 0 |
| 2 | (3) 15 | (7) [6] | (5) [5] | (8) [4] | (6) [5] | (9) [5] | (2) 10 | −2 |
| 3 | (4) 10 | (8) [6] | (6) [5] | (5) 5 | (5) [3] | (8) [3] | (5) [2] | −1 |
| 4 | (7) [1] | (4) 20 | (4) [1] | (7) 5 | (4) [0] | (7) 15 | (4) [−1] | 1 |
| $v_j$ | 5 | 3 | 2 | 6 | 3 | 6 | 4 | — |

选择检验数最小的空格(1，7)点来调整运量。(1，7)闭回路为(1，7)→(1，4)→(3，4)→(3，1)→(2，1)→(2，7)→(1，7)，运量 = min（偶数拐角点的运量）= min(15，10，10) =10，所以调整运量 =10，再计算检验数，全为非负，见表 3.21，最优调运方案见表 3.22，最小运费 = 4 800 000 元。

**表 3.21　　　　　　　　　[例 3.2] 运输问题表（三）**

| 销售区<br>炼油厂 | 1 | 2 | 3 | 4 | 5 | 6 | 7 | $u_i$ |
|---|---|---|---|---|---|---|---|---|
| 1 | (6) [2] | (5) [2] | (2) 10 | (6) 5 | (3) 10 | (6) [0] | (3) 10 | 0 |
| 2 | (3) 25 | (7) [5] | (5) [4] | (8) [3] | (6) [4] | (9) [4] | (2) [0] | −1 |
| 3 | (4) [1] | (8) [6] | (6) [5] | (5) 15 | (5) [3] | (8) [3] | (5) [3] | −1 |
| 4 | (7) [2] | (4) 20 | (4) [1] | (7) 5 | (4) [0] | (7) 15 | (4) [0] | 1 |
| $v_j$ | 4 | 3 | 2 | 6 | 3 | 6 | 3 | — |

**表 3.22　　　　　　　　　[例 3.2] 运输问题表（四）**

| 销售区<br>炼油厂 | 1 | 2 | 3 | 4 | 5 | 6 | 7 | $a_i$ |
|---|---|---|---|---|---|---|---|---|
| 1 | | | 10 | 5 | 10 | | 10 | 35 |
| 2 | 25 | | | | | | | 25 |
| 3 | | | | 15 | | | 0 | 15 |
| 4 | | 20 | | 5 | | 15 | | 40 |
| $b_j$ | 25 | 20 | 10 | 25 | 10 | 15 | 10 | — |

当迭代到运输问题的最优解时，如果有非基变量的检验数等于 0，则说明该运输问题有多重（无穷多）最优解。在表 3.21 有非基变量(4，5)、(2，7)、(4，7)、(1，6)的检验数为 0，则有无穷多组解，另外一个解见表 3.23。

**表 3.23**　　　　　　　　　[例 3.2] 运输问题表（五）

| 销售区 炼油厂 | 1 | 2 | 3 | 4 | 5 | 6 | 7 | $a_i$ |
|---|---|---|---|---|---|---|---|---|
| 1 | | | 10 | | 10 | 5 | 10 | 35 |
| 2 | 25 | | | | | | | 25 |
| 3 | | | | 15 | | | 0 | 15 |
| 4 | | 20 | | 10 | | 10 | | 40 |
| $b_j$ | 25 | 20 | 10 | 25 | 10 | 15 | 10 | |

## 3.2　非平衡调运及其他问题

当供应量大于需求量时，就在初始表上加一列，可以认为增加一个销售点，其销售量等于供应量与需求量之差。这个销售点可以认为是一个仓库（虚拟的销售区），其销售量实际为库存量。

当供应量小于需求量时，就在初始表上加一行，可以认为增加一个生产点，其产量等于需求量与供应量之差。这个生产点可以认为是一个虚拟的生产单位，其产量实际为缺货量。

无论增加行还是列，都增加了变量，假定增加的变量所对应的运费为 0。

经过上述处理后，任何非平衡问题都可以化成平衡问题。

**【例 3.3】** 某石油公司设有四个炼油厂，它们生产普通汽油，并为七个销售区服务，生产和需求变化情况见表 3.24 和表 3.25，从炼油厂运往第 $j$ 个销售区的汽油平均运费（单位：元/L）见表 3.18，问应如何调运，使运费最省。

**表 3.24**　　　　　　　　　四个炼油厂生产情况

| 炼油厂 | 1 | 2 | 3 | 4 |
|---|---|---|---|---|
| 日产量（万 L）$a_i$ | 35 | 25 | 15 | 40 |

**表 3.25**　　　　　　　　　四个炼油厂需求变化情况

| 销售区 | 1 | 2 | 3 | 4 | 5 | 6 | 7 |
|---|---|---|---|---|---|---|---|
| 日最大销售量（万 L）$b_j$ | 25 | 30 | 15 | 35 | 10 | 20 | 15 |

**解**　现在变成供应小于需求的问题，若增加一个生产点 5，其产量为 35，则问题变成了一个平衡问题，见表 3.26。

**表 3.26**　　　　　　　　　[例 3.3] 运输问题表（一）

| 销售区 炼油厂 | 1 | 2 | 3 | 4 | 5 | 6 | 7 | $a_i$ |
|---|---|---|---|---|---|---|---|---|
| 1 | (6) | (5) | (2) | (6) | (3) | (6) | (3) | 35 |
| 2 | (3) | (7) | (5) | (8) | (6) | (9) | (2) | 25 |
| 3 | (4) | (8) | (6) | (5) | (5) | (8) | (5) | 15 |

续表

| 销售区<br>炼油厂 | 1 | 2 | 3 | 4 | 5 | 6 | 7 | $a_i$ |
|---|---|---|---|---|---|---|---|---|
| 4 | (7) | (4) | (4) | (7) | (4) | (7) | (4) | 40 |
| 5 | (0) | (0) | (0) | (0) | (0) | (0) | (0) | 35 |
| $b_j$ | 25 | 30 | 15 | 35 | 10 | 20 | 15 | 150 |

用最小元素法求初始方案，见表 3.27。

表 3.27 　　　　　　　　[例 3.3] 运输问题表（二）

| 销售区<br>炼油厂 | 1 | 2 | 3 | 4 | 5 | 6 | 7 | $a_i$ |
|---|---|---|---|---|---|---|---|---|
| 1 | (6) | (5) | (2) 15 | (6) 10 | (3) 10 | (6) | (3) | 35 |
| 2 | (3) 10 | (7) | (5) | (8) | (6) | (9) | (2) 15 | 25 |
| 3 | (4) 15 | (8) | (6) | (5) | (5) | (8) | (5) | 15 |
| 4 | (7) | (4) 30 | (4) | (7) 10 | (4) | (7) | (4) | 40 |
| 5 | (0) | (0) | (0) | (0) 15 | (0) | (0) 20 | (0) | 35 |
| $b_j$ | 25 | 30 | 15 | 35 | 10 | 20 | 15 | 150 |

用位势法求检验数，见表 3.28。

表 3.28 　　　　　　　　[例 3.3] 运输问题表（三）

| 销售区<br>炼油厂 | 1 | 2 | 3 | 4 | 5 | 6 | 7 | $u_i$ |
|---|---|---|---|---|---|---|---|---|
| 1 | (6) [1] | (5) [2] | (2) 15 | (6) 10 | (3) 10 | (6) [0] | (3) [−1] | 0 |
| 2 | (3) 10 | (7) [6] | (5) [5] | (8) [4] | (6) [5] | (9) [5] | (2) 15 | −2 |
| 3 | (4) 15 | (8) [6] | (6) [5] | (5) 0 | (5) [3] | (8) [3] | (5) [2] | −1 |
| 4 | (7) [1] | (4) 30 | (4) [1] | (7) 10 | (4) [0] | (7) [0] | (4) [0] | 1 |
| 5 | (0) [1] | (0) [3] | (0) [4] | (0) 15 | (0) [3] | (0) 20 | (0) [2] | −6 |
| $v_j$ | 5 | 3 | 2 | 6 | 3 | 6 | 4 | — |

在 (1，7) 位置调整运量为 10，得到新的调运方案，重新计算检验数，见表 3.29。

表 3.29 　　　　　　　　[例 3.3] 运输问题表（四）

| 销售区<br>炼油厂 | 1 | 2 | 3 | 4 | 5 | 6 | 7 | $u_i$ |
|---|---|---|---|---|---|---|---|---|
| 1 | (6) [2] | (5) [3] | (2) 15 | (6) [1] | (3) 10 | (6) [1] | (3) 10 | 0 |
| 2 | (3) 20 | (7) [6] | (5) [4] | (8) [4] | (6) [4] | (9) [5] | (2) 5 | −1 |
| 3 | (4) 5 | (8) [6] | (6) [4] | (5) 10 | (5) [2] | (8) [3] | (5) [2] | 0 |
| 4 | (7) [1] | (4) 30 | (4) [0] | (7) 10 | (4) [−1] | (7) [0] | (4) [−1] | 2 |
| 5 | (0) [1] | (0) [3] | (0) [3] | (0) 15 | (0) [2] | (0) 20 | (0) [2] | −5 |
| $v_j$ | 4 | 2 | 2 | 5 | 3 | 5 | 3 | — |

在(4，5)位置调整运量为5，得到新的调运方案，重新计算检验数，见表 3.30。

表 3.30　　　　　　　　　　　　　[例 3.3] 运输问题表（五）

| 销售区<br>炼油厂 | 1 | 2 | 3 | 4 | 5 | 6 | 7 | $u_i$ |
|---|---|---|---|---|---|---|---|---|
| 1 | (6) [2] | (5) [2] | (2) 15 | (6) [0] | (3) 5 | (6) [0] | (3) 15 | 0 |
| 2 | (3) 25 | (7) [5] | (5) [4] | (8) [3] | (6) [4] | (9) [4] | (2) 0 | −1 |
| 3 | (4) [1] | (8) [6] | (6) [5] | (5) 15 | (5) [3] | (8) [3] | (5) [3] | −1 |
| 4 | (7) [2] | (4) 30 | (4) [1] | (7) 5 | (4) 5 | (7) [0] | (4) [0] | 0 |
| 5 | (0) [2] | (0) [3] | (0) [4] | (0) 15 | (0) [3] | (0) 20 | (0) [3] | −6 |
| $v_j$ | 4 | 3 | 2 | 6 | 3 | 6 | 3 | — |

计算检验数全为非负，得到最优方案见表 3.31。最小运费为 4 150 000（元）。

表 3.31　　　　　　　　　　　　　[例 3.3] 运输问题表（六）

| 销售区<br>炼油厂 | 1 | 2 | 3 | 4 | 5 | 6 | 7 | $a_i$ |
|---|---|---|---|---|---|---|---|---|
| 1 |  |  | 15 |  | 5 |  | 15 | 35 |
| 2 | 25 |  |  |  |  |  |  | 25 |
| 3 |  |  |  | 15 |  |  |  | 15 |
| 4 |  | 30 |  | 5 | 5 |  |  | 40 |
| 5 |  |  |  | 15 |  | 20 |  | 35 |
| $b_j$ | 25 | 30 | 15 | 35 | 10 | 20 | 15 |  |

销售区 4、6 分别缺货 15 万 L、20 万 L。在表 3.30 中，非基变量(1，4)、(1，6)、(4，6)、(4，7)检验数为 0，因此本问题有无穷多组解。

【例 3.4】　某印刷厂收到了印刷五批标准规格的广告单的订货。五批所需数量分别为 12 000、18 000、25 000、30 000、20 000 张。现有三台印刷机，每天分别可印刷 60 000 张、80 000 张和 50 000 张。在各台印刷机上印刷每批订货的每千张的费用见表 3.32（单位：元/千张）。问如何分配印刷机的印刷任务，使印刷费用最低。

表 3.32　　　　　　　　　　　印刷厂印刷每批订货的费用　　　　　　　　　　（元/千张）

| 订货批号<br>印刷机号 | 1 | 2 | 3 | 4 | 5 |
|---|---|---|---|---|---|
| 1 | (340) | (380) | (320) | (290) | (310) |
| 2 | (280) | (325) | (335) | (250) | (340) |
| 3 | (240) | (250) | (310) | (330) | (290) |

**解**　供应大于需求的问题，增加一列，其单位费用为 0，广告单的单位改成千张，见表 3.33。

表 3.33　　　　　　　　　　　　　　[例 3.4] 运输问题表（一）

| 印刷机号 ＼ 订货批号 | 1 | 2 | 3 | 4 | 5 | 6 | $a_i$ |
|---|---|---|---|---|---|---|---|
| 1 | (340) | (380) | (320) | (290) | (310) | (0) | 60 |
| 2 | (280) | (325) | (335) | (250) | (340) | (0) | 80 |
| 3 | (240) | (250) | (310) | (330) | (290) | (0) | 50 |
| $b_j$ | 12 | 18 | 25 | 30 | 20 | 85 | 190 |

用最小元素方法，得到初始方案见表 3.34，总费用为 27 680 000（元）。

表 3.34　　　　　　　　　　　　　　[例 3.4] 运输问题表（二）

| 印刷机号 ＼ 订货批号 | 1 | 2 | 3 | 4 | 5 | 6 | $a_i$ |
|---|---|---|---|---|---|---|---|
| 1 | [90] | [120] | 25 | [40] | [10] | 35 | 60 |
| 2 | [30] | [65] | [15] | 30 | [40] | 50 | 80 |
| 3 | 12 | 18 | 0 | [90] | 20 | [10] | 50 |
| $b_j$ | 12 | 18 | 25 | 30 | 20 | 85 | 190 |

计算检验数，全为非负，已经得到最优方案。

【例 3.5】　有四项任务要分配给四个人去完成，每人一项。各人完成工作所需时间见表 3.35（单位：h）。请用求解运输问题方法安排工作，使完成工作的总时间最短。

表 3.35　　　　　　　　　　　　　各人完成工作所需时间

| 工作 ＼ 人员 | $B_1$ | $B_2$ | $B_3$ | $B_4$ |
|---|---|---|---|---|
| $A_1$ | (3) | (14) | (10) | (5) |
| $A_2$ | (10) | (4) | (12) | (10) |
| $A_3$ | (9) | (14) | (15) | (13) |
| $A_4$ | (7) | (8) | (11) | (9) |

**解**　设 $x_{ij}$ 表示 $A_i$ 工作是否指派 $B_j$ 去做，并约定：

$$\begin{cases} x_{ij} = 1 & A_i\text{工作指派}B_j\text{去做} \\ x_{ij} = 0 & A_i\text{工作不指派}B_j\text{去做} \end{cases}$$

于是得到指派问题数学模型，它与运输问题相似，所以可用运输问题方法求解。

指派问题的数学模型

$$\min Z = \sum_{i=1}^{m} \sum_{j=1}^{n} c_{ij} x_{ij}$$

$$\text{s. t. } \sum_{j=1}^{n} x_{ij} = 1 \quad (j = 1, 2, \cdots, n)$$

$$\sum_{i=1}^{m} x_{ij} = 1 \quad (i = 1, 2, \cdots, m)$$

$$x_{ij} = 0 \text{或} 1 \quad (i = 1, 2, \cdots, m; \ j = 1, 2, \cdots, n)$$

用最小元素法求解（此问题会出现退化现象，解题过程中在同时划去行和列时，必须在适当位置添上"0"，以保证有 $m+n-1$ 个数字格）。

　　得到初始方案见表 3.36，总时间 = 3×1+ 4×1+15×1+ 9×1= 31（h）。继续调整分配，得到新的分配方案见表 3.37，总时间 = 9×1+ 4×1+ 5×1+11×1 = 29（h）。计算检验数，全为非负，表 3.37 已是最优方案。即最优分配方案为：$B_1-A_3$，$B_2-A_2$，$B_3-A_4$，$B_4-A_1$，总时间为 29h。

表 3.36　　　　　　　　　　　　［例 3.5］分配任务计算表（一）

| 工作＼人员 | $B_1$ | $B_2$ | $B_3$ | $B_4$ | 工作量 |
|---|---|---|---|---|---|
| $A_1$ | 1 | [15] | [3] | 0 | 1 |
| $A_2$ | [2] | 1 | 0 | [0] | 1 |
| $A_3$ | [−2] | [7] | 1 | [1] | 1 |
| $A_4$ | [0] | [5] | 0 | 1 | 1 |
| 承担量 | 1 | 1 | 1 | 1 | 4 |

表 3.37　　　　　　　　　　　　［例 3.5］分配任务计算表（二）

| 工作＼人员 | $B_1$ | $B_2$ | $B_3$ | $B_4$ | $u_i$ |
|---|---|---|---|---|---|
| $A_1$ | 0 | [13] | [1] | 1 | 0 |
| $A_2$ | [4] | 1 | 0 | [2] | 3 |
| $A_3$ | 1 | [7] | 0 | [2] | 6 |
| $A_4$ | [2] | [5] | 1 | [2] | 2 |
| $v_j$ | 3 | 1 | 9 | 5 | — |

　　指派问题或称分配问题，另外有专门的解法，详见第 5 章。

【例 3.6】　某服装总公司在 $A_1$、$A_2$ 和 $A_3$ 三个服装厂生产同一类服装。公司要在五个不同地区设专卖商店。由于不同地区人们的消费水平及运输费用不同，财会部门经调查提供了有关三个工厂根据自己的产量计划建商店的数目、五个地区的需求量及年利润预算报告见表 3.38（单位：百万元），应该如何选择专卖商店地址，使年利润最大。

表 3.38　　　　　　　　　　　　需求量及年利润预算报告

| 服装厂＼销售地区 | $B_1$ | $B_2$ | $B_3$ | $B_4$ | $B_5$ | 设店数 |
|---|---|---|---|---|---|---|
| $A_1$ | (7) | (9) | (5) | (3) | (6) | 7 |
| $A_2$ | (6) | (4) | (6) | (7) | (5) | 9 |
| $A_3$ | (8) | (6) | (2) | (5) | (7) | 11 |
| 需求量 | 4 | 6 | 4 | 8 | 5 | 27 |

**解** 将 $c_{ij}$ 转换成 $-c_{ij}$，问题由求利润最大变成求费用最小，见表 3.39。

表 3.39 〔例 3.6〕问题的计算表（一）

| 服装厂＼销售地区 | B₁ | B₂ | B₃ | B₄ | B₅ | 设店数 |
|---|---|---|---|---|---|---|
| A₁ | （−7） | （−9） | （−5） | （−3） | （−6） | 7 |
| A₂ | （−6） | （−4） | （−6） | （−7） | （−5） | 9 |
| A₃ | （−8） | （−6） | （−2） | （−5） | （−7） | 11 |
| 需求量 | 4 | 6 | 4 | 8 | 5 | 27 |

用最小元素法，得到初始方案见表 3.40。计算检验数，得到新的调运方案。

表 3.40 〔例 3.6〕问题的计算表（二）

| 服装厂＼销售地区 | B₁ | B₂ | B₃ | B₄ | B₅ | 设店数 | $u_i$ |
|---|---|---|---|---|---|---|---|
| A₁ | [4] | 6 | 1 | [3] | [4] | 7 | 0 |
| A₂ | [6] | [6] | 1 | 8 | [6] | 9 | −1 |
| A₃ | 4 | [0] | 2 | [−2] | 5 | 11 | 3 |
| 需求量 | 4 | 6 | 4 | 8 | 5 | 27 | — |
| $v_j$ | −11 | −9 | −5 | −6 | −10 | — | — |

计算检验数，全为非负，得到最优方案见表 3.41。最大利润为 196（百万元）。

表 3.41 〔例 3.6〕问题的计算表（三）

| 服装厂＼销售地区 | B₁ | B₂ | B₃ | B₄ | B₅ | 设店数 | $u_i$ |
|---|---|---|---|---|---|---|---|
| A₁ | [2] | 6 | 1 | [3] | [2] | 7 | 0 |
| A₂ | [4] | [6] | 3 | 6 | [4] | 9 | −1 |
| A₃ | 4 | [2] | [2] | 2 | 5 | 11 | 1 |
| 需求量 | 4 | 6 | 4 | 8 | 5 | 27 | — |
| $v_j$ | −9 | −9 | −5 | −6 | −8 | — | — |

当某个生产点 $A_i$ 由于某种原因不能向某个销售点 $B_j$ 供应产品时，设相应的运费 $c_{ij}$ 为 $M$（$M$ 足够大），然后求最优解。在最优解中，若相应的 $x_{ij}$ 取 0 值，则该最优解为原问题的最优解；否则，原问题无解（其原理与线性规划中大 $M$ 法类似）。

**【例 3.7】** 罐头厂有 3 个分厂，向 3 个地区供应其产品，各个分厂向各个地区供应单位产品的利润见表 3.42（单位：万元/万盒）。其中第 2 分厂不能向 C 地供应产品。问如何调配，使利润最大。

表 3.42　　　　　　　　　　　　罐头厂生产供应情况

| 销售地区<br>罐头厂 | A | B | C | 供应量（万盒） |
|---|---|---|---|---|
| 1 | 1 | 7 | 2 | 10 |
| 2 | 4 | 1 | — | 50 |
| 3 | 1 | 3 | 4 | 10 |
| 需求量（万盒） | 40 | 10 | 20 | 70 |

**解**　设第 2 分厂运往 C 地费用为一个足够大的数 $M$，即 $c_{23} = M$，因此利润最大化问题变成费用最小问题，见表 3.43。

表 3.43　　　　　　　　　　[例 3.7] 问题的计算表（一）

| 销售地区<br>罐头厂 | A | B | C | 供应量（万盒） |
|---|---|---|---|---|
| 1 | （−1） | （−7） | （−2） | 10 |
| 2 | （−4） | （−1） | （$M$） | 50 |
| 3 | （−1） | （−3） | （−4） | 10 |
| 需求量（万盒） | 40 | 10 | 20 | 70 |

用最小元素法，确定初始方案。计算检验数，（1，C）为负且最小，见表 3.44。

表 3.44　　　　　　　　　　[例 3.7] 问题的计算表（二）

| 销售地区<br>罐头厂 | A | B | C | 供应量（万盒） | $u_i$ |
|---|---|---|---|---|---|
| 1 | [9] | 10 | [4−$M$] | 10 | 0 |
| 2 | 40 | 0 | 10 | 50 | 6 |
| 3 | [$M+7$] | [$M+2$] | 10 | 10 | $-M+2$ |
| 需求量（万盒） | 40 | 10 | 20 | 70 | — |
| $v_j$ | −10 | −7 | $M-6$ | — | — |

在（1，C）位置调整供应量为 10，得到新方案。计算检验数，全为非负，得到最优方案见表 3.45，最大利润为 230（万元）。

表 3.45　　　　　　　　　　[例 3.7] 问题的计算表（三）

| 销售地区<br>罐头厂 | A | B | C | 供应量（万盒） | $u_i$ |
|---|---|---|---|---|---|
| 1 | [9] | 0 | 10 | 10 | 0 |
| 2 | 40 | 10 | [$M-4$] | 50 | 6 |
| 3 | [11] | [6] | 10 | 10 | −2 |
| 需求量（万盒） | 40 | 10 | 20 | 70 | — |
| $v_j$ | −10 | −7 | −2 | — | — |

## 3.3 转 运 问 题

运输问题中,一般假定产地只输出,销地只输入。但在有的运输问题中,产地可以输入,销地可以输出。

运输问题中还会遇到:由一产地直接到销地的路程比经过其他产地和销地,甚至中转地到该销地的路程远。

在转运问题中的假设:

(1)产地兼中转地的输出量超过输入量。比如设运到各产地的输入量都为 $Q$($Q$ 是大于 $a_i$ 总和的一个数),则产地 $i$ 的输出量为 $a_i + Q$。

(2)销地兼中转地的输入量超过输出量。比如设各销地的输出量为 $Q$,则销地 $j$ 的输入量为 $b_j + Q$。

【例 3.8】 已知从产地 $A_1$、$A_2$ 到销地 $B_1$、$B_2$、$B_3$ 的直接运价表,产地之间的运价表,销地之间的运价表分别见表 3.46～表 3.48(单位:元/kg),请制定运费最小的转运方案。

表 3.46 直 接 运 价 表

| 产地＼销地 | $B_1$ | $B_2$ | $B_3$ | 供应量 |
|---|---|---|---|---|
| $A_1$ | (16) | (10) | (8) | 80 |
| $A_2$ | (12) | (8) | (13) | 40 |
| 需要量 | 30 | 35 | 55 | 120 |

表 3.47 产 地 之 间 的 运 价 表

| 从＼到 | $A_1$ | $A_2$ |
|---|---|---|
| $A_1$ | (0) | (5) |
| $A_2$ | (5) | (0) |

表 3.48 销 地 之 间 的 运 价 表

| 从＼到 | $B_1$ | $B_2$ | $B_3$ |
|---|---|---|---|
| $B_1$ | (0) | (4) | (5) |
| $B_2$ | (4) | (0) | (6) |
| $B_3$ | (5) | (6) | (0) |

**解** 由于产地的总产量为 120,可以令 $Q = 150$,得到表 3.49。

表 3.49 [例 3.8] 问题的计算表(一)

| 从＼到 | $A_1$ | $A_2$ | $B_1$ | $B_2$ | $B_3$ | 供应量 |
|---|---|---|---|---|---|---|
| $A_1$ | (0) | (5) | (16) | (10) | (8) | 230 |

续表

| 从＼到 | $A_1$ | $A_2$ | $B_1$ | $B_2$ | $B_3$ | 供应量 |
|---|---|---|---|---|---|---|
| $A_2$ | （5） | （0） | （12） | （8） | （13） | 190 |
| $B_1$ | （16） | （12） | （0） | （4） | （5） | 150 |
| $B_2$ | （10） | （8） | （4） | （0） | （6） | 150 |
| $B_3$ | （8） | （13） | （5） | （6） | （0） | 150 |
| 需要量 | 150 | 150 | 180 | 185 | 205 | 870 |

用最小元素法，得到初始方案。计算检验数，（$B_3$，$B_1$）为负且最小，见表 3.50。

表 3.50　　　　　　　　　　　［例 3.8］问题的计算表（二）

| 从＼到 | $A_1$ | $A_2$ | $B_1$ | $B_2$ | $B_3$ | $u_i$ |
|---|---|---|---|---|---|---|
| $A_1$ | 150 | ［1］ | 25 | ［−2］ | 55 | 0 |
| $A_2$ | ［9］ | 150 | 5 | 35 | ［9］ | −4 |
| $B_1$ | ［32］ | ［24］ | 150 | ［8］ | ［13］ | −16 |
| $B_2$ | ［22］ | ［16］ | ［0］ | 150 | ［10］ | −12 |
| $B_3$ | ［16］ | ［17］ | ［−3］ | ［2］ | 150 | −8 |
| $v_j$ | 0 | 4 | 16 | 12 | 8 | — |

在（$B_3$，$B_1$）调整运量为 25，寻找闭回路。得到新的运输方案，计算检验数，全为非负，得到最优方案见表 3.51。

表 3.51　　　　　　　　　　　［例 3.8］问题的计算表（三）

| 从＼到 | $A_1$ | $A_2$ | $B_1$ | $B_2$ | $B_3$ | $u_i$ |
|---|---|---|---|---|---|---|
| $A_1$ | 150 | ［4］ | ［3］ | ［1］ | 80 | 0 |
| $A_2$ | ［6］ | 150 | 5 | 35 | ［6］ | −1 |
| $B_1$ | ［29］ | ［0］ | 150 | ［8］ | ［10］ | −13 |
| $B_2$ | ［19］ | ［16］ | ［0］ | 150 | ［7］ | −9 |
| $B_3$ | ［16］ | ［20］ | 25 | ［5］ | 125 | −8 |
| $v_j$ | 0 | 1 | 13 | 9 | 8 | — |

最优调运方案：

| 产地 | 销地 | 发货量 |
|---|---|---|
| $A_1$ | $B_3$ | 80 |
| $A_2$ | $B_1$ | 5 |
| $A_2$ | $B_2$ | 35 |
| $B_3$ | $B_1$ | 25 |

总运费为 1105 元。如果不考虑转运方式，直接调运最优方案总费用为 1130 元。

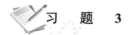

## 本 章 小 结

运输问题是特殊类型的线性规划问题，具有许多重要的应用。

运输问题考虑从生产地运送货物到销售地。每一个生产地都有一个固定的供应量，每一个销售地都有一个固定的需求量。其中一个基本的假设就是从每一个生产地到每一个销售地的运送成本和运送数量成正比。描述一个运输问题需要一个包含运输成本、供应量和需求量的参数表。表上作业法是求解产销平衡运输问题的一般方法，当产销不平衡时，可以通过引入虚拟的生产地或者虚拟的销售地将其转化为产销平衡问题。

## 习　　题　　3

### 一、计算题

**3.1** 求解表 3.52 所示的运输问题，分别用最小元素法、西北角法和伏格尔法给出初始基可行解。

表 3.52　　　　　　　　　　　　　　　　运 输 问 题

| 产地＼销地 | $B_1$ | $B_2$ | $B_3$ | $B_4$ | 供应量 |
|---|---|---|---|---|---|
| $A_1$ | （10） | （6） | （7） | （12） | 4 |
| $A_2$ | （16） | （10） | （5） | （9） | 9 |
| $A_3$ | （5） | （4） | （10） | （10） | 5 |
| 需要量 | 5 | 3 | 4 | 6 | 18 |

**3.2** 由产地 $A_1$、$A_2$ 发往销地 $B_1$、$B_2$ 的单位费用见表 3.53，产地允许存储，销地允许缺货，存储和缺货的单位运费也列入表中。求最优调运方案，使总费用最省。

表 3.53　　　　　　　产地发往销地的单位费用和存储、缺货的单位运费

| 产地＼销地 | $B_1$ | $B_2$ | 供应量 | 存储费（元/件） |
|---|---|---|---|---|
| $A_1$ | 8 | 5 | 400 | 3 |
| $A_2$ | 6 | 9 | 300 | 4 |
| 需要量 | 200 | 350 | — | — |
| 缺货费（元/件） | 2 | 5 | — | — |

**3.3** 对于表 3.54 的运输问题，试求：

（1）若要总运费最少，该方案是否为最优方案？

（2）若产地 Z 的供应量改为 100，求最优方案。

表 3.54　　　　　　　　　　　　　　运　输　问　题

| 产地＼销地 | A | B | 供应量 |
|---|---|---|---|
| X | 100（6） | （4） | 100 |
| Y | 30（5） | 50（8） | 80 |
| Z | （2） | 60（7） | 60 |
| 需要量 | 130 | 110 | 240 |

**3.4** 某利润最大的运输问题，其单位利润见表 3.55，试求：

（1）最优运输方案。

（2）当 $A_1$ 的供应量和 $B_3$ 的需求量各增加 2 时，结果又怎样？

表 3.55　　　　　　　　　　　　运输问题的单位利润

| 产地＼销地 | $B_1$ | $B_2$ | $B_3$ | $B_4$ | 供应量 |
|---|---|---|---|---|---|
| $A_1$ | （6） | （7） | （5） | （8） | 8 |
| $A_2$ | （4） | （5） | （10） | （8） | 9 |
| $A_3$ | （2） | （9） | （7） | （3） | 7 |
| 需要量 | 8 | 6 | 5 | 5 | 24 |

**3.5** 某玩具公司分别生产三种新型玩具，每月可供量分别为 1000 件、2000 件、2000 件，它们分别被送到甲、乙、丙三个百货商店销售。已知每月百货商店各类玩具预期销售量均为 1500 件，由于经营方面原因，各商店销售不同玩具的盈利额（单位：万元）不同，见表 3.56。又知丙百货商店要求至少供应 C 玩具 1000 件，而拒绝进 A 玩具。求满足上述条件下使总盈利额最大的供销分配方案。

表 3.56　　　　　　　　　　　　销售玩具盈利额

| 玩具＼百货商店 | 甲 | 乙 | 丙 | 可供量 |
|---|---|---|---|---|
| A | 5 | 4 | — | 1000 |
| B | 16 | 8 | 9 | 2000 |
| C | 12 | 10 | 11 | 2000 |

**3.6** 目前，城市大学能存储 200 个文件在硬盘上，100 个文件在计算机存储器上，300 个文件在磁带上。用户想存储 300 个字处理文件，100 个源程序文件，100 个数据文件。一个典型的字处理文件每月被访问 8 次，一个典型的源程序文件每月被访问 4 次，一个典型的数据文件每月被访问 2 次。当某文件被访问时，重新找到该文件所需的时间（单位：min）取决于文件类型和存储介质，见表 3.57。

表 3.57　　　　　　　　　　某文件被访问时，找到该文件所需的时间

| 文件类型<br>存储介质 | 处理文件 | 源程序文件 | 数据文件 |
|---|---|---|---|
| 硬盘 | 5 | 4 | 4 |
| 存储器 | 2 | 1 | 1 |
| 磁带 | 10 | 8 | 6 |

　　如果目标是极小化每月用户访问所需文件所花的时间，请构造一个运输问题的模型来决定文件应该怎么存放并求解。

　　**3.7**　已知下列五名运动员各种姿势的游泳成绩（各为 50m）见表 3.58，试用运输问题的方法来决定如何从中选拔一个参加 200m 混合泳的接力队，使预期比赛成绩为最好。

表 3.58　　　　　　　　　　运动员各种姿势的游泳成绩　　　　　　　　　　（min）

| 运动员<br>泳姿 | 赵 | 钱 | 张 | 王 | 周 |
|---|---|---|---|---|---|
| 仰泳 | 37.7 | 32.9 | 33.8 | 37.0 | 35.4 |
| 蛙泳 | 43.4 | 33.1 | 42.2 | 34.7 | 41.8 |
| 蝶泳 | 33.3 | 28.5 | 38.9 | 30.4 | 33.6 |
| 自由泳 | 29.2 | 26.4 | 29.6 | 28.5 | 31.1 |

　　**3.8**　求总运费最小的运输问题，其中某一步的运输情况见表 3.59。试完成：

（1）写出 $a$、$b$、$c$、$d$、$e$ 的值，并求出最优运输方案。

（2）$A_3$ 到 $B_1$ 的单位运费满足什么条件时，表 3.59 中的运输方案为最优方案。

表 3.59　　　　　　　　　　　　运　输　问　题

| 销地<br>产地 | $B_1$ | $B_2$ | $B_3$ | 供应量 |
|---|---|---|---|---|
| $A_1$ | 3（3） | （5） | （7） | 3 |
| $A_2$ | 2（4） | 4（2） | （4） | 6 |
| $A_3$ | （5） | 1（6） | 5（3） | $d$ |
| 需要量 | $a$ | $b$ | $c$ | $e$ |

　　**3.9**　某一实际的运输问题可以叙述如下：有 $n$ 个地区需要某种物资，需要量分别为 $b_j$（$j=1$，$\cdots 1$，$n$）。这些物资均由某公司分设在 $m$ 个地区的工厂供应，各工厂的产量分别为 $a_i$（$i=1$，$\cdots 1$，$m$），已知从 $i$ 地区的工厂至第 $j$ 个需求地区的单位物资的运价为 $c_{ij}$，又 $\sum_{i=1}^{m} a_i = \sum_{j=1}^{n} b_j$，试阐述其对偶问题并解释对偶变量的经济意义。

　　**3.10**　为确保飞行安全，飞机上的发动机每半年必须强迫更换进行大修。某维修厂估计某种型号战斗机从下一个半年算起的今后三年内每半年发动机的更换需要量分别为 100、70、80、120、150、140。更换发动机时可以换上新的，也可以用经过大修的旧发动机。已

知每台新发动机的购置费为 10 万元，而旧发动机的维修有两种方式：① 快修，每台 2 万元，半年交货（即本期拆下来送修的下批即可用上）；② 慢修，每台 1 万元，但需一年交货（即本期拆下来送修的需下下批才能用上）。设该厂新接受该项发动机更换维修任务，又知这种型号战斗机三年后将退役，退役后这种发动机将报废。问在今后三年的每半年内，该厂为满足维修需要新购、送去快修和慢修的发动机数各是多少，才能使总的维修费用为最省？（将此问题归结为运输问题，只列出产销平衡表与单位运价表，不求数值解。）

**3.11** 甲、乙两个煤矿分别生产煤 500 万 t，供应 A、B、C 三个电厂发电需要，各电厂用量分别为 300 万 t、300 万 t、400 万 t。已知煤矿之间、煤矿与电厂之间以及各电厂之间距离（单位：km）见表 3.60～表 3.62。煤可以直接运达，也可经转运抵达，试确定从煤矿到各电厂间煤的最优调运方案（最小总吨公里数）。

**表 3.60**                              煤 矿 间 距 离

| 从 \ 到 | 甲 | 乙 |
|---|---|---|
| 甲 | 0 | 120 |
| 乙 | 100 | 0 |

**表 3.61**                          煤 矿 与 电 厂 间 距 离

| 从 \ 到 | A | B | C |
|---|---|---|---|
| 甲 | 150 | 120 | 80 |
| 乙 | 60 | 160 | 40 |

**表 3.62**                              电 厂 间 距 离

| 从 \ 到 | A | B | C |
|---|---|---|---|
| A | 0 | 70 | 100 |
| B | 50 | 0 | 120 |
| C | 100 | 150 | 0 |

**二、复习思考题**

**3.12** 试述运输问题数学模型的特征，为什么模型的 $m+n$ 个约束中最多只有 $m+n-1$ 个是独立的？

**3.13** 试述用最小元素法确定运输问题的初始基可行解的基本思路和基本步骤。

**3.14** 为什么用伏格尔法给出的运输问题的初始基可行解，较之用最小元素法给出的更接近于最优解？

**3.15** 试述用闭回路法计算检验数的原理和经济意义，如何从任一空格出发寻找一条闭回路？

**3.16** 概述用位势法求检验数的原理和步骤。

**3.17** 试述表上作业法计算中出现退化的含义及处理退化的方法。

**3.18** 如何把一个产销不平衡的运输问题（含产大于销和销大于产）转化为产销平衡的

运输问题？

**3.19**　一般线性规划问题应具备什么特征才可以转化并列出运输问题的数学模型，从而能用表上作业法求解？

**3.20**　判断下列说法是否正确（正确的在括号中打"√"，错误的在括号中打"×"）。

（1）运输问题是一种特殊的线性规划模型，因而求解结果也可能出现下列四种情况之一：有唯一最优解，有无穷多最优解，无界解，无可行解。　　　　　　　　　　　　（　　）

（2）表上作业法实质上就是求解运输问题的单纯形法。　　　　　　　　　　（　　）

（3）按最小元素法（或伏格尔法）给出的初始基可行解，从每一空格出发可以找出且仅能找出唯一的闭回路。　　　　　　　　　　　　　　　　　　　　　　　　　　（　　）

（4）如果运输问题单位运价表的某一行（或某一列）元素分别加上一个常数 $k$，调运方案将不会发生变化。　　　　　　　　　　　　　　　　　　　　　　　　　　　　（　　）

（5）如果运输问题单位运价表的某一行（或某一列）元素分别乘上一个常数 $k$，调运方案将不会发生变化。　　　　　　　　　　　　　　　　　　　　　　　　　　　　（　　）

（6）当所有产地产量和销地的销量均为整数值时，运输问题的最优解也为整数。

（　　）

# 第4章 多目标规划

在满足一定的约束条件下，同时考虑多个函数的极值问题，称为多目标规划（Multi-Objective Programming）问题。

从线性规划问题可看出：

（1）线性规划只研究在满足一定条件下，单一目标函数取得最优解的问题。而在企业管理中，经常遇到多目标决策问题，如拟订生产计划时，不仅要考虑总产值，还要考虑利润、产品质量和设备利用率等。这些目标之间的重要程度（即优先顺序）也不相同，有些目标之间往往相互发生矛盾。

（2）线性规划致力于某个目标函数的最优解。这个最优解若是超过了实际的需要，很可能是以过分地消耗约束条件中的某些资源作为代价。

（3）线性规划把各个约束条件重要性都不分主次地等同看待，这也不符合实际情况。

（4）求解线性规划问题，首先要求约束条件必须相容。约束条件中，如果由于人力、设备等资源条件的限制，使约束条件之间出现了矛盾，就得不到问题的可行解。但生产还得继续进行，这将给人们进一步应用线性规划方法带来困难。

为了弥补线性规划问题的局限性，解决有限资源和计划指标之间的矛盾，在线性规划基础上，形成多目标规划问题并求解，从而使一些线性规划无法解决的问题得到满意的解答。本章仅讨论目标函数和约束条件均为线性的多目标线性规划问题。

## 4.1 多目标规划问题

### 4.1.1 多目标规划问题的提出

实际问题中，可能会同时考虑几个方面都达到最优，如产量最高、成本最低、质量最好、利润最大、环境达标、运输满足等。多目标规划能更好地兼顾统筹处理多种目标的关系，求得更切合实际要求的解。多目标规划可根据实际情况，分主次和轻重缓急来考虑问题。

下面给出的问题都属于多目标规划问题。

**问题一：** 一个企业需要同一种原材料生产甲、乙两种产品，它们的单位产品所需要的原材料数量及所耗费的加工时间各不相同，从而获得的利润也不相同，见表4.1。

表4.1　　　　　　　　单位产品所需要的原材料、加工时间和利润

| 产品　　　　　　资源 | 甲 | 乙 | 可利用的资源总量 |
|---|---|---|---|
| 原材料钢（t） | 2 | 3 | 100 |
| 加工时间（h） | 4 | 2 | 120 |
| 单位利润（万元） | 6 | 4 | |

　　按照线性规划问题的求解思路，以利润达到最大为单一目标，钢材和工时消耗作为约束条件进行求解，得到最优解为(20，20)，最优值为 200 万元。但是管理层提出了如下两个目标：① 利润达到 280 万元；② 原材料钢使用不超过 100t，工时不超过 120h。该如何安排生产？

　　**问题二：** 某车间有 A、B 两条设备相同的生产线，生产同一种产品。A 生产线每小时可制造 2 件产品，B 生产线每小时可制造 1.5 件产品。如果每周正常工作时数为 45h，要求制定完成下列目标的生产计划：① 产量达到 210 件/周；② 生产线加班时间限制在 15h 内；③ 充分利用工时指标，并依 A、B 产量的比例确定重要性。

　　**问题三：** 某电器公司经营唱机和录音机均由车间 A、B 流水作业组装，数据见表 4.2。要求按以下目标制订月生产计划：① 库存费用不超过 4600 元；② 月销售唱机不少于 80 台；③ 每月销售录音机为 100 台；④ 不使 A、B 车间停工(权数由生产费用确定)；⑤ A 车间加班时间限制在 20h 内；⑥ 两车间加班时数总和要尽可能小（权数由生产费用确定）。

表 4.2　　　　　　　　　　　　　　电器公司生产情况

| 项目品种 | 工时消耗（h/台） | | 库存费用<br>[元/（台·月）] | 利润（元/台） |
|---|---|---|---|---|
| | A | B | | |
| 唱机 | 2 | 1 | 50 | 250 |
| 录音机 | 1 | 3 | 30 | 150 |
| 总工时（h/月） | 180 | 200 | | |
| 生产费用（元/h） | 100 | 50 | | |

　　多目标规划问题应先将目标等级化，即将目标按重要性的程度不同依次分成一级目标、二级目标……最次要的目标放在次要的等级中。

　　目标优先级做如下约定：

　　（1）对于同一个目标而言，若有几个决策方案都能使其达到目标，可认为这些方案对于这个目标而言都是最优方案；若达不到，则与目标差距越小的越好。

　　（2）不同级别的目标的重要性是不可比的，即较高级别的目标没有达到而造成的损失，任何较低级别的目标上的收获都弥补不了。所以在判断最优方案时，首先从较高级别的目标达到的程度来决策，然后再进行次级目标的判断。

　　（3）同一级别的目标可以是多个，各自的重要程度可用数量（权数）来描述。因此，同一级别的目标中任何一个的损失可由其余目标的适当收获来弥补。

### 4.1.2　多目标规划解的概念

　　（1）若多目标规划问题解能使所有目标都达到，则称该解为多目标规划最优解。

　　（2）若解只能满足部分目标，则称该解为多目标规划的次优解。

　　（3）若找不到满足任何一个目标的解，则称该问题为无解。

　　对于问题一，若该厂提出如下目标：①利润达到 280 万元；②原材料钢使用不超过 100t，工时不超过 120h。问如何安排生产？又设超过 1t 钢材与工时超过 5h 的损失相同。

　　现有四个方案进行优劣比较，见表 4.3。

| 方案编号 | 利润（万元） | 钢（t） | 工时（h） |
|---|---|---|---|
| 1 | 290 | 110 | 130 |
| 2 | 280 | 100 | 115 |
| 3 | 285 | 95 | 190 |
| 4 | 270 | 90 | 120 |

**表 4.3** 四 个 方 案 的 情 况

目标：①利润达到 280 万元；②原材料钢使用不超过 100t，工时不超过 120h。

对于目标①，只有方案 4 没有完成。排除方案 4。

对于目标②，只有方案 2 达到了，因此方案 2 是最优。

方案 1 与方案 3 都达到了目标①，但没达到目标②。

方案 1 与目标②的差距：工时损失 = (110−100)×5+(130−120)×1= 60（h）。

方案 3 与目标②的差距：工时损失 = 0×5+(190−120)×1= 70（h）。

所以方案 1 优于方案 3。

最后结果：各方案从优到劣的顺序为方案 2、方案 1、方案 3、方案 4。

又另有三个方案进行优劣比较，见表 4.4。

对于目标①，三个方案都没有完成，但方案 3 离目标最远，因此方案 3 最差。

方案 1 与目标②的差距：工时损失 = (108−100)×5+(130−120)×1= 50（h）。

方案 2 与目标②的差距：工时损失 = 0×5+(160−120)×1= 40（h）。

所以方案 2 优于方案 1。

最后结果：各方案从优到劣的顺序为方案 2、方案 1、方案 3。

**表 4.4** 三 个 方 案 的 情 况

| 方案编号 | 利润（万元） | 钢（t） | 工时（h） |
|---|---|---|---|
| 1 | 270 | 108 | 130 |
| 2 | 270 | 80 | 160 |
| 3 | 260 | 80 | 120 |

### 4.1.3 多目标规划问题的数学模型

相比于单目标的线性规划，多目标规划在此基础上需要添加新的变量，构建新的约束条件以及目标。

（1）添加新的变量：偏差变量。

针对多目标规划问题，每个目标的期望值确定后，实际值和期望值之间会产生偏差。用负偏差变量 $d_i^-$ 表示第 $i$ 个目标未达到期望值的数值，用正偏差变量 $d_i^+$ 表示第 $i$ 个目标超过期望值的数值，$d_i^-$、$d_i^+ \geqslant 0$。

对于同一目标，不可能既超过期望值，又未达到期望值，故 $d_i^+$ 和 $d_i^-$ 中至少有一个为 0。

（2）构建新的约束：目标约束。

引入正、负偏差变量后，对第 $i$ 个目标建立新的约束条件，称为软约束。原约束条件称为系统约束，又称硬约束。

$$\sum_{j=1}^{n} a_{ij}x_j + d_i^- - d_i^+ = b_i$$

（3）构建新的目标：目标达成函数。

为了使各目标的实际值最接近期望值，构造一个新的目标函数以求得有关偏差变量的最小值，其基本形式有以下三种。

1）若希望尽可能达到第 $i$ 个目标规定的期望值，则正、负偏差变量 $d_i^-$、$d_i^+$ 都尽可能最小，故目标函数为

$$\min Z = d_i^- + d_i^+$$

2）若希望尽可能不低于第 $i$ 个目标的期望值（允许超过），则负偏差变量 $d_i^-$ 尽可能小，而不关心超出量 $d_i^+$，故目标函数为

$$\min Z = d_i^-$$

3）若希望尽可能不超过第 $i$ 个目标的期望值（允许低于），则正偏差变量 $d_i^+$ 尽可能小，而不关心低于量 $d_i^-$，故目标函数为

$$\min Z = d_i^+$$

由于各目标的重要程度不同，引入级别系数 $P_i$，$P_i$ 是正常数，且 $P_i \gg P_{i+1}$，表示 $P_i$ 比 $P_{i+1}$ 重要。同一优先级别下目标的相对重要性，则赋以不同的加权系数。

按上述处理，可得多目标规划问题的数学模型。

（1）问题一的数学模型。

引进级别系数：$P_1$ 表示利润达到 280 万元；$P_2$ 表示原材料钢使用不超过 100t，工时不超过 120h；其权数之比 5:1。

数学模型为

$$\min Z = P_1 d_1^- + P_2(5d_2^+ + d_3^+)$$
$$\text{s.t. } 6x_1 + 4x_2 + d_1^- - d_1^+ = 280$$
$$2x_1 + 3x_2 + d_2^- - d_2^+ = 100$$
$$4x_1 + 2x_2 + d_3^- - d_3^+ = 120$$
$$x_1, \ x_2, \ d_i^-, \ d_i^+ \geq 0 \ (i = 1, \ 2, \ 3)$$

（2）问题二的数学模型。

设 A、B 生产线每周工作时间为 $x_1$、$x_2$，A、B 的产量比例为 2:1.5 = 4:3，则模型为

$$\min Z = P_1 d_1^- + P_2 d_2^+ + 4P_3 d_3^- + 3P_3 d_4^-$$
$$\text{s.t. } 2x_1 + 1.5x_2 + d_1^- - d_1^+ = 210 \text{(生产量达到210件/周)}$$
$$x_1 + d_2^- - d_2^+ = 60 \text{(A生产线加班时间限制在15h内)}$$
$$x_1 + d_3^- - d_3^+ = 45 \text{(充分利用A的工时指标)}$$
$$x_2 + d_4^- - d_4^+ = 45 \text{(充分利用B的工时指标)}$$
$$x_1, \ x_2, \ d_i^-, \ d_i^+ \geq 0 \ (i = 1, \ 2, \ 3, \ 4)$$

（3）问题三的数学模型。

设每月生产唱机、录音机分别为 $x_1$、$x_2$ 台，且 A、B 生产费用之比为 100:50 = 2:1，则模型为

$$\min Z = P_1 d_1^+ + P_2 d_2^- + P_3 d_3^- + P_3 d_3^+ + 2P_4 d_4^- + P_4 d_5^- + P_5 d_4^+ + 2P_6 d_4^+ + P_6 d_5^+$$

s. t. $50x_1 + 30x_2 + d_1^- - d_1^+ = 4600$（库存费用不超过4600元）

$\quad\quad\quad x_1 + d_2^- - d_2^+ = 80$（每月销售唱机不少于80台）

$\quad\quad\quad x_2 + d_3^- - d_3^+ = 100$（每月销售录音机为100台）

$\quad\quad\quad 2x_1 + x_2 + d_4^- - d_4^+ = 180$（不使A车间停工）

$\quad\quad\quad x_1 + 3x_2 + d_5^- - d_5^+ = 200$（不使B车间停工）

$\quad\quad d_4^+ + d_{41}^- - d_{41}^+ = 20$（A车间加班时间限制在20h内）

$\quad\quad x_1,\ x_2,\ d_i^-,\ d_i^+,\ d_{41}^-,\ d_{41}^+ \geqslant 0 \quad (i = 1,\ 2,\ 3,\ 4,\ 5)$

## 4.2　多目标规划问题的求解

### 4.2.1　多目标规划问题的图解法

【例 4.1】　用图解法求解下列多目标规划问题。

$$\min Z = d_1^+$$

s. t. $x_1 + 2x_2 + d_1^- - d_1^+ = 10$

$\quad\quad\quad x_1 + 2x_2 \leqslant 6$

$\quad\quad\quad x_1 + x_2 \leqslant 4$

$\quad\quad\quad x_1,\ x_2,\ d_1^-,\ d_1^+ \geqslant 0$

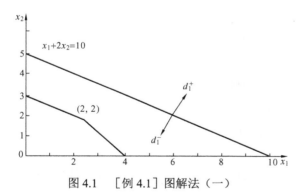

**解**　画出可行域，如图 4.1 所示。

当 $\min S = d_1^+$ 达到时，$d_1^+ = 0$。

（1）$d_1^- = 4$时，有无穷多解，点（0，3）和点（2，2）连线上的点都是最优解，如图 4.2 所示。

（2）$d_1^- = 6$时，有无穷多解，点（4，0）和点（0，2）连线上的点都是最优解，如图 4.3 所示。

实际上，在可行域内都达到最优解。

图 4.1　〔例 4.1〕图解法（一）

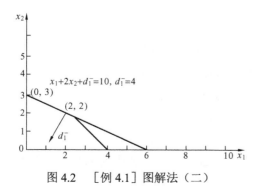

图 4.2　〔例 4.1〕图解法（二）

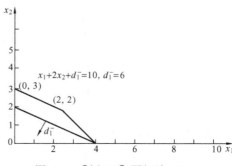

图 4.3　〔例 4.1〕图解法（三）

【例 4.2】　用图解法求解多目标规划问题。

$$\min Z = P_1 d_1^- + P_2 d_2^+ + 5P_3 d_3^- + P_3 d_1^+$$

$$\text{s. t. } x_1 + x_2 + d_1^- - d_1^+ = 40$$

$$x_1 + x_2 + d_2^- - d_2^+ = 50$$

$$x_1 + d_3^- = 30$$

$$x_2 + d_4^- = 30$$

$$x_1,\ x_2,\ d_i^-,\ d_i^+ \geqslant 0 \quad (i=1,\ 2,\ 3,\ 4)$$

**解**　区域如图 4.4 所示。当 $d_1^- = 0$ 达到时，区域如图 4.5 所示的阴影部分；当 $d_2^+ = 0$ 达到时，区域如图 4.6 所示的阴影部分；当 $d_3^- = 0$ 达到时，区域如图 4.7 所示的线段 $AB$；当 $d_1^+ = 0$ 达到时，区域如图 4.8 所示的点 $P$，它是唯一的最优解 $P = (30, 10)$，此时，$d_2^- = 10$；$d_4^- = 20$。

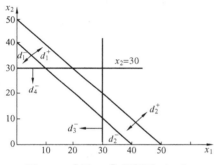

图 4.4　[例 4.2] 图解法（一）

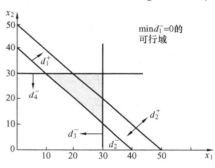

图 4.5　[例 4.2] 图解法（二）

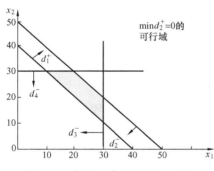

图 4.6　[例 4.2] 图解法（三）

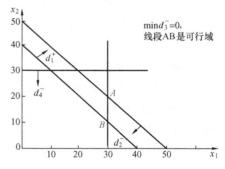

图 4.7　[例 4.2] 图解法（四）

【例 4.3】　用图解法求解多目标规划问题。

$$\min Z = P_1 d_1^- + P_2 d_2^+ + P_3 d_3^- + P_3 d_4^-$$

$$\text{s. t. } 5x_1 + 10x_2 + d_1^- - d_1^+ = 100$$

$$2x_1 + x_2 + d_2^- - d_2^+ = 14$$

$$x_1 + d_3^- - d_3^+ = 6$$

$$x_2 + d_4^- - d_4^+ = 10$$

$$x_1,\ x_2,\ d_i^-,\ d_i^+ \geqslant 0 \quad (i=1,\ 2,\ 3,\ 4)$$

**解**　对于目标 $P_1$ 与目标 $P_2$ 很容易达到。目标 $P_3$ 的

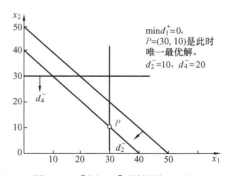

图 4.8　[例 4.2] 图解法（五）

两个指标不能同时满足，否则无解。又因为 $P_3$ 中的两个目标同样重要，要讨论：

（1）$\min d_3^- \neq 0$，$\min d_4^- = 0$，原问题（2，10）是次优解，如图 4.9 所示。

（2）$\min d_3^- = 0$，$\min d_4^- \neq 0$，原问题无解，如图 4.10 所示。

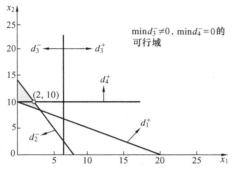
图 4.9　[例 4.3] 图解法（一）

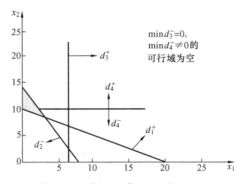
图 4.10　[例 4.3] 图解法（二）

【**例 4.4**】　用图解法求解多目标规划问题。

$$\min Z = P_1 d_1^- + P_1 d_2^-$$
$$\text{s.t. } x_1 + d_1^- - d_1^+ = 15$$
$$4x_1 + 5x_2 + d_2^- - d_2^+ = 200$$
$$3x_1 + 4x_2 \leqslant 120$$
$$x_1 - 2x_2 \geqslant 15$$
$$x_1, \ x_2, \ d_i^-, \ d_i^+ \geqslant 0 \, (i = 1, \ 2)$$

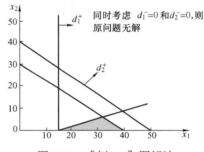
图 4.11　[例 4.4] 图解法

**解**　同时考虑 $d_1^- = 0$ 和 $d_2^- = 0$，则问题无解，如图 4.11 所示。

### 4.2.2　多目标规划的单纯形法

多目标规划问题与线性规划问题相似，可用单纯形法求解。

注意：在比较检验数大小时，要先比较较高级别的系数，再比较较低级别的系数。

【**例 4.5**】　用图解法求解下列多目标规划问题。

$$\min Z = P_1 d_1^- + P_2 (5d_2^+ + d_3^+)$$
$$\text{s.t. } 6x_1 + 4x_2 + d_1^- - d_1^+ = 280$$
$$2x_1 + 3x_2 + d_2^- - d_2^+ = 100$$
$$4x_1 + 2x_2 + d_3^- - d_3^+ = 120$$
$$x_1, \ x_2, \ d_i^-, \ d_i^+ \geqslant 0 \quad (i = 1, \ 2, \ 3)$$

**解**　目标函数化成标准形式为

$$\max S = -P_1 d_1^- - P_2 (5d_2^+ + d_3^+)$$
$$\text{s.t. } 6x_1 + 4x_2 + d_1^- - d_1^+ = 280$$
$$2x_1 + 3x_2 + d_2^- - d_2^+ = 100$$
$$4x_1 + 2x_2 + d_3^- - d_3^+ = 120$$

$$x_1, \ x_2, \ d_i^-, \ d_i^+ \geqslant 0 \quad (i = 1, \ 2, \ 3)$$

列出单纯形表，检验数 $\sigma$ 是 $P_j$ 的函数。计算方法同单纯形法，在选择进基变量时应首先选择 $P_1$ 系数最大且大于零者所对应的变量，如果 $P_1$ 系数均为非正，再考虑 $P_2$；选择 $P_2$ 系数为最大正数且对应的 $P_1$ 系数为零者。如果 $P_2$ 系数均为非正，再考虑 $P_3$，以此类推找到进基变量。再用最小比值法选择出基变量，确定主元并进行换基迭代，得到下一个基可行解。重复上述过程，直到得到最优解或次优解或判断无解，过程见表 4.5～表 4.8。

**表 4.5　　　　　　　　　　　　问题的单纯形表（一）**

| $C_B$ | $X_B$ | $c$ | | | | | | | | $b$ |
|---|---|---|---|---|---|---|---|---|---|---|
| | | 0 | 0 | 0 | $-P_1$ | $-5P_2$ | 0 | $-P_2$ | 0 | |
| | | $x_1$ | $x_2$ | $d_1^+$ | $d_1^-$ | $d_2^+$ | $d_2^-$ | $d_3^+$ | $d_3^-$ | |
| $-P_1$ | $d_1^-$ | 6 | 4 | $-1$ | 1 | 0 | 0 | 0 | 0 | 280 |
| 0 | $d_2^-$ | 2 | 3 | 0 | 0 | $-1$ | 1 | 0 | 0 | 100 |
| 0 | $d_3^-$ | (4) | 2 | 0 | 0 | 0 | 0 | $-1$ | 1 | 120 |
| $\sigma$ | $P_1$ | 6 | 4 | $-1$ | 0 | 0 | 0 | 0 | 0 | — |
| | $P_2$ | 0 | 0 | 0 | 0 | $-5$ | 0 | $-1$ | 0 | — |

**表 4.6　　　　　　　　　　　　问题的单纯形表（二）**

| $C_B$ | $X_B$ | $c$ | | | | | | | | $b$ |
|---|---|---|---|---|---|---|---|---|---|---|
| | | 0 | 0 | 0 | $-P_1$ | $-5P_2$ | 0 | $-P_2$ | 0 | |
| | | $x_1$ | $x_2$ | $d_1^+$ | $d_1^-$ | $d_2^+$ | $d_2^-$ | $d_3^+$ | $d_3^-$ | |
| $-P_1$ | $d_1^-$ | 0 | 1 | $-1$ | 1 | 0 | 0 | $\dfrac{3}{2}$ | $-\dfrac{3}{2}$ | 100 |
| 0 | $d_2^-$ | 0 | (2) | 0 | 0 | $-1$ | 1 | $\dfrac{1}{2}$ | $-\dfrac{1}{2}$ | 40 |
| 0 | $x_1$ | 1 | $\dfrac{1}{2}$ | 0 | 0 | 0 | 0 | $-\dfrac{1}{4}$ | $\dfrac{1}{4}$ | 30 |
| $\sigma$ | $P_1$ | 0 | 1 | $-1$ | 0 | 0 | 0 | $\dfrac{3}{2}$ | $-\dfrac{3}{2}$ | — |
| | $P_2$ | 0 | 0 | 0 | 0 | $-5$ | 0 | $-1$ | 0 | — |

**表 4.7　　　　　　　　　　　　问题的单纯形表（三）**

| $C_B$ | $X_B$ | $c$ | | | | | | | | $b$ |
|---|---|---|---|---|---|---|---|---|---|---|
| | | 0 | 0 | 0 | $-P_1$ | $-5P_2$ | 0 | $-P_2$ | 0 | |
| | | $x_1$ | $x_2$ | $d_1^+$ | $d_1^-$ | $d_2^+$ | $d_2^-$ | $d_3^+$ | $d_3^-$ | |
| $-P_1$ | $d_1^-$ | 0 | 0 | $-1$ | 1 | $\dfrac{1}{2}$ | $-\dfrac{1}{2}$ | $\left(\dfrac{5}{4}\right)$ | $-\dfrac{5}{4}$ | 80 |
| 0 | $x_2$ | 0 | 1 | 0 | 0 | $-\dfrac{1}{2}$ | $\dfrac{1}{2}$ | $\dfrac{1}{4}$ | $-\dfrac{1}{4}$ | 20 |
| 0 | $x_1$ | 1 | 0 | 0 | 0 | $\dfrac{1}{4}$ | $-\dfrac{1}{4}$ | $-\dfrac{3}{8}$ | $\dfrac{3}{8}$ | 20 |

续表

| c | | 0 | 0 | 0 | $-P_1$ | $-5P_2$ | 0 | $-P_2$ | 0 | |
|---|---|---|---|---|---|---|---|---|---|---|
| $C_B$ | $X_B$ | $x_1$ | $x_2$ | $d_1^+$ | $d_1^-$ | $d_2^+$ | $d_2^-$ | $d_3^+$ | $d_3^-$ | $b$ |
| $\sigma$ | $P_1$ | 0 | 0 | $-1$ | 0 | $\frac{1}{2}$ | $-\frac{1}{2}$ | $\frac{5}{4}$ | $-\frac{5}{4}$ | — |
| | $P_2$ | 0 | 0 | 0 | 0 | $-5$ | 0 | $-1$ | 0 | — |

**表 4.8　　　　　　　　　　　　　问题的单纯形表（四）**

| c | | 0 | 0 | 0 | $-P_1$ | $-5P_2$ | 0 | $-P_2$ | 0 | |
|---|---|---|---|---|---|---|---|---|---|---|
| $C_B$ | $X_B$ | $x_1$ | $x_2$ | $d_1^+$ | $d_1^-$ | $d_2^+$ | $d_2^-$ | $d_3^+$ | $d_3^-$ | $b$ |
| $-P_2$ | $d_3^+$ | 0 | 0 | $-\frac{4}{5}$ | $\frac{4}{5}$ | $\frac{2}{5}$ | $-\frac{2}{5}$ | 1 | $-1$ | 64 |
| 0 | $x_2$ | 0 | 1 | $\frac{1}{5}$ | $-\frac{1}{5}$ | $-\frac{3}{5}$ | $\frac{3}{5}$ | 0 | 0 | 4 |
| 0 | $x_1$ | 1 | 0 | $-\frac{3}{10}$ | $\frac{3}{10}$ | $\frac{2}{5}$ | $-\frac{2}{5}$ | 0 | 0 | 44 |
| $\sigma$ | $P_1$ | 0 | 0 | 0 | $-1$ | 0 | 0 | 0 | 0 | — |
| | $P_2$ | 0 | 0 | $-\frac{4}{5}$ | $\frac{4}{5}$ | $-\frac{23}{5}$ | $-\frac{2}{5}$ | 0 | $-1$ | — |

最后变量 $d_1^-$ 的检验数为 $-P_1+\frac{4}{5}P_2$。由于假定 $P_1\gg P_2$，因此此检验数也小于 0。该问题的最优方案为生产 A 产品 44 个单位，B 产品 4 个单位，利润为 280 万元。此时，原料正好用了 100t，工时比原计划超了 64h。

## 4.3　多目标规划实例

某经济区准备筹集资金，在下个计划期内投资建设轻工业、重工业和新技术产业三种新项目。这些项目能否如期建成有一定风险。在建成投产后，其收入与投资额有关。经过分析研究，各项目的建设方案不能如期投入的风险因子及投产后可以增加的经济收入的资金收益率百分数见表 4.9。根据该地区情况，决策部门提出：用于轻工业的投资额不超过总资金的 35%，用于新技术产业的投资额至少占总资金的 15%，用于重工业的投资额不超过总资金的 50%。并提出三个目标：①总风险因子不超过 0.2；②总收益率至少达到 22%；③各项投资的总和不超过总资金额。现在要确定对不同行业的各投资方案所占的比例。

**表 4.9　　　　　　　　　　　　投资建设方案有关参数**

| 项目种类 | 建设方案 | 风险因子 $r_i$ | 资金收益率 $g_i$（%） |
|---|---|---|---|
| 轻工业 | 1 | 0.2 | 20 |
| | 2 | 0.2 | 20 |
| | 3 | 0.3 | 12 |
| | 4 | 0.3 | 16 |

续表

| 项目种类 | 建设方案 | 风险因子 $r_i$ | 资金收益率 $g_i$（%） |
|---|---|---|---|
| 新技术产业 | 5 | 0.4 | 30 |
| | 6 | 0.2 | 16 |
| | 7 | 0.5 | 30 |
| 重工业 | 8 | 0.7 | 20 |
| | 9 | 0.6 | 4 |
| | 10 | 0.4 | 30 |
| | 11 | 0.1 | 15 |

　　设 $x_j$ 为第 $j$ 方案投资占总资金的比例，若总资金数为 100%，则轻工业的投资额不超过总资金的 35%，可表示为

$$x_1 + x_2 + x_3 + x_4 \leqslant 0.35$$

用于新技术产业的投资额至少占总资金的 15%，可表示为

$$x_5 + x_6 + x_7 \geqslant 0.15$$

用于重工业的投资额不超过总资金的 50%，可表示为

$$x_8 + x_9 + x_{10} + x_{11} \leqslant 0.5$$

目标函数　　$\min Z = P_1 d_1^+ + P_2 d_2^- + P_3 d_3^+$。

第一项：级别系数为 $P_1$ 约束条件 $\displaystyle\sum_{j=1}^{11} r_j x_j + d_1^- - d_1^+ = 0.2$；

第二项：级别系数为 $P_2$ 约束条件 $\displaystyle\sum_{j=1}^{11} g_j x_j + d_2^- - d_2^+ = 0.22$；

第三项：级别系数为 $P_3$ 约束条件 $\displaystyle\sum_{j=1}^{11} x_j + d_3^- - d_3^+ = 1$。

## 本　章　小　结

　　多目标规划是一类特殊的线性规划。建立多目标规划的数学模型时，需要确定期望目标值、各个目标的优先等级、权数等，并且对于每一个目标都要引入一对正负偏差变量来表示实际值与期望目标值之间的偏差，当然前面几个系数的确定都具有一定的主观性和模糊性，可以用专家评定法给予量化。多目标规划的数学模型结构与线性规划的数学模型结构没有本质的区别，所以对于仅含有两个自变量的问题可以用图解法进行求解，而单纯形法则是求解多目标规划问题的一般方法，当然也可以借助 LINDO、Excel 等求解。

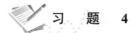 习　题　4

**一、计算题**

**4.1**　分别用图解法和单纯形法求解下述多目标规划问题。

（1）$\min Z = P_1(d_1^+ + d_2^+) + P_2 d_3^-$

s. t. $-x_1 + x_2 + d_1^- - d_1^+ = 1$

$\qquad -0.5x_1 + x_2 + d_2^- - d_2^+ = 2$

$\qquad 3x_1 + 3x_2 + d_3^- - d_3^+ = 50$

$\qquad x_1,\ x_2,\ d_i^-,\ d_i^+ \geqslant 0 \quad (i = 1,\ 2,\ 3)$

（2）$\min Z = P_1(2d_1^+ + 3d_2^+) + P_2 d_3^- + P_3 d_4^+$

s. t. $x_1 + x_2 + d_1^- - d_1^+ = 10$

$\qquad x_1 + d_2^- - d_2^+ = 4$

$\qquad 5x_1 + 3x_2 + d_3^- - d_3^+ = 56$

$\qquad x_1 + x_2 + d_4^- - d_4^+ = 12$

$\qquad x_1,\ x_2,\ d_i^-,\ d_i^+ \geqslant 0 \quad (i = 1,\ 2,\ 3,\ 4)$

**4.2**　考虑下述多目标规划问题

$$\min Z = P_1(d_1^+ + d_2^+) + 2P_2 d_4^- + P_2 d_3^- + P_3 d_1^-$$

s. t. $x_1 + d_1^- - d_1^+ = 20$

$\qquad x_2 + d_2^- - d_2^+ = 35$

$\qquad -5x_1 + 3x_2 + d_3^- - d_3^+ = 220$

$\qquad x_1 - x_2 + d_4^- - d_4^+ = 60$

$\qquad x_1,\ x_2,\ d_i^-,\ d_i^+ \geqslant 0 \quad (i = 1,\ 2,\ 3,\ 4)$

试完成：

（1）求满意解。

（2）当第二个约束右端项由 35 改为 75 时，求解的变化。

（3）若增加一个新的目标约束 $-4x_1 + x_2 + d_5^- - d_5^+ = 8$，该目标要求尽量达到目标值，并列为第一优先级考虑，求解的变化。

（4）若增加一个新的变量 $x_3$，其系数列向量为 $(0,\ 1,\ 1,\ -1)^T$，则满意解如何变化？

**4.3**　一个无线电广播台考虑如何最好地来安排商业、新闻、音乐节目时间。时间规定如下：该台每天至少广播 12h，商业节目尽量不超过占广播时间的 20%，每天至少安排 1h 新闻节目。商业节目用以盈利，每小时收入 250 美元，新闻节目每小时支出 40 美元，音乐节目每小时支出 17.50 美元。问每天的广播节目该如何安排？优先级如下：

$P_1$：满足时间规定要求；

$P_2$：每天的利润达到 600 美元。

试建立该问题的多目标规划模型。

**4.4**　某企业生产两种产品，产品 I 售出后每件可获利 10 元，产品 II 售出后每件可获利 8 元。生产每件产品 I 需 3h 的装配时间，生产每件产品 II 需 2h 装配时间，可用的装配时间共计为每周 120h，但允许加班。在加班时间内生产两种产品时，每件的获利分别降低 1 元。加班时间限定每周不超过 40h。企业希望总获利最大。试凭自己的经验确定优先结构，并建立该问题的多目标规划模型。

**4.5**　某厂生产 A、B 两种型号的微型计算机产品。每种型号的微型计算机均需要经过两道工序Ⅰ、Ⅱ。已知每台微型计算机所需要的加工时间、销售利润及工厂每周最大加工能力的数据见表 4.10。

表 4.10　　　　　　　　　　　　　　　某 厂 的 有 关 资 料

| 产品　　工序 | A | B | 每周最大加工能力（h） |
|---|---|---|---|
| Ⅰ | 4 | 6 | 150 |
| Ⅱ | 3 | 2 | 70 |
| 利润（元/台） | 300 | 450 | — |

工厂经营目标的期望值及优先级如下：

$P_1$：每周总利润不得低于 10 000 元；

$P_2$：应合同要求，A 型机每周至少生产 10 台，B 型机每周至少生产 15 台；

$P_3$：由于条件限制且希望充分利用工厂的生产能力，工序Ⅰ的每周生产时间必须恰好为 150h，工序Ⅱ的每周生产时间可适当超过其每周最大加工能力（允许加班）。试建立此问题的多目标规划模型。

**二、复习思考题**

**4.6**　试述多目标规划的数学模型同一般线性规划数学模型的相同和异同之点。

**4.7**　通过实例解释下列概念：

（1）正负偏差变量。

（2）绝对约束与目标约束。

（3）级别系数与权系数。

**4.8**　为什么求解多目标规划时要提出满意解的概念，它同最优解有什么区别？

**4.9**　试述求解多目标规划单纯形法与求解线性规划的单纯形法的相同及异同点。

**4.10**　判断下列说法是否正确（正确的在括号中打"√"，错误的在括号中打"×"）。

（1）线性规划问题是多目标规划问题的一种特殊形式。　　　　　　　　　（　　　）

（2）正偏差变量应取正值，负偏差变量应取负值。　　　　　　　　　　　（　　　）

（3）多目标规划模型中，应同时包含系统约束（绝对约束）与目标约束。　（　　　）

# 第5章 整 数 规 划

整数规划（Integer Programming）是一类变量取整数值的数学规划，如果目标函数和约束条件均为线性函数，则称为线性整数规划（Linear Integer Programming），否则称为非线性整数规划（Nonlinear Integer Programming）。如果全部决策变量都要求是整数，则称为纯整数规划（Pure Integer Programming）；如果只有部分决策变量要求是整数，则称为混合整数规划（Mixed Integer Programming）；如果每个决策变量只能取 0 或 1，则称为 0-1 整数规划（0-1 Integer Programming）。1958 年柯莫瑞（R.E.Gomory）提出了解线性整数规划的割平面法后，整数规划逐步形成一个独立的分支。但是，就实际应用而言，它还是数学规划中一个较弱的分支。目前对于大规模的线性整数规划和非线性整数规划问题，还没有好的求解办法。本章仅仅讨论线性整数规划。

## 5.1 整 数 规 划 概 述

### 5.1.1 整数规划模型

【例 5.1】 一名登山队员做登山准备，他需要携带的物品有食品、氧气、冰镐、绳索、帐篷、照相机和通信设备，每种物品的重要性系数和质量见表 5.1。假定登山队员可携带最大质量为 25kg，试给出整数规划模型。

表 5.1 物品的重要性系数和质量

| 序号 | 1 | 2 | 3 | 4 | 5 | 6 | 7 |
|---|---|---|---|---|---|---|---|
| 物品 | 食品 | 氧气 | 冰镐 | 绳索 | 帐篷 | 照相机 | 通信设备 |
| 质量（kg） | 5 | 5 | 2 | 6 | 12 | 2 | 4 |
| 重要性系数 | 20 | 15 | 18 | 14 | 8 | 4 | 10 |

**解** 如果令 $x_i = 1$ 表示登山队员携带物品 $i$，$x_i = 0$ 表示登山队员不携带物品 $i$，则问题表示成 0-1 整数规划，其模型为

$$\max Z = 20x_1 + 15x_2 + 18x_3 + 14x_4 + 8x_5 + 4x_6 + 10x_7$$
$$\text{s. t. } 5x_1 + 5x_2 + 2x_3 + 6x_4 + 12x_5 + 2x_6 + 4x_7 \leqslant 25$$
$$x_i = 0 \text{或} 1 \quad (i = 1, 2, \cdots, 7)$$

【例 5.2】 背包问题（Knapsack Problem）。

一个旅行者，为了准备旅行的必须用品，要在背包内装一些最有用的东西，就是但有个限制，就是最多只能装物品的重量为 $b$（单位：kg），而每件物品只能整个携带，这样旅行者给每件物品规定了一个"价值"，以表示其有用的程度。如果共有 $n$ 件物品，第 $j$ 物品重量为 $a_j$（单位：kg），其价值为 $c_j$。问题变成：在携带的物品总重量不超过 $b$ 的条件下，

携带哪些物品，可使总价值最大？

**解**　如果令 $x_j=1$ 表示携带物品 $j$，$x_j=0$ 表示不携带物品 $j$，则问题表示成 0-1 整数规划

$$\max Z = \sum_{j=1}^{n} c_j x_j$$

$$\text{s. t.} \sum_{j=1}^{n} a_j x_j \leqslant b$$

$$x_j = 0 或 1 \quad (j=1, 2, \cdots, n)$$

**【例 5.3】**　工厂选址问题（Plant Location）。

某地区有 $m$ 座煤矿，$i$ 矿每年产量为 $a_i$（单位：t），现有火力发电厂一个，每年用煤 $b_0$（单位：t），每年运行的固定费用（包括折旧费，但不包括煤的运费）为 $h_0$（单位：元）。现规划新建一个发电厂，$m$ 座煤矿每年开采的原煤将全部供应这两个电厂发电用。现有 $n$ 个备选的厂址，若在 $j$ 备选厂址建电厂，每年运行的固定费用为 $h_j$（单位：元），每吨原煤从 $i$ 矿送到 $j$ 备选厂址的运费为 $c_{ij}(i=1, 2, \cdots, m; j=1, 2, \cdots, n)$。每吨原煤从 $i$ 矿送到原有电厂的运费为 $c_{i0}(i=1, 2, \cdots, m)$。试问：应将新厂厂址选在何处，$m$ 座煤矿开采的原煤应如何分配给两个电厂，才能使每年的总运费（电厂运行的固定费用和原煤运费之和）为最小？

**解**　新建电厂每年用煤量为

$$b = \sum_{i=1}^{m} a_i - b_0$$

令决策变量 $y_j=1$，$j$ 备选厂址被选中；$y_j=0$，$j$ 备选厂址没有被选中。为了方便，原电厂称为 0 电厂，在 $j$ 备选厂址建的新厂为 $j$ 电厂。设 $x_{ij}$ 为每年从 $i$ 矿运到 $j$ 厂原煤数量$(i=1, 2, \cdots, m; j=1, 2, \cdots, n)$，于是，每年总费用为

$$Z = \sum_{i=1}^{m} \sum_{j=1}^{n} c_{ij} x_{ij} + \sum_{j=1}^{n} h_j y_j + h_0$$

若 $j$ 备选厂址未被选中，即 $y_j=0$，那么 $j$ 厂根本不存在，这时 $x_{ij}$ 应全为零，故有下列约束条件

$$\sum_{j=1}^{n} x_{ij} = a_i \quad (i=1, 2, \cdots, m)$$

$$\sum_{i=1}^{m} x_{i0} = b_0$$

$$\sum_{i=1}^{m} x_{ij} = b y_j \quad (j=1, 2, \cdots, n)$$

$$x_{ij} \geqslant 0 \quad (i=1, 2, \cdots, m; j=1, 2, \cdots, n)$$

又因为现在只要新建一座电厂，所以还有下列约束条件

$$\sum_{j=1}^{n} y_j = 1$$

于是上述选址问题的数学模型可以归纳为整数规划模型

$$\min Z = \sum_{i=1}^{m} \sum_{j=0}^{n} c_{ij} x_{ij} + \sum_{j=1}^{n} h_j y_j + h_0$$

$$\text{s. t.} \quad \sum_{j=1}^{n} x_{ij} = a_i \quad (i = 1, 2, \cdots, m)$$

$$\sum_{i=1}^{m} x_{i0} = b_0$$

$$\sum_{i=1}^{m} x_{ij} = by_j \quad (j = 1, 2, \cdots, n)$$

$$\sum_{j=1}^{n} y_j = 1$$

$$x_{ij} \geq 0 \quad (i = 1, 2, \cdots, m; \ j = 1, 2, \cdots, n)$$

$$y_j = 0\text{或}1 \quad (j = 1, 2, \cdots, n)$$

线性整数规划（IP）的一般数学模型为

$$\max(\min) Z = \sum_{j=1}^{n} c_j x_j$$

$$\text{s.t.} \quad \sum_{j=1}^{n} a_{ij} x_j \leq b_i \quad (i = 1, 2, \cdots, m)$$

$$x_j \geq 0\text{且部分或全部是整数}$$

### 5.1.2 解法概述

当人们开始接触整数规划问题时，常会有如下两种初始想法：

（1）因为可行方案数目有限，所以经过一一比较后，总能求出最好方案。例如，背包问题最多有 $2^{n-1}$ 种方式；连线问题最多有 $n!$ 种方式。实际上这种方法是不可行的。设想计算机每秒能比较 1 000 000 种方式，那么要比较完 20!（大于 $2 \times 10^{18}$）种方式，大约需要 800 年；比较完 $2^{60}$ 种方式，大约需要 360 世纪。

（2）先放弃变量的整数性要求，解一个线性规划问题，然后用"四舍五入"法取整数解。这种方法，只有在变量的取值很大时，才有成功的可能性；而当变量的取值较小时，特别是 0–1 整数规划时，往往不能成功。

**【例 5.4】** 求解下列整数规划问题。

$$\max Z = 3x_1 + 13x_2$$
$$\text{s. t.} \quad 2x_1 + 9x_2 \leq 40$$
$$11x_1 - 8x_2 \leq 82$$
$$x_1, \ x_2 \geq 0, \ \text{且为整数}$$

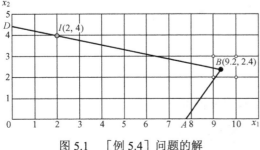

图 5.1　[例 5.4] 问题的解

**解**　图 5.1 中可行域 $OABD$ 内整数点，放弃整数要求后，最优解 $B(9.2，2.4)$，$Z_0 = 58.8$，而原整数规划最优解 $I(2，4)$，$Z_0 = 58$，实际上 $B$ 附近四个整点（9，2）、（10，2）、（9，3）、（10，3）都不是原规划最优解。

假如能求出可行域的"整点凸包"（包含所有整点的最小多边形 $OEFGHIJ$，如图 5.2 所示），则可在此凸包上求线性规划的解，即为原问题的解。但求"整点凸包"十分困难。

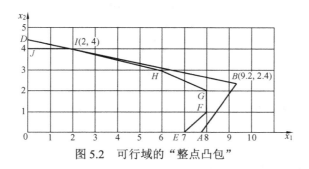

图 5.2 可行域的"整点凸包"

假如把可行域分解成五个互不相交的子问题（见图 5.3）$P_1$、$P_2$、$P_3$、$P_4$、$P_5$ 之和，$P_3$、$P_5$ 的定义域都是空集。而放弃整数要求后，$P_1$ 最优解 $I(2，4)$，$Z_1 = 58$；$P_2$ 最优解 $(6，3)$，$Z_2 = 57$；$P_4$ 最优解 $\left(\dfrac{98}{11}，2\right)$，$Z_4 = 52\dfrac{8}{11}$，如图 5.4 所示。

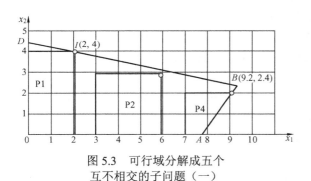

图 5.3 可行域分解成五个
互不相交的子问题（一）

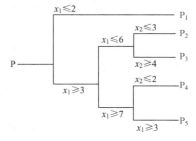

图 5.4 可行域分解成五个
互不相交的子问题（二）

假如放弃整数要求后，用单纯形法求得最优解，恰好满足整数性要求，则此解也是原整数规划的最优解。

以上描述了目前解整数规划问题的两种基本途径。在整数规划的一般解法中用到三个基本概念：分解（Separation）、松弛（Relaxation）和探测（Fathoming）。

### 5.1.3 特殊约束的处理

1. 矛盾约束

在建立数学模型时，有时会遇到相互矛盾的约束，模型只要求其中的一个约束起作用。如有两个相互矛盾的约束

$$f(x) - 5 \geqslant 0 \tag{5.1}$$

$$f(x) \leqslant 0 \tag{5.2}$$

引入一个整数变量来处理

$$-f(x) + 5 \leqslant M(1 - y) \tag{5.3}$$

$$f(x) \leqslant My \tag{5.4}$$

$M$ 是足够大的整数，$y$ 是 0-1 变量。当 $y = 1$ 时，式（5.1）、式（5.3）无差别，式（5.4）显然成立；当 $y = 0$ 时，式（5.2）、式（5.4）无差别，式（5.3）显然成立。

以上方法可以处理绝对值形式的约束

$$|f(x)| \geqslant a (a > 0)$$

此时

$$f(x) \geqslant a \tag{5.5}$$

$$f(x) \leqslant -a \tag{5.6}$$

是矛盾约束。

引入一个整数变量来处理

$$-f(x) + a \leqslant M(1-y)$$

$$f(x) + a \leqslant My$$

$M$ 是足够大的整数，$y$ 是 0–1 变量。

注意：对 $|f(x)| \leqslant a$（$a > 0$）不必引入 0–1 变量，因为 $f(x) \leqslant a$ 和 $f(x) \geqslant -a$ 并不矛盾。

**【例 5.5】** 两个约束条件 $2x_1 + 3x_2 \geqslant 8$，$x_1 + x_2 \leqslant 2$，只能有一个成立。试用 0–1 变量来表示这个要求。

**解** 引入 0–1 变量 $y$ 和足够大的整数 $M$，则

$$8 - 2x_1 - 3x_2 \leqslant M(1-y), \ x_1 + x_2 - 2 \leqslant My$$

当 $y=0$，$x_1 + x_2 \leqslant 2$ 成立，而 $2x_1 + 3x_2 \geqslant 8 - M$ 自然成立，从而是多余的；

当 $y=1$，$2x_1 + 3x_2 \geqslant 8$ 成立，而 $x_1 + x_2 \leqslant 2 + M$ 自然成立，从而是多余的。

2. 多中选一的约束

例如，模型希望在 $f_i(x) \leqslant 0$，$i = 1, 2, \cdots, n$ 的 $n$ 个约束中，只能有一个约束有效，引入 $n$ 个 0–1 变量 $y_i$，$i = 1, 2, \cdots, n$，则上式可改写为

$$f_i(x) \leqslant M(1 - y_i), \ y_1 + y_2 + \cdots + y_n = 1$$

如果希望有 $k$ 个约束有效，则

$$f_i(x) \leqslant M(1 - y_i), \ y_1 + y_2 + \cdots + y_n = k$$

如果希望至多有 $k$ 个约束成立，则

$$f_i(x) \leqslant M(1 - y_i), \ y_1 + y_2 + \cdots + y_n \leqslant k$$

如果希望至少有 $k$ 个约束成立，则

$$f_i(x) \leqslant M(1 - y_i), \ y_1 + y_2 + \cdots + y_n \geqslant k$$

3. 逻辑关系约束

比较典型的逻辑关系是 if-then 关系，也称 if-then 约束。这类逻辑关系一般涉及两个约束，如果第一个约束成立，则第二个约束也必须成立；否则，如果第一个约束不成立，则第二个约束也可以不成立。可以描述为：如果 $f(x) < 0$ 成立，则 $g(x) \leqslant 0$ 必须成立；如果 $f(x) < 0$ 不成立，则对 $g(x)$ 无限制。引入 0–1 变量，则有 $f(x) \geqslant -M(1-y)(*)$，$g(x) \leqslant My$。如果 $f(x) < 0$ 成立，则 $y$ 不能为 1，否则与 (*) 矛盾。所以 $y = 0$，$g(x) \leqslant 0$ 成立。如果 $f(x) \geqslant 0$ [即 $f(x) < 0$ 不成立]，则 $y$ 的取值已无关紧要，因为 $y$ 取任何值，(*) 总成立，所以 $y$ 的取值由 (*) 控制，因此 $g(x)$ 的取值不受任何限制。如果 $f(x) < 0$ 成立，则 $y$ 不能为 1，否则与 (*) 矛盾。所以 $y = 0$，$g(x) \leqslant 0$ 成立。

## 5.2    0–1 整数规划的解法

0–1 整数规划在线性整数规划中具有重要地位。

**定理**    任何整数规划都可以化成 0–1 整数规划。

一般地说，可把整数 $x$ 变成 $k+1$ 个 0–1 变量公式 $x=y_0+2y_1+2^2y_2+\cdots+2^ky_k$，若 $x$ 上界为 $U$，则对于 $0<x<U$，要求 $k$ 满足 $2^{k+1}\geqslant U+1$。由于这个原因，数学界曾纷纷寻找"背包问题"解的方法，但进展缓慢。

0–1 整数规划可用隐枚举法（Implicit Enumeration）求解。基本上隐枚举法可以从所有变量等于 0 出发（初始点），然后依次指定一些变量取值为 1，直到获得一个可行解，于是将第一个可行解记作迄今为止最好的可行解；再重复，依次检查变量为 0、1 的各种组合，对迄今为止最好的可行解加以改进，直到获得最优解。

**【例 5.6】**    用隐枚举法求解下列整数规划问题。

$$\max Z = 3x_1 - 2x_2 + 5x_3$$
$$\text{s. t.} \ \ x_1 + 2x_2 - x_3 \leqslant 2 \tag{1}$$
$$x_1 + 4x_2 + x_3 \leqslant 4 \tag{2}$$
$$x_1 + x_2 \leqslant 3 \tag{3}$$
$$4x_2 + x_3 \leqslant 6 \tag{4}$$
$$x_j \geqslant 0 \text{或} 1 \quad (j=1,\ 2,\ 3) \tag{5}$$

**解**    容易看出（1，0，0）满足约束条件，对应 $Z=3$，对于 $\max Z$ 来说，希望 $Z \geqslant 3$，所以增加约束条件

$$Z = 3x_1 - 2x_2 + 5x_3 \geqslant 3 \tag{0}$$

称为过滤性（Filtering Constraint）条件。初看起来，增加约束条件需增加计算量，但实际减少了计算量。增加约束条件式(0)($Z \geqslant 3$)后实际做了 24 次运算，而原问题需要计算 $2^3 \times 4 = 32$ 次运算（3 个变量，4 个约束条件），过程见表 5.2～表 5.5。

| 循环 | $(x_1,\ x_2,\ x_3)$ | s. t. 式（0） | s. t. 式（1） | s. t. 式（2） | s. t. 式（3） | s. t. 式（4） | 满足 | $Z$ 值 |
|---|---|---|---|---|---|---|---|---|
| 1 | (0, 0, 0) | 0 | | | | | no | |
| 2 | (0, 0, 1) | 5 | −1 | 1 | 0 | 1 | yes | 5 |
| 3 | (0, 1, 0) | −2 | | | | | no | |
| 4 | (0, 1, 1) | 3 | 1 | 5 | | | no | |
| 5 | (1, 0, 0) | 3 | 1 | 1 | 1 | 0 | yes | 3 |
| 6 | (1, 0, 1) | 8 | 0 | 2 | 1 | 1 | yes | 8 |
| 7 | (1, 1, 0) | 1 | | | | | no | |
| 8 | (1, 1, 1) | 6 | 2 | 6 | | | no | |

表 5.2                              问 题 的 解（一）

**注**    改进过滤性条件，在计算过程中随时调整右边常数，价值系数按递增排列。重新排列 $x_j$ 的顺序使目标函数中 $x_j$ 的系数是递增的，即在上例中将表 5.2 中的 $(x_1,\ x_2,\ x_3)$ 改进为 $(x_2,\ x_1,\ x_3)$ 后再进行计算。以上两种方法可减少计算量。

**表 5.3**                                      问 题 的 解（二）

| 循环 | $(x_2, x_1, x_3)$ | s.t. 式（0） | s.t. 式（1） | s.t. 式（2） | s.t. 式（3） | s.t. 式（4） | 满足 | $Z$ 值 |
|---|---|---|---|---|---|---|---|---|
| 1 | (0, 0, 0) | 0 | | | | | no | |
| 2 | (0, 0, 1) | 5 | −1 | 1 | 0 | 1 | yes | 5 |

改进过滤性条件 $Z \geqslant 5$，并及时替换约束条件式（0），得表 5.4。

**表 5.4**                                      问 题 的 解（三）

| 循环 | $(x_2, x_1, x_3)$ | s.t. 式（0′） | s.t. 式（1） | s.t. 式（2） | s.t. 式（3） | s.t. 式（4） | 满足 | $Z$ 值 |
|---|---|---|---|---|---|---|---|---|
| 3 | (0, 1, 0) | 3 | | | | | no | |
| 4 | (0, 1, 1) | 8 | 0 | 2 | 1 | 1 | yes | 8 |

改进过滤性条件 $Z \geqslant 8$，并及时替换约束条件式（0′），得表 5.5。

**表 5.5**                                      问 题 的 解（四）

| 循环 | $(x_2, x_1, x_3)$ | s.t. 式（0″） | s.t. 式（1） | s.t. 式（2） | s.t. 式（3） | s.t. 式（4） | 满足 | $Z$ 值 |
|---|---|---|---|---|---|---|---|---|
| 5 | (1, 0, 0) | −2 | | | | | no | |
| 6 | (1, 0, 1) | 3 | | | | | no | |
| 7 | (1, 1, 0) | 1 | | | | | no | |
| 8 | (1, 1, 1) | 6 | | 2 | 1 | 1 | no | |

最优解 $(x_2, x_1, x_3) = (0, 1, 1)$，$Z = 8$，实际只计算了 16 次。

【例 5.7】 用隐枚举法求解下列整数规划问题。

$$\max Z = 3x_1 + 4x_2 + 5x_3 + 6x_4$$
$$\text{s.t.} \ 2x_1 + 3x_2 + 4x_3 + 5x_4 \leqslant 15$$
$$x_j \geqslant 0 \text{ 且为整数} \quad (j = 1, 2, 3, 4)$$

**解**  先变换 $x_j$ 为 0-1 变量

$$x = y_0 + 2y_1 + 2^2 y_2 + \cdots + 2^k y_k$$

$x_1 \leqslant 7$，$x_1 = y_{01} + 2y_{11} + 2^2 y_{21}$；$x_2 \leqslant 5$，$x_2 = y_{02} + 2y_{12} + 2^2 y_{22}$；$x_3 \leqslant 3$，$x_3 = y_{03} + 2y_{13}$；$x_4 \leqslant 3$，$x_4 = y_{04} + 2y_{14}$。代入原问题，得到

$$\max Z = 3y_{01} + 6y_{11} + 12y_{21} + 4y_{02} + 8y_{12} + 16y_{22} + 5y_{03} + 10y_{13} + 6y_{04} + 12y_{14}$$
$$\text{s.t.} \ 2y_{01} + 4y_{11} + 8y_{21} + 3y_{02} + 6y_{12} + 12y_{22} + 4y_{03} + 8y_{13} + 5y_{04} + 10y_{14} \leqslant 15$$
$$y_{ij} = 0 \text{ 或 } 1 \quad (i = 0, 1, 2; \ j = 1, 2, 3, 4)$$

用隐枚举法可得到 $y_{11} = y_{21} = y_{02} = 1$，其他全为 0，最优解为 $(6, 1, 0, 0)$，$Z = 22$。

【例 5.8】 0-1 整数规划应用。

华美公司有 5 个项目被列入投资计划，各项目的投资额和期望的投资收益见表 5.6。

表 5.6 项目的投资额和期望的投资收益

| 项目 | 投资额（万元） | 投资收益（万元） | 项目 | 投资额（万元） | 投资收益（万元） |
|---|---|---|---|---|---|
| 1 | 210 | 150 | 4 | 130 | 80 |
| 2 | 300 | 210 | 5 | 260 | 180 |
| 3 | 100 | 60 | — | — | — |

该公司只有 600 万元资金可用于投资，由于技术原因，投资受到以下约束：

（1）在项目 1、2 和 3 中必须有一项被选中。

（2）项目 3 和 4 最多选中一项。

（3）项目 5 被选中的前提是项目 1 必须被选中。

如何在上述条件下，选择一个最好的投资方案，使收益最大。

**解** 令 $x_i = \begin{cases} 1 & \text{选中项目} \\ 0 & \text{未选中项目} \end{cases}$

$$\max Z = 150x_1 + 210x_2 + 60x_3 + 80x_4 + 180x_5$$
$$\text{s.t. } 210x_1 + 300x_2 + 100x_3 + 130x_4 + 260x_5 \leqslant 600$$
$$x_1 + x_2 + x_3 = 1$$
$$x_3 + x_4 \leqslant 1$$
$$x_5 \leqslant x_1$$
$$x_i = 0 \text{或} 1 \ (i = 1, 2, \cdots, 5)$$

## 5.3 分 支 定 界 法

原问题的松弛问题：任何整数规划（IP）凡是放弃某些约束条件（如整数要求）后，所得到的问题 P 都称为 IP 的松弛问题。最通常的松弛问题是放弃变量的整数性要求后，P 为线性规划问题。由于整数规划问题难以求解，因此总是通过求解其松弛问题来给出整数规划问题的上界或下界，逐步得到整数规划问题的最优解。

利用分支定界法求解极大化整数规划问题，步骤如下：

（1）求解松弛问题。求解整数规划对应的松弛问题，可能会出现下面几种情况。

1）若所得到的最优解的各分量恰好是整数，则这个解也是原整数规划的最优解，计算结束。

2）若松弛问题无可行解，则原整数规划问题也无可行解，计算结束。

3）若松弛问题有最优解，但其各分量不全是整数，则这个解不是原整数规划的最优解，转入下一步。

（2）分支。从不满足整数条件的变量中任选一个 $x_l$ 进行分枝，将新增的约束条件 $x_l \leqslant [x_l]$、$x_l \geqslant [x_l]+1$ 分别加入到原问题中，形成两个互不相容的子问题，作为两个分支（两分法）。

（3）定界。分别求解子问题的松弛问题，将子问题的松弛问题的最优目标函数值作为对应分枝的上界，用它来判断后续该分支是否要被剪掉。

（4）剪支。对已得到满足整数条件最优解的分支，将其最优目标函数值与其他所有分支的上界进行比较，将不优于该整数最优解的分支剪掉。

若仅剩余一个分支，且其最优解满足整数条件，则该最优解即为原整数规划问题的最优解。否则，重复步骤（2）～（4）。

**【例 5.9】** 用分支定界法求解下列整数规划问题。

$$\max Z = 4x_1 + 3x_2$$
$$\text{s. t. } 3x_1 + 4x_2 \leqslant 12$$
$$4x_1 + 2x_2 \leqslant 9$$
$$x_1,\ x_2 \geqslant 0, \text{且为整数}$$

**解** 记该整数规划问题为 IP，用单纯形法可求解其松弛问题 P 的最优解 $\left(\dfrac{6}{5}, \dfrac{21}{10}\right)$，

$Z = \dfrac{111}{10}$。IP 分解为两个子问题 $\text{IP}_1$ 和 $\text{IP}_2$，由于分支去掉的是非整数解部分，因此不会改变 IP 的最优解。

$$(\text{IP}_1)\max Z = 4x_1 + 3x_2$$
$$\text{s. t. } 3x_1 + 4x_2 \leqslant 12$$
$$4x_1 + 2x_2 \leqslant 9$$
$$x_1 \leqslant 1$$
$$x_1,\ x_2 \geqslant 0, \text{且为整数}$$

用单纯形法求解 $\text{IP}_1$ 的松弛问题 $\text{P}_1$（去掉整数约束）的最优解为（1，$\dfrac{9}{4}$），$Z = 10\dfrac{3}{4}$，

则分枝 $\text{IP}_1$ 的上界为 $10\dfrac{3}{4}$，如图 5.5 所示。

$$\left(\text{IP}_2\right)\max Z = 4x_1 + 3x_2$$
$$\text{s. t. } 3x_1 + 4x_2 \leqslant 12$$
$$4x_1 + 2x_2 \leqslant 9$$
$$x_1 \geqslant 2$$
$$x_1,\ x_2 \geqslant 0, \text{且为整数}$$

可解得 $\text{IP}_2$ 的松弛问题 $\text{P}_2$ 的最优解为（2，$\dfrac{1}{2}$），$Z = 9\dfrac{1}{2}$，则分支 $\text{IP}_2$ 的上界为 $9\dfrac{1}{2}$，如图 5.5 所示。

此时，由于尚未得到整数最优解，继续分支。对 $\text{IP}_1$ 进行分支得到 $\text{IP}_3$ 和 $\text{IP}_4$。

$$(\text{IP}_3)\max Z = 4x_1 + 3x_2$$
$$\text{s. t. } 3x_1 + 4x_2 \leqslant 12$$
$$4x_1 + 2x_2 \leqslant 9$$
$$x_1 \leqslant 1$$
$$x_2 \leqslant 2$$
$$x_1,\ x_2 \geqslant 0, \text{且为整数}$$

用单纯形法可解得相应的 $\text{P}_3$ 的最优解（1，2），$Z = 10$，如图 5.6 所示。

$$(IP_4) \max Z = 4x_1 + 3x_2$$

$$s.\,t.\ \ 3x_1 + 4x_2 \leqslant 12$$

$$4x_1 + 2x_2 \leqslant 9$$

$$x_1 \leqslant 1$$

$$x_2 \geqslant 3$$

$$x_1,\ x_2 \geqslant 0, 且为整数$$

用单纯形法可解得相应的 $P_4$ 的最优解（0,3），$Z = 9$，如图 5.6 所示。

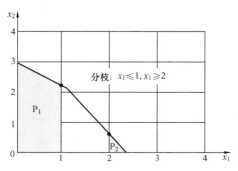

图 5.5　分支定界法解［例 5.9］（一）

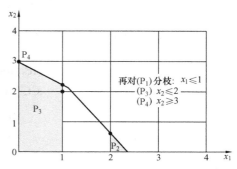

图 5.6　分支定界法解［例 5.9］（二）

由于 $IP_4$ 的最优解（2,2）满足整数条件，$Z=10$，均大于其他分支的界值，因此其他分支剪去。综合上述，得到原问题的最优解（1,2），$Z=10$，如图 5.7 所示。

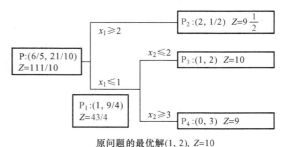

图 5.7　分枝定界法解［例 5.9］（三）

【例 5.10】用分支定界法求解下列整数规划问题。

$$\min Z = x_1 + 4x_2$$

$$s.\,t.\ \ 2x_1 + x_2 \leqslant 8$$

$$x_1 + 2x_2 \geqslant 6$$

$$x_1,\ x_2 \geqslant 0, 且为整数$$

**解**　用单纯形法可解得整数规划问题 IP 对应的松弛问题 P 的最优解 $\left(\dfrac{10}{3},\ \dfrac{4}{3}\right)$，$Z = \dfrac{26}{3}$，如图 5.8 所示。将问题 IP 分解为 $IP_1$ 和 $IP_2$。

$$(IP_1) \min Z = x_1 + 4x_2$$

$$s.\,t.\ \ 2x_1 + x_2 \leqslant 8$$

$$x_1 + 2x_2 \geqslant 6$$

$$x_1 \leqslant 3$$

$$x_1,\ x_2 \geqslant 0,\ 且为整数$$

用单纯形法求解 $IP_1$ 的松弛问题 $P_1$ 的最优解 $\left(3, \dfrac{3}{2}\right)$，$Z = 9$，则分支 $IP_1$ 的下界为 9，如图 5.9 所示。

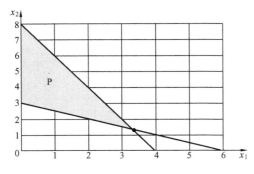 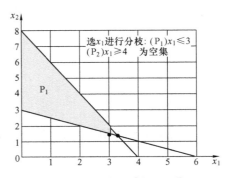

图 5.8　分支定界法解［例 5.10］（一）　　　　图 5.9　分支定界法解［例 5.10］（二）

$$(\mathrm{IP}_2)\min Z = x_1 + 4x_2$$
$$\text{s.\,t.}\ 2x_1 + x_2 \leqslant 8$$
$$x_1 + 2x_2 \leqslant 6$$
$$x_1 \geqslant 4$$
$$x_1,\ x_2 \geqslant 0, 且为整数$$

$\mathrm{IP}_2$ 的松弛问题 $\mathrm{P}_2$ 的定义域为空集，故无可行解。由于没有整数最优解，继续对 $\mathrm{IP}_1$ 进行分支，得到 $\mathrm{IP}_3$ 和 $\mathrm{IP}_4$。

$$(\mathrm{IP}_3)\min Z = x_1 + 4x_2$$
$$\text{s.\,t.}\ 2x_1 + x_2 \leqslant 8$$
$$x_1 + 2x_2 \geqslant 6$$
$$x_1 \leqslant 3$$
$$x_2 \leqslant 1$$
$$x_1,\ x_2 \geqslant 0, 且为整数$$

$\mathrm{IP}_3$ 的松弛问题 $\mathrm{P}_3$ 的定义域为空集，故也无可行解，剪掉。

$$(\mathrm{IP}_4)\min Z = x_1 + 4x_2$$
$$\text{s.\,t.}\ 2x_1 + x_2 \leqslant 8$$
$$x_1 + 2x_2 \geqslant 6$$
$$x_1 \leqslant 3$$
$$x_2 \geqslant 2$$
$$x_1,\ x_2 \geqslant 0, 且为整数$$

用单纯形法求解 $\mathrm{IP}_4$ 的松弛问题 $\mathrm{P}_4$ 的最优解为（2，2），$Z = 10$，如图 5.10 所示。

此时，仅剩余一个分支 $\mathrm{IP}_4$，且最优解（2，2）满足整数条件，故得到原问题的最优解（2，2），$Z = 10$，如图 5.11 所示。

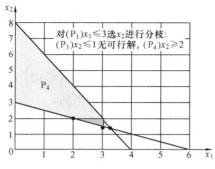

图 5.10　分支定界法解［例 5.10］（三）

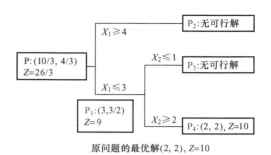

图 5.11　分支定界法解［例 5.10］（四）

## 5.4　割 平 面 法

割平面法是通过生成一系列的平面割掉非整数部分来得到最优整数解的方法。目前，割平面法有分数割平面法、原始割平面法、对偶整数割平面法和混合割平面法等。下面介绍 Gomory 割平面法（纯整数规划割平面法），用例子说明割平面法基本思想。

**【例 5.11】**　求解下列问题（IP）

$$\max Z = 2x_1 + 3x_2$$
$$\text{s. t. } 2x_1 + 4x_2 \leqslant 25$$
$$x_1 \leqslant 8$$
$$2x_2 \leqslant 10$$
$$x_1,\ x_2 \geqslant 0,\ 且为整数$$

**解**　化成标准问题

$$\max Z = 2x_1 + 3x_2$$
$$\text{s. t. } 2x_1 + 4x_2 + x_3 = 25$$
$$x_1 + x_4 = 8$$
$$2x_2 + x_5 = 10$$
$$x_j \geqslant 0,\ 且为整数(j = 1,\ 2,\ \cdots,\ 5)$$

它的松弛问题（P）为

$$\max Z = 2x_1 + 3x_2$$
$$\text{s. t. } 2x_1 + 4x_2 + x_3 = 25$$
$$x_1 + x_4 = 8$$
$$2x_2 + x_5 = 10$$
$$x_j \geqslant 0 \quad (j = 1,\ 2,\ \cdots,\ 5)$$

用单纯形法求解得到最优解 $B\left(8, \dfrac{9}{4}\right)$，$Z = 22\dfrac{3}{4}$，但不是原问题（IP）的解，原问题（IP）可行域是如图 5.12 所示的 $OABDE$ 内的全部方格点组成。

用割平面法求解 $l_1$：$x_1 + x_2 = 10$，割去非整数部分 $FBG$，如图 5.13 所示。$l_2$：$x_1 + 2x_2 = 12$，割去非整数部分 $HDGF$，如图 5.14 所示。

形成新的凸可行域 *OAGHE*（整点凸包），如图 5.14 所示，它的极点 *G*（方格点）是原问题（IP）的最优解（8，2），*Z* =22。

约束条件：

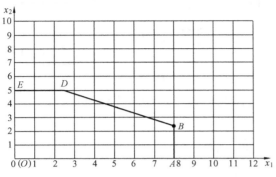

图 5.12　割平面法（一）

$l_1$：$x_1+x_2 \leqslant 10$，$l_2$：$x_1+2x_2 \leqslant 12$，称为割平面。问题是如何寻找割平面。

松弛问题（P）

$$\max Z = 2x_1 + 3x_2$$
$$\text{s. t. } 2x_1 + 4x_2 + x_3 = 25$$
$$x_1 + x_4 = 8$$
$$2x_2 + x_5 = 10$$
$$x_j \geqslant 0 \quad (j = 1, 2, \cdots, 5)$$

初始单纯形表见表 5.7。

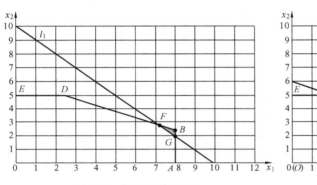

图 5.13　割平面法（二）

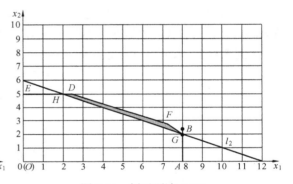

图 5.14　割平面法（三）

表 5.7 [例 5.11] 单纯形表（一）

| | $c$ | 2 | 3 | 0 | 0 | 0 | |
|---|---|---|---|---|---|---|---|
| $C_B$ | $X_B$ | $x_1$ | $x_2$ | $x_3$ | $x_4$ | $x_5$ | $b$ |
| 0 | $x_3$ | 2 | 4 | 1 | 0 | 0 | 25 |
| 0 | $x_4$ | 1 | 0 | 0 | 1 | 0 | 8 |
| 0 | $x_5$ | 0 | 2 | 0 | 0 | 1 | 10 |

最终单纯形表见表 5.8，得最优解 $\left(8, \dfrac{9}{4}, 0, 0, \dfrac{11}{2}\right)$，$Z = \dfrac{91}{4}$。

表 5.8 [例 5.11] 单纯形表（二）

| | $c_j$ | 2 | 3 | 0 | 0 | 0 | |
|---|---|---|---|---|---|---|---|
| $C_B$ | $X_B$ | $x_1$ | $x_2$ | $x_3$ | $x_4$ | $x_5$ | $b$ |
| 2 | $x_1$ | 1 | 0 | 0 | 1 | 0 | 8 |
| 0 | $x_5$ | 0 | 0 | $-\dfrac{1}{2}$ | 1 | 1 | $\dfrac{11}{2}$ |

续表

| | $c_j$ | 2 | 3 | 0 | 0 | 0 | |
|---|---|---|---|---|---|---|---|
| $C_B$ | $X_B$ | $x_1$ | $x_2$ | $x_3$ | $x_4$ | $x_5$ | $b$ |
| 3 | $x_2$ | 0 | 1 | $\dfrac{1}{4}$ | $-\dfrac{1}{2}$ | 0 | $\dfrac{9}{4}$ |
| | $\sigma_j$ | 0 | 0 | $-\dfrac{3}{4}$ | $-\dfrac{1}{2}$ | 0 | $\dfrac{91}{4}$ |

松弛问题（P）的最优解不能满足整数约束。考虑其中的非整数变量 $x_2$，可以从最终单纯形表中得到 $x_2$ 相应的方程为 $x_2 + \dfrac{1}{4}x_3 - \dfrac{1}{2}x_4 = \dfrac{9}{4}$。

将所有系数分解成整数和非负真分数之和，得

$$x_2 + \frac{1}{4}x_3 - x_4 + \frac{1}{2}x_4 = 2 + \frac{1}{4}$$

$$x_2 - x_4 - 2 = \frac{1}{4} - \frac{1}{4}x_3 - \frac{1}{2}x_4$$

令

$$\frac{1}{4} - \frac{1}{4}x_3 - \frac{1}{2}x_4 \leqslant 0 \tag{1}$$

加松弛变量得

$$\frac{1}{4} - \frac{1}{4}x_3 - \frac{1}{2}x_4 + x_6 = 0$$

$$-\frac{1}{4}x_3 - \frac{1}{2}x_4 + x_6 = -\frac{1}{4}$$

插入原最终表中（见表 5.9），继续计算。该问题原始不可行，但对偶可行，用对偶单纯形法计算。

表 5.9　　　　　　　　　　［例 5.11］单纯形表（三）

| | $c_j$ | 2 | 3 | 0 | 0 | 0 | 0 | |
|---|---|---|---|---|---|---|---|---|
| $C_B$ | $X_B$ | $x_1$ | $x_2$ | $x_3$ | $x_4$ | $x_5$ | $x_6$ | $b$ |
| 2 | $x_1$ | 1 | 0 | 0 | 1 | 0 | 0 | 8 |
| 0 | $x_5$ | 0 | 0 | $-\dfrac{1}{2}$ | 1 | 1 | 0 | $\dfrac{11}{2}$ |
| 3 | $x_2$ | 0 | 1 | $\dfrac{1}{4}$ | $-\dfrac{1}{2}$ | 0 | 0 | $\dfrac{9}{4}$ |
| 0 | $x_6$ | 0 | 0 | $-\dfrac{1}{4}$ | $-\dfrac{1}{2}$ | 0 | 1 | $\dfrac{1}{4}$ |
| | $\sigma_j$ | 0 | 0 | $-\dfrac{3}{4}$ | $-\dfrac{1}{2}$ | 0 | 0 | $\dfrac{91}{4}$ |

最优解 $\left(\dfrac{15}{2}, \dfrac{5}{2}, 0, \dfrac{1}{2}, 5\right)$，$Z = \dfrac{45}{2}$，$F$ 点，见表 5.10。

表 5.10　　　　　　　　　　［例 5.11］单纯形表（四）

| $c_j$ | | 2 | 3 | 0 | 0 | 0 | 0 | $b$ |
|---|---|---|---|---|---|---|---|---|
| $C_B$ | $X_B$ | $x_1$ | $x_2$ | $x_3$ | $x_4$ | $x_5$ | $x_6$ | |
| 2 | $x_1$ | 1 | 0 | $-\dfrac{1}{2}$ | 0 | 0 | 2 | $\dfrac{15}{2}$ |
| 0 | $x_5$ | 0 | 0 | $-1$ | 0 | 1 | 2 | 5 |
| 3 | $x_2$ | 0 | 1 | $\dfrac{1}{2}$ | 0 | 0 | $-1$ | $\dfrac{5}{2}$ |
| 0 | $x_4$ | 0 | 0 | $\dfrac{1}{2}$ | 1 | 0 | $-2$ | $\dfrac{1}{2}$ |
| $\sigma_j$ | | 0 | 0 | $-\dfrac{1}{2}$ | 0 | 0 | $-1$ | $\dfrac{45}{2}$ |

进行第二次切割，在表 5.10 中第一行所对应的方程为

$$x_1 - \frac{1}{2}x_3 + 2x_6 = \frac{15}{2}$$

整理后得

$$x_1 - x_3 + \frac{1}{2}x_3 + 2x_6 = 7 + \frac{1}{2}, \quad x_1 - x_3 + 2x_6 - 7 = \frac{1}{2} - \frac{1}{2}x_3$$

令

$$\frac{1}{2} - \frac{1}{2}x_3 \leqslant 0 \tag{2}$$

$$-\frac{1}{2}x_3 \leqslant -\frac{1}{2}$$

加松弛变量

$$-\frac{1}{2}x_3 + x_7 = -\frac{1}{2}$$

插入表中（见表 5.11），继续计算。

表 5.11　　　　　　　　　　［例 5.11］单纯形表（五）

| $c_j$ | | 2 | 3 | 0 | 0 | 0 | 0 | 0 | $b$ |
|---|---|---|---|---|---|---|---|---|---|
| $C_B$ | $X_B$ | $x_1$ | $x_2$ | $x_3$ | $x_4$ | $x_5$ | $x_6$ | $x_7$ | |
| 2 | $x_1$ | 1 | 0 | $-\dfrac{1}{2}$ | 0 | 0 | 2 | 0 | $\dfrac{15}{2}$ |
| 0 | $x_5$ | 0 | 0 | $-1$ | 0 | 1 | 2 | 0 | 5 |
| 3 | $x_2$ | 0 | 1 | $\dfrac{1}{2}$ | 0 | 0 | $-1$ | 0 | $\dfrac{5}{2}$ |
| 0 | $x_6$ | 0 | 0 | $\dfrac{1}{2}$ | 1 | 0 | $-2$ | 0 | $\dfrac{1}{2}$ |
| 0 | $x_7$ | 0 | 0 | $-\dfrac{1}{2}$ | 0 | 0 | 0 | 1 | $-\dfrac{1}{2}$ |
| $\sigma_j$ | | 0 | 0 | $-\dfrac{1}{2}$ | 0 | 0 | $-1$ | 0 | $\dfrac{45}{2}$ |

得到最优解$(8, 2, 1, 0, 6,)$，$Z = 22$，$G$ 点，见表 5.12。

表 5.12　　　　　　　　　　　　　[例 5.11] 单纯形表（六）

| | $c_j$ | 2 | 3 | 0 | 0 | 0 | 0 | 0 | |
|---|---|---|---|---|---|---|---|---|---|
| $C_B$ | $X_B$ | $x_1$ | $x_2$ | $x_3$ | $x_4$ | $x_5$ | $x_6$ | $x_7$ | $b$ |
| 2 | $x_1$ | 1 | 0 | 0 | 0 | 0 | 2 | −1 | 8 |
| 0 | $x_5$ | 0 | 0 | 0 | 0 | 1 | 2 | −2 | 6 |
| 3 | $x_2$ | 0 | 1 | 0 | 0 | 0 | −1 | 1 | 2 |
| 0 | $x_4$ | 0 | 0 | 0 | 1 | 0 | −2 | 1 | 0 |
| 0 | $x_3$ | 0 | 0 | 1 | 0 | 0 | 0 | −2 | 1 |
| | $\sigma_j$ | 0 | 0 | 0 | 0 | 0 | −1 | −1 | 22 |

根据

$$2x_1 + 4x_2 + x_3 = 25$$
$$x_1 + x_4 = 8$$
$$x_3 = 25 - 2x_1 - 4x_2$$
$$x_4 = 8 - x_1$$

代入式（1）、式（2）得

$$l_1:\ x_1 + x_2 \leqslant 10$$
$$l_2:\ x_1 + 2x_2 \leqslant 12$$

即为两个割平面。

Gomory 定理：若可行域 $D$ 非空有界，则经过有限次循环后，算法必将终止。

【例 5.12】 用割平面法求解下列整数规划问题。

$$\max Z = x_1 + x_2$$
$$\text{s. t. } -x_1 + x_2 \leqslant 1$$
$$3x_1 + x_2 \leqslant 4$$
$$x_1,\ x_2 \geqslant 0, 且为整数$$

**解** 化为标准问题

$$\max Z = x_1 + x_2$$
$$\text{s. t. } -x_1 + x_2 + x_3 = 1$$
$$3x_1 + x_2 + x_4 = 4$$
$$x_1, x_2, x_3, x_4 \geqslant 0, 且为整数$$

用单纯形法对该问题所对应的松弛问题求解。初始单纯形表见表 5.13，最终单纯形表见表 5.14，得最优解 $\left(\dfrac{3}{4}, \dfrac{7}{4}\right)$，$Z = \dfrac{5}{2}$。

表 5.13　　　　　　　　　　　　　[例 5.12] 单纯形表（一）

| | $c_j$ | 1 | 1 | 0 | 0 | |
|---|---|---|---|---|---|---|
| $C_B$ | $X_B$ | $x_1$ | $x_2$ | $x_3$ | $x_4$ | $b$ |
| 0 | $x_3$ | −1 | 1 | 1 | 0 | 1 |

续表

| $c_j$ | | 1 | 1 | 0 | 0 | **b** |
|---|---|---|---|---|---|---|
| $C_B$ | $X_B$ | $x_1$ | $x_2$ | $x_3$ | $x_4$ | — |
| 0 | $x_4$ | 3 | 1 | 0 | 1 | 4 |
| $\sigma_j$ | | 1 | 1 | 0 | 0 | 0 |

**表 5.14**　　　　　　　　　　　　　　［例 5.12］单纯形表（二）

| $c_j$ | | 1 | 1 | 0 | 0 | **b** |
|---|---|---|---|---|---|---|
| $C_B$ | $X_B$ | $x_1$ | $x_2$ | $x_3$ | $x_4$ | |
| 1 | $x_1$ | 1 | 0 | $-\frac{1}{4}$ | $\frac{1}{4}$ | $\frac{3}{4}$ |
| 1 | $x_2$ | 0 | 1 | $\frac{3}{4}$ | $\frac{1}{4}$ | $\frac{7}{4}$ |
| $\sigma_j$ | | 0 | 0 | $-\frac{1}{2}$ | $-\frac{1}{2}$ | $\frac{5}{2}$ |

表 5.14 对应的方程为

$$x_1 - \frac{1}{4}x_3 + \frac{1}{4}x_4 = \frac{3}{4}, \quad x_2 + \frac{3}{4}x_3 + \frac{1}{4}x_4 = \frac{7}{4}$$

整理后得

$$x_1 - x_3 = \frac{3}{4} - \frac{3}{4}x_3 - \frac{1}{4}x_4, \quad x_2 - 1 = \frac{3}{4} - \frac{3}{4}x_3 - \frac{1}{4}x_4$$

令 $\frac{3}{4} - \frac{3}{4}x_3 - \frac{1}{4}x_4 \leq 0$，$-3x_3 - x_4 \leq -3$，$-3x_3 - x_4 + x_5 = -3$，得到第一个切割方程，插入原最优表，继续计算，见表 5.15。

**表 5.15**　　　　　　　　　　　　　　［例 5.12］单纯形表（三）

| $c_j$ | | 1 | 1 | 0 | 0 | 0 | **b** |
|---|---|---|---|---|---|---|---|
| $C_B$ | $X_B$ | $x_1$ | $x_2$ | $x_3$ | $x_4$ | $x_5$ | |
| 1 | $x_1$ | 1 | 0 | $-\frac{1}{4}$ | $\frac{1}{4}$ | 0 | $\frac{3}{4}$ |
| 1 | $x_2$ | 0 | 1 | $\frac{3}{4}$ | $\frac{1}{4}$ | 0 | $\frac{7}{4}$ |
| 0 | $x_5$ | 0 | 0 | $-3$ | $-1$ | 1 | $-3$ |
| $\sigma_j$ | | 0 | 0 | $-\frac{1}{2}$ | $-\frac{1}{2}$ | 0 | $\frac{5}{2}$ |

该问题原始不可行，但对偶可行，用对偶单纯形法计算见表 5.16，得到最优解（1，1，1），$Z=2$。

**表 5.16**　　　　　　　　　　　　　　［例 5.12］单纯形表（四）

| $c_j$ | | 1 | 1 | 0 | 0 | 0 | **b** |
|---|---|---|---|---|---|---|---|
| $C_B$ | $X_B$ | $x_1$ | $x_2$ | $x_3$ | $x_4$ | $x_5$ | |
| 1 | $x_1$ | 1 | 0 | 0 | $\frac{1}{6}$ | $\frac{1}{12}$ | 1 |

续表

| $C_B$ | $X_B$ | $x_1$ | $x_2$ | $x_3$ | $x_4$ | $x_5$ | $b$ |
|---|---|---|---|---|---|---|---|
| | $c_j$ | 1 | 1 | 0 | 0 | 0 | |
| 1 | $x_2$ | 0 | 1 | 0 | 0 | $\frac{1}{4}$ | 1 |
| 0 | $x_5$ | 0 | 0 | 1 | $\frac{1}{3}$ | $-\frac{1}{3}$ | 1 |
| | $\sigma_j$ | 0 | 0 | 0 | $-\frac{1}{6}$ | $-\frac{1}{3}$ | 2 |

从图 5.15 可以看出，对于标准问题

$$\max Z = x_1 + x_2$$
$$\text{s. t.} \ -x_1 + x_2 + x_3 = 1$$
$$3x_1 + x_2 + x_4 = 4$$
$$x_1,\ x_2,\ x_3,\ x_4 \geqslant 0, \text{且为整数}$$

将 $x_3 = 1 + x_1 - x_2$、$x_4 = 4 - 3x_1 - x_2$ 代入 $-3x_3 - x_4 \leqslant -3$，$x_2 \leqslant 1$，得最优解（1，1），$Z = 2$，如图 5.16 所示。

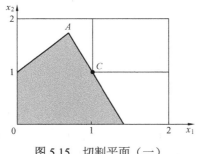

图 5.15 切割平面（一）

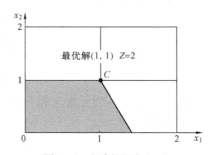

图 5.16 切割平面（二）

## 5.5 指派问题（分配问题）

如有一份中文说明书需翻译成英、日、德、俄四种文字，分别记作 E、J、G、R，现有甲、乙、丙、丁四人将中文说明书翻译成英、日、德、俄四种文字所需时间见表 5.17（单位：h），问应该如何分配工作，使所需总时间最少？

类似问题：有 $n$ 项加工任务，怎样分配到 $n$ 台机床上分别完成；有 $n$ 条航线，怎样指定 $n$ 艘船分别去航行等。表 5.17 中数据称为效率矩阵或系数矩阵，其元素大于 0，表示分配第 $i$ 人去完成第 $j$ 项任务时的效率（或时间、成本等）。

表 5.17　　　　　　　　　　　　　分 配 任 务

| 任务<br>人员 | E | J | G | R |
|---|---|---|---|---|
| 甲 | 2 | 15 | 13 | 4 |
| 乙 | 10 | 4 | 14 | 15 |
| 丙 | 9 | 14 | 16 | 13 |
| 丁 | 7 | 8 | 11 | 9 |

引入 0-1 变量，$x_{ij}=1$ 表示分配第 $i$ 人去完成第 $j$ 项任务，$x_{ij}=0$ 表示不分配第 $i$ 人去完成第 $j$ 项任务。

1. 分配问题的数学模型

$$\min Z = \sum_{i=1}^{n} \sum_{j=1}^{n} c_{ij} x_{ij}$$

$$\text{s. t.} \sum_{i=1}^{n} x_{ij} = 1 (j = 1, 2, \cdots, n)$$

$$\sum_{j=1}^{n} x_{ij} = 1 (i = 1, 2, \cdots, n)$$

$$x_{ij} = 0 \text{或} 1 \quad (i = 1, 2, \cdots, n; \ j = 1, 2, \cdots, n)$$

$\sum_{i=1}^{n} x_{ij} = 1 (j = 1, 2, \cdots, n)$ 表示第 $j$ 项任务只能由一人完成。

$\sum_{j=1}^{n} x_{ij} = 1 (i = 1, 2, \cdots, n)$ 表示第 $i$ 人只能完成一项任务。

满足约束条件的解称为可行解，可写成矩阵形式，如

$$\begin{pmatrix} 0 & 1 & 0 & 0 \\ 0 & 0 & 1 & 0 \\ 1 & 0 & 0 & 0 \\ 0 & 0 & 0 & 1 \end{pmatrix}$$

称为解矩阵，其各行各列元素之和为 1。

2. 分配问题性质

分配问题的最优解有这样的性质：若从系数矩阵 $C$ 的一行（列）各元素中分别减去该行（列）的最小元素得到新矩阵 $B$，那么以 $B$ 为系数矩阵求得的最优解和用原来的系数矩阵 $C$ 求得的最优解相同。$B$ 称为缩减矩阵（Reduced Matrix）。

3. 匈牙利算法（Hungarian Method）

系数矩阵中独立 0 元素的最多个数等于能覆盖所有 0 元素的最少直线数。

（1）匈牙利算法（Hungarian Method）基本思想：对于同一工作 $i$ 来讲，所有机床的效率都提高或降低同一常数，不会影响最优分配；同样，对于同一机床 $j$ 来讲，做所有工作的效率都提高或降低同一常数，也不会影响最优分配。

（2）关于匈牙利算法的步骤，现举例说明。

【例 5.13】 分配问题的系数矩阵为

$$\begin{array}{c} \quad\quad\quad\quad\quad\quad\quad\text{min} \\ \left. \begin{pmatrix} 2 & 15 & 13 & 4 \\ 10 & 4 & 14 & 15 \\ 9 & 14 & 16 & 13 \\ 7 & 8 & 11 & 9 \end{pmatrix} \right| \begin{matrix} 2 \\ 4 \\ 9 \\ 7 \end{matrix} \end{array}$$

试用匈牙利算法求解。

**解** 第一步：经变换使分配问题的系数矩阵各行各列中都出现 0 元素。

1）从系数矩阵的每行元素减去该行的最小元素（若某行已经有 0 元素，就不必再减），得

$$
\begin{pmatrix}
0 & 13 & 11 & 2 \\
6 & 0 & 10 & 11 \\
0 & 5 & 7 & 4 \\
0 & 1 & 4 & 2
\end{pmatrix}
$$

$$\min\quad 0 \quad\ 0 \quad\ 4 \quad\ 2$$

2）再从所得系数矩阵的每列元素减去该列的最小元素，得

$$
\begin{pmatrix}
0 & 13 & 7 & 0 \\
6 & 0 & 6 & 9 \\
0 & 5 & 3 & 2 \\
0 & 1 & 0 & 0
\end{pmatrix}
$$

第二步：进行试分配，以寻找最优解。

1）从只有一个 0 元素的行（或列）开始，给这个 0 元素加圈，记 ⓪，然后划去 ⓪ 所在的列（或行）的其他 0 元素，记作 $\phi$。

2）给只有一个 0 元素的列（或行）的 0 元素加圈，记 ⓪，然后划去 ⓪ 所在的行（或列）的其他 0 元素，记作 $\phi$。

3）反复进行上述两步，直到所有的 0 元素都被圈出和划掉为止。

4）若还有没有划圈的 0 元素，且同行（或列）的 0 元素至少有两个，从剩有 0 元素最少的行（或列）开始，比较这行各 0 元素所在列中 0 元素的数目，选择 0 元素少的那列的 0 元素加圈，然后划掉同行同列的其他 0 元素。可反复进行，直到所有的 0 元素都被圈出和划掉为止。

5）若 ⓪ 元素的数目 $m$ 等于矩阵阶数 $n$，那么该分配问题的最优解已得到。若 $m<n$，则转下一步。

将［例 5.13］经第一步运算后的矩阵从只有一个 0 元素的行开始，给这个 0 元素加圈，记 ⓪，得

$$
\begin{pmatrix}
0 & 13 & 7 & 0 \\
6 & ⓪ & 6 & 9 \\
0 & 5 & 3 & 2 \\
0 & 1 & 0 & 0
\end{pmatrix}
$$

$$
\begin{pmatrix}
0 & 13 & 7 & 0 \\
6 & ⓪ & 6 & 9 \\
⓪ & 5 & 3 & 2 \\
0 & 1 & 0 & 0
\end{pmatrix}
$$

然后划去 ⓪ 所在的列的其他 0 元素，记作 $\phi$，得

$$
\begin{pmatrix}
\phi & 13 & 7 & ⓪ \\
6 & ⓪ & 6 & 9 \\
⓪ & 5 & 3 & 2 \\
\phi & 1 & ⓪ & 0
\end{pmatrix}
$$

再从只有一个 0 元素的列开始，给这个 0 元素加圈，记⓪，并划去⓪所在的行的其他 0 元素，记作 $\phi$，得

$$\begin{pmatrix} \phi & 13 & 7 & 0 \\ 6 & ⓪ & 6 & 9 \\ ⓪ & 5 & 3 & 2 \\ \phi & 1 & ⓪ & \phi \end{pmatrix}$$

再从只有一个 0 元素的列开始，给这个 0 元素加圈，记⓪，得

$$\begin{pmatrix} \phi & 13 & 7 & 0 \\ 6 & ⓪ & 6 & 9 \\ ⓪ & 5 & 3 & 2 \\ \phi & 1 & 0 & \phi \end{pmatrix}$$

加圈的 0 元素的个数为 4，得到最优分配的解为

$$\begin{pmatrix} 0 & 0 & 0 & 1 \\ 0 & 1 & 0 & 0 \\ 1 & 0 & 0 & 0 \\ 0 & 0 & 1 & 0 \end{pmatrix}$$

即甲译俄文、乙译日文、丙译英文、丁译德文时所需时间最少，$Z = 28\text{h}$。

【例 5.14】 求解分配问题，其系数矩阵见表 5.18。

表 5.18　　　　　　　　　　　　　　　分配问题的系数矩阵（一）

| 人员＼任务 | A | B | C | D | E |
|---|---|---|---|---|---|
| 甲 | 12 | 7 | 9 | 7 | 9 |
| 乙 | 8 | 9 | 6 | 6 | 6 |
| 丙 | 7 | 17 | 12 | 14 | 9 |
| 丁 | 15 | 14 | 6 | 6 | 10 |
| 戊 | 4 | 10 | 7 | 10 | 9 |

**解**　第一步：经变换使分配问题的系数矩阵各行各列中都出现 0 元素，见表 5.19、表 5.20。

表 5.19　　　　　　　　　　　　　　　分配问题的系数矩阵（二）

| 人员＼任务 | A | B | C | D | E | min |
|---|---|---|---|---|---|---|
| 甲 | 12 | 7 | 9 | 7 | 9 | 7 |
| 乙 | 8 | 9 | 6 | 6 | 6 | 6 |
| 丙 | 7 | 17 | 12 | 14 | 9 | 7 |
| 丁 | 15 | 14 | 6 | 6 | 10 | 6 |
| 戊 | 4 | 10 | 7 | 10 | 9 | 4 |
| min | 4 | 7 | 6 | 6 | 6 | |

表 5.20 分配问题的系数矩阵（三）

| 5 | 0 | 2 | 0 | 2 |
|---|----|---|---|---|
| 2 | 3 | 0 | 0 | 0 |
| 0 | 10 | 5 | 7 | 2 |
| 9 | 8 | 0 | 0 | 4 |
| 0 | 6 | 3 | 6 | 5 |

第二步：进行试分配，得到的结果见表 5.21。

表 5.21 试 分 配 结 果

| 5 | ⓪ | 2 | φ | 2 |
|---|----|---|---|---|
| 2 | 3 | φ | φ | ⓪ |
| ⓪ | 10 | 5 | 7 | 2 |
| 9 | 8 | ⓪ | φ | 4 |
| φ | 6 | 3 | 6 | 5 |

第三步：由于表中⓪的个数 $m=4$，而 $n=5$，故未得到最优解，按以下步骤继续。作最少的直线覆盖所有的 0 元素，以确定该系数矩阵中能找到最多的独立 0 元素数。

对没有⓪的行打"√"；对已打"√"行中所有含 0 元素的列打"√"；再对打"√"列中含⓪元素的行打"√"。重复上述两步，直到得不出新的打"√"行列为止。

对没有打"√"行画横线，有打"√"列画纵线，就得到覆盖所有 0 元素的最少直线数，见表 5.22。

表 5.22 运 算 表

第四步：在没有被直线覆盖的部分中找出最小元素，然后在打"√"行各元素都减去这一最小元素，而在打"√"列中各元素都加上这一最小元素，以保证原来 0 元素不变，这样得到新的系数矩阵（它的最优解和原问题相同）。若得到 $n$ 个独立的 0 元素，则已经得到最优解，表 5.22 中打"√"的行中最小元素为 2，在打"√"的行中各元素都减去 2，在打"√"的列中各元素都加上 2，见表 5.23；否则回到第三步重复进行运算。

表 5.23 最 优 解 （一）

| 7 | ⓪ | 2 | φ | 2 |
|----|----|---|---|---|
| 4 | 3 | φ | ⓪ | φ |
| φ | 8 | 3 | 5 | ⓪ |
| 11 | 8 | ⓪ | φ | 4 |
| ⓪ | 4 | 1 | 4 | 3 |

表 5.23 中⓪的个数=5，得最优分配，见表 5.24。

**表 5.24** 最 优 解（二）

| 人员＼任务 | A | B | C | D | E |
|---|---|---|---|---|---|
| 甲 | 12 | (7) | 9 | 7 | 9 |
| 乙 | 8 | 9 | 6 | (6) | 6 |
| 丙 | 7 | 17 | 12 | 14 | (9) |
| 丁 | 15 | 14 | (6) | 6 | 10 |
| 戊 | (4) | 10 | 7 | 10 | 9 |

$$\min Z = 4 + 7 + 6 + 6 + 9 = 32$$

此问题有另外一个解，见表 5.25 和表 5.26。

**表 5.25** 另 外 一 个 最 优 解

| 7 | ⓪ | 2 | $\phi$ | 2 |
|---|---|---|---|---|
| 4 | 3 | ⓪ | $\phi$ | $\phi$ |
| $\phi$ | 8 | 3 | 5 | ⓪ |
| 11 | 8 | $\phi$ | ⓪ | 4 |
| ⓪ | 4 | 1 | 4 | 3 |

**表 5.26** 最 优 分 配 表

| 人员＼任务 | A | B | C | D | E |
|---|---|---|---|---|---|
| 甲 | 12 | (7) | 9 | 7 | 9 |
| 乙 | 8 | 9 | (6) | 6 | 6 |
| 丙 | 7 | 17 | 12 | 14 | (9) |
| 丁 | 15 | 14 | 6 | (6) | 10 |
| 戊 | (4) | 10 | 7 | 10 | 9 |

$$\min Z = 4 + 7 + 6 + 6 + 9 = 32$$

## 5.6 用 Microsoft Excel Solver 解整数规划、0−1 整数规划和混合整数规划问题

一般整数规划的变量与线性规划一样，通过正常的输入方式赋值到 Excel Solver 形式中，然后通过选择 int 作为整数约束标志来给整数变量添加约束（见图 5.17）。0−1 整数变量通过约束来保证它们为整数。

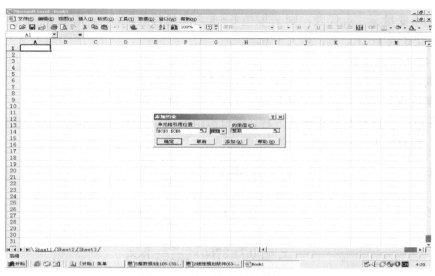

图 5.17 整数约束条件的输入

具体的解题步骤参考用 Microsoft Excel Solver 对线性规划求解部分。

# 5.7 整 数 规 划 案 例

**案例一：电源规划问题**

某地区在制定十年电力规划时，遇到这样一个问题：根据电力需求预测，该地区十年以后发电装机容量需要增加 180 万 kW，到时年发电量需增加 100 亿 kW·h。根据调查和讨论，电力规划的备选技术方案有三种：

（1）扩建原有火电站，但最多只能安装 5 台 10 万 kW 机组。

（2）新建水电站，但最多只能安装 4 台 25 万 kW 机组。

（3）新建火电站，但最多只能安装 4 台 30 万 kW 机组。

通过调研和计算，获得有关参数见表 5.27。

表 5.27 工 程 概 况

| 备选方案 | 工程特点 | 前期工程投资（百万元） | 单机设备投资（百万元） | 单机容量（万 kW） | 允许装机台数 | 资本回收因子 | 年运行成本［百万元/（亿 kW·h）］ | 负荷因子 |
|---|---|---|---|---|---|---|---|---|
| 1 | 扩建火电站 | — | 21 | 10 | 5 | 0.103 | 4.11 | 0.66 |
| 2 | 新建水电站 | 504 | 70 | 25 | 4 | 0.0578 | 2.28 | 0.4 |
| 3 | 新建火电站 | 240 | 65 | 30 | 4 | 0.103 | 3.65 | 0.7 |

**注** 负荷因子=全年满功率运行天数/全年总天数。全年满功率运行天数：方案 1 为 241 天，方案 2 为 146 天，方案 3 为 255 天。资本回收因子：火电站 15 年，年利率 0.06；水电站 30 年，年利率 0.04。

（一）设置决策变量

设备选方案 1、2、3 的装机台数分别为 $x_1$、$x_2$、$x_3$，它们的年发电量分别为 $x_6$、$x_7$、$x_8$，备选方案 1 无前期土建工程要求，备选方案 2、3 都需要前期土建工程。这两个前期土建工

程是否施工用变量 $x_4$、$x_5$ 代表，则 $x_1$ 取值 0～5 之间的整数，$x_2$、$x_3$ 取值 0～4 之间的整数，$x_4$、$x_5$ 只能取 0 或 1，$x_6$、$x_7$、$x_8$ 大于 0。

（二）建立约束方程

（1）满足装机容量需求约束 $10x_1 + 25x_2 + 30x_3 \geqslant 180$。

（2）满足规划年发电量需求约束 $x_6 + x_7 + x_8 \geqslant 100$。

（3）各电站容量与发电量平衡方程。每台机组发电量等于单机容量乘全年小时数，再乘负荷因子，换算亿 kW·h 量纲，即

方案 1
$$x_6 = \left(0.66 \times 8760 \times \frac{10}{10000}\right) \times x_1$$

方案 2
$$x_7 = \left(0.4 \times 8760 \times \frac{25}{10000}\right) \times x_2$$

方案 3
$$x_8 = \left(0.7 \times 8760 \times \frac{30}{10000}\right) \times x_3$$

得三个约束方程为

$$5.782x_1 - x_6 = 0$$
$$8.76x_2 - x_7 = 0$$
$$18.39x_3 - x_8 = 0$$

（4）每个方案最多的装机台数约束。

方案 1：不需前期土建工程，$x_1 \leqslant 5$。

方案 2：前期土建工程是装机的先决条件，且小于最大允许数，$x_2 \leqslant 4x_4$。

方案 3：前期土建工程是装机的先决条件，且小于最大允许数，$x_3 \leqslant 4x_5$。

（5）变量取值限制。$x_1$，$x_2$，$x_3 \geqslant 0$，且为整数；$x_6$，$x_7$，$x_8 \geqslant 0$；$x_4$ 或 $x_5 = 1$，有前期土建工程要求；$x_4$ 或 $x_5 = 0$，无前期土建工程要求。

（三）设计目标函数

目标函数：年成本费用最低。

成本包括两大部分：

（1）可变成本。可变成本是指与发电量有关的成本，如原材料、燃料、动力和活劳动消耗等，即表 5.27 中年运行成本。

（2）不变成本。不变成本是指与装机容量及前期土建投资有关的成本。

方案 1：单机投资×回收因子 = 21×0.103 = 2.163（百万元）。

方案 2：单机投资×回收因子 = 70×0.0578 = 4.046（百万元）。

方案 3：单机投资×回收因子 = 65×0.103 = 6.695（百万元）。

方案 2 和 3 的前期土建投资的年资本回收成本分别为：504×0.0578 = 29.131（百万元），240×0.103 = 24.72（百万元）。对于方案 1、2、3，每发 1 亿 kW·h 电能的运行成本分别为 4.11 百万元、2.28 百万元、3.65 百万元。

（四）数学模型

$$\min Z = 2.163x_1 + 4.046x_2 + 6.695x_3 + 29.131x_4$$
$$+ 24.72x_5 + 4.11x_6 + 2.28x_7 + 3.65x_8$$
$$\text{s. t. } 10x_1 + 25x_2 + 30x_3 \geqslant 180$$

$$x_6 + x_7 + x_8 \geq 100$$
$$5.782x_1 - x_6 = 0$$
$$8.76x_2 - x_7 = 0$$
$$18.39x_3 - x_8 = 0$$
$$x_1 \leq 5, x_2 \leq 4x_4, x_3 \leq 4x_5$$
$$x_1, x_2, x_3 \geq 0, 且为整数$$
$$x_4, x_5 = 0或1$$
$$x_6, x_7, x_8 \geq 0$$

（五）求解

利用混合整数规划（MIP）求解程序，得到 $x_1=2$，$x_2=4$，$x_3=3$，$x_4=1$，$x_5=1$，$x_6=11.56$，$x_7=35.04$，$x_8=55.17$，$\min Z = 423.24$（百万元）。

最优决策方案：扩建原有火电站，安装 2 台 10 万 kW 发电机组；新建水电站，安装 4 台 25 万 kW 发电机组；新建火电站，安装 3 台 30 万 kW 发电机组。总装机容量达 $2×10 + 4×25 + 3×30 = 210$（万 kW）。

**案例二：地区电网最优化规划方案研讨**

研究合理的电网建设（特别是电源变电站布点）问题非常重要，如何设计最优建设方案尤为关键。本案例利用混合整数规划方法对地区规划中选取变电站建设最优方案问题进行探讨。

（一）背景

据电力市场调查与预测，辽宁省××地区 2020 年最大电力将达 1500MW，供电量为 6579GW·h，地区电网规划拟以 220kV 变电站作为主供电源，技术方案有三，见表 5.28。

表 5.28　变电站布点候选方案有关参数

| 序号 | 工程特点 | 变电站座数（座） | 单台主变压器容量（MV·A） | 允许安装主变压器台数（台） | 前期工程投资（万元） | | 回收系数 $r$ | 供电成本[元/(kW·h)] | 主变压器经济负荷系数 $k_2$ |
| --- | --- | --- | --- | --- | --- | --- | --- | --- | --- |
| | | | | | 设备 | 建筑安装 | | | |
| 1 | 原 3 座主变压器增容、新建 3 座 | 6 | 240 | 12 | 5008 | 8653 | 0.1102 | 0.5575 | 0.65 |
| 2 | 原 3 座主变压器增容、新建 5 座 | 8 | 180 | 16 | 4459 | 11 229 | 0.1102 | 0.5597 | 0.65 |
| 3 | 原 3 座主变压器增容、新建 5 座 | 8 | 120 | 24 | 3382 | 12 381 | 0.1102 | 0.5607 | 0.87 |

（二）优化模型构造

1. 决策变量 $x_j$ 设置

方案 1、2 和 3 的变电站座数分别为 $x_1$、$x_2$ 和 $x_3$，供电能力为 $x_7$、$x_8$ 和 $x_9$（单位：GW·h）。原有变电站的扩建、主变压器增容与新建变电站都将进行前期建筑安装工程等，每个方案的前期工程是否施工分别以 $x_4$、$x_5$ 和 $x_6$ 代表。

2. 约束条件

（1）最大电力需求

$$k_1(B_1x_1+B_2x_2+B_3x_3)\cos\varphi \geqslant P_{max}$$

式中：$k_1$ 为供电同时率；$\cos\varphi$ 为平均功率因数；$B_1$、$B_2$ 和 $B_3$ 为对应方案 1、2 和 3 的变电站主变压器容量；$P_{max}$ 为地区综合最大电力。

（2）满足目标年需用电量需求

$$x_7+x_8+x_9 \geqslant Q$$

式中：$Q$ 为××地区目标年供电量。

（3）各变电站主变压器容量与供电负荷平衡

$$x_7 = k_{21}B_1Tx_1\cos\varphi_1 \times 10^{-4}$$
$$x_8 = k_{22}B_2Tx_2\cos\varphi_2 \times 10^{-4}$$
$$x_9 = k_{23}B_3Tx_3\cos\varphi_3 \times 10^{-4}$$

式中：$k_{21}$、$k_{22}$、$k_{23}$ 为主变压器经济负荷系数；$T$ 为最大负荷利用时间。

（4）各方案最多变电站座数约束。如果前期工程不施工，则该方案变电站座数一定为 0；如果前期工程施工，则变电站座数必须小于其最大允许数，故约束方程式为

$$x_1 - 6x_4 \leqslant 0$$
$$x_2 - 8x_5 \leqslant 0$$
$$x_3 - 8x_6 \leqslant 0$$

（5）$x_j$ 取值限制。$x_1$、$x_2$ 和 $x_3$ 均为大于或等于零的整数。当前期工程不施工时 $x_4$，$x_5$，$x_6 = 0$；当前期工程施工时，$x_4$，$x_5$，$x_6 = 1$。$x_7$、$x_8$ 和 $x_9$ 均为大于或等于 0 的实数。

3. 目标函数设计

该问题的目标函数设计为年总费用最小，并采用年总费用最小法，即将收益（供电效益）相同的各方案的开支流贴现后进行比较，年总费用最小者即为最优方案。年总费用为

$$Z = rK + u$$

式中：$Z$ 为年总费用；$K$ 为逐年投资额；$r$ 为回收系数，$r = i(1+i)^n/(1+i)^{n-1}$；$u$ 为等年值的年运行费用。

成本包括不变成本和可变成本。本问题中不变成本是指与变电站设备投资及前期建筑安装工程投资有关的材料费、折旧费及维修费等成本，分年计算后计入 $Z$。可变成本是指购入电力的成本，在电价一定的条件下，它随着供电量 $Q$ 的增加而增大，即表 5.29 中给出的年供电成本。

方案 1、2 和 3 平均每座变电站设备的年投资费用 $c_1$、$c_2$、$c_3$ 分别为 551.88、491.38 万元和 372.7 万元；前期建筑安装工程分年计算的年投资费用 $c_4$、$c_5$、$c_6$ 分别为 953.56、1237.44 万元和 1364.39 万元。而三个方案每 $1kW \cdot h$ 的供电成本 $c_7$、$c_8$、$c_9$ 分别为 0.557、0.556 元和 0.561 元。上述 $c_1$，$c_2$，$\cdots$，$c_9$ 即为目标函数中的价值系数 $c_j$。因此，该问题的目标函数 $Z = c_jx_j(j=1,2,\cdots,9)$ 为

$$\min Z = 551.88x_1 + 491.38x_2 + 372.7x_3 + 953.56x_4 +$$
$$1237.44x_5 + 1364.39x_6 + 0.557x_7 + 0.560x_8 + 0.561x_9$$

（三）模型参数的确定

1. 技术参数 $a_{ij}$

$a_{ij}$ 构成了约束条件的系数矩阵。变电站主变压器容量规格及规模的设置，以及 $k_1$、$k_2$、

$T$、$\cos\varphi$ 等参数是影响 $a_{ij}$ 的主要因素，均依该地区的具体情况而定。

规划设计中，按照满足安全准则的要求，变电站一般应配置 2 台或以上同容量主变压器及相应的电源进线。主变压器在一定条件下可过负荷 30%。考虑到满足安全准则后，2 台主变压器的 $k_2$ 取 65%，3 台取 87%。随着地区电力负荷的发展和用电构成的变化，$T$ 将不断缩短，负荷率将有所回落，$k_1$ 随着供电充足程度的提高而下降。据测算，该地区 2020 年 220kV 的 $k_1$ 为 77%，$T$ 为 4335h。

**2. 资源变量 $b_r$**

$b_r$ 构成了约束条件的右端常数，也称外生变量。本问题中，20 年后该地区 $P_{max}$ 与 $Q$ 就是地方政府和供电部门由该地区工业、农业、交通运输等产业发展以及人口增长对电力发展的要求研究制定的。

**3. 价值系数 $c_j$**

$c_j$ 是反映整个系统成本和效率的参数，也称效果系数，主要表现为目标函数的系数。工程建设投资应在电力设施使用年限 $n$ 内全部回收。若工程开始时投资现值为 $P_0$，且全部投资从银行贷款，年利率为 $i$，则每年等额收回资金 $P$ 与 $P_0$ 有如下关系

$$P_0 = P \sum_{j=1}^{n} \frac{1}{(1+i)^j}$$

式中：$P_0$ 为现值；$P$ 为终值；$\sum_{j=1}^{n} \dfrac{1}{(1+i)^j}$ 为贴现率。

贴现率 $\sum_{j=1}^{n} \dfrac{1}{(1+i)^j} = \dfrac{(1+i)^{n-1}}{i(1+i)^n}$ 可计算出来，也可通过复利、贴现表查得，则 $P = P_0 \dfrac{i(1+i)^n}{(1+i)^{n-1}}$。

因此，这个与 $i$ 及 $n$ 有关的比例系数 $\dfrac{i(1+i)^n}{(1+i)^{n-1}}$ 也可称为回收系数 $r$，或称资本回收系数。本问题中 $n$ 取 25 年。电力工业投资利润率，即西方计算贴现时用的利率 $i$ =10%，则求得 $r$ = 0.1102。在变电站综合投资构成中，设备（包括工器具）投资约占 68.6%，建筑安装（含其他费用）投资约占 31.4%，$c_1$、$c_2$、$c_3$、$c_4$、$c_5$、$c_6$ 即可得知。由该供电企业 1990～1997 年固定资产、供电成本分类构成统计资料分析，变电设备约占固定资产的 23.7%，购电成本约占总成本的 89.48%。经测算，2020 年购电价为 0.5167 元 /（kW·h），工资与职工福利费、材料费、折旧费、大修理费均按国家及主管总公司（局）规定提取。因此，可求得方案 1、2 和 3 的供电单位成本 $c_7$、$c_8$ 和 $c_9$。

**（四）优化模型及算法**

本变电站布点方案设计的规划问题的优化模型经归纳得

$$\min Z = 551.88x_1 + 491.38x_2 + 372.7x_3 + 953.56x_4 + 1237.44x_5 +$$
$$1364.39x_6 + 0.557x_7 + 0.560x_8 + 0.561x_9$$

$$\text{s. t. } 4x_1 + 3x_2 + 3x_3 \geq 17.09$$
$$x_7 + x_8 + x_9 \geq 65.79$$
$$12.85x_1 - x_7 = 0$$
$$9.64x_2 - x_8 = 0$$
$$12.9x_3 - x_9 = 0$$

$$x_1 - 6x_4 \leqslant 0$$
$$x_2 - 8x_5 \leqslant 0$$
$$x_3 - 8x_6 \leqslant 0$$
$$x_1, x_2, x_3 \geqslant 0, 且为整数$$
$$x_4, x_5, x_6 = 0或1$$
$$x_7, x_8, x_9 \geqslant 0$$

根据上述模型，可利用混合整数规划求解程序，得到 $X^* = [0, 0, 6, 0, 0, 1, 0, 0, 77.4]^T$，原问题的最优目标函数值 $Z^* = 3642.9$。

（五）最优方案分析

最优解对应于以下方案，可供有关部门在决策时参考：①原有变电站应再扩建成 $3 \times 120MV \cdot A$；②新建变电站 3 座，主变压器容量均为 $3 \times 120MV \cdot A$。若按这个方案进行地区电网 220kV 变电站布点建设，年总费用为 3642.9 万元。这比原来该地区初步研究的任一建设方案的投资费用都低，见表 5.29。在复杂的规划问题中，如果仅以变电站座数或 $Q$ 来选择建设方案，不一定能保证有好的经济效果。例如初始方案 1~6 的变电站座数都低于规划要求，并且年供电能力也满足要求，而 $Z$ 仍高于最优方案的 31.09%~43.58%。

表 5.29　　　　　　　　　　初选方案与最优方案的经济比较

| | 变电站主变压器容量配置 | 初始方案 1 | 初始方案 2 | 初始方案 3 | 初始方案 4 | 初始方案 5 | 初始方案 6 |
|---|---|---|---|---|---|---|---|
| 变电站建设情况 | 每座变电站安装主变压器 $2 \times 240MV \cdot A$ | 1 | 2 | 0 | 0 | 0 | 0 |
| | 每座变电站安装主变压器 $2 \times 180MV \cdot A$ | 0 | 0 | 1 | 2 | 3 | 0 |
| | 每座变电站安装主变压器 $3 \times 120MV \cdot A$ | 5 | 4 | 5 | 4 | 3 | 7 |
| | 主变压器总容量（MV·A） | 2280 | 2400 | 2160 | 2160 | 2160 | 2520 |
| | 年供电量（GW·h） | 7735 | 7730 | 7415 | 7090 | 6765 | 9030 |
| 分年计算投资费用 | 前期投资（万元） | 10247 | 10330 | 10052 | 9940 | 9828 | 11859 |
| | 主变压器设备投资（万元） | 3183 | 3209 | 3122 | 3088 | 3053 | 3683 |
| | 年供电成本 [元/（kW·h）] | 0.557 | 0.557 | 0.557 | 0.557 | 0.557 | 0.559 |
| | 年总费用合计（万元） | 4775.5 | 4954.5 | 4997 | 5113.8 | 5230.6 | 4973.29 |
| | 与最优方案总费用差额（万元） | 1132.7 | 1311.8 | 1132.7 | 1311.8 | 1490.9 | 1381 |
| | 与最优方案节约总费用比率（%） | 31.09 | 36.01 | 37.17 | 40.37 | 43.58 | 36.52 |

注　$P_{max}$ 均按 1500MW 考虑。

### 本 章 小 结

整数规划是一类特殊的线性规划，有广泛的应用背景。整数规划原问题的松弛问题的解，不一定是整数规划的最优解。分枝定界法和割平面法是求解整数规划的两种比较优越的方法，因为它们是仅在一部分可行解的整数解中寻求最优解，计算量比较小。若变量数目很大，其计算量也是非常可观的。

0–1 整数规划是一类特殊的整数规划。求解 0–1 整数规划最一般的想法是隐枚举法，但这需要检查变量取值的 $2^n$ 个组合。若变量 $n$ 较大，隐枚举法的困难可想而知。隐枚举法在寻找最优解过程中，通过分析、判断，只检查变量取值组合的一部分。

指派问题是一种特殊的 0–1 整数规划，也是一种特殊的运输问题，对于这类问题的描述，需要建立一个认为每一种可能指派的成本（利润）表，在实际中这类问题有很多应用。匈牙利算法是求解指派问题的成熟算法。

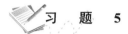 习　题　5

## 一、计算题

**5.1**　试将下述非线性的 0–1 整数规划问题转换为线性的 0–1 整数规划问题。

$$\max Z = x_1^2 + x_2 x_3 - x_3^3$$
$$\text{s. t. } -2x_1 + 3x_2 + x_3 \leqslant 3$$
$$x_j = 0 \text{ 或 } 1 \quad (j = 1, 2, 3)$$

**5.2**　某钻井队要从以下 10 个可供选择的井位中确定 5 个钻井探油，使总的钻探费用为最小。若 10 个井位的代号为 $s_1$, $s_2$, $\cdots$, $s_{10}$，相应的钻探费用为 $c_1$, $c_2$, $\cdots$, $c_{10}$，并且井位选择上要满足下列限制条件：

（1）或选择 $s_1$ 和 $s_7$，或选择钻探 $s_8$。

（2）选择了 $s_3$ 或 $s_4$ 就不能选 $s_5$，或反过来也一样。

（3）在 $s_5$、$s_6$、$s_7$、$s_8$ 中最多只能选两个。

试建立此问题的整数规划模型。

**5.3**　用分枝定界法求解下列整数规划问题。

（1）$\max Z = x_1 + x_2$

$$\text{s. t. } x_1 + \frac{9}{14} x_2 \leqslant \frac{51}{14}$$

$$-2x_1 + x_2 \leqslant \frac{1}{3}$$

$$x_1, x_2 \geqslant 0, \text{且为整数}$$

（2）$\max Z = 2x_1 + 3x_2$

$$\text{s. t. } 5x_1 + 7x_2 \leqslant 35$$

$$4x_1 + 9x_2 \leqslant 36$$

$$x_1, x_2 \geqslant 0, \text{且为整数}$$

**5.4**　用割平面法求解下列整数规划问题。

（1）$\max Z = 7x_1 + 9x_2$

$$\text{s. t. } -x_1 + 3x_2 \leqslant 6$$

$$7x_1 + x_2 \leqslant 35$$

$$x_1, x_2 \geqslant 0, \text{且为整数}$$

（2）$\min Z = 4x_1 + 5x_2$

s. t. $3x_1 + 2x_2 \geqslant 7$

$x_1 + 4x_2 \geqslant 5$

$3x_1 + x_2 \geqslant 2$

$x_1$, $x_2 \geqslant 0$, 且为整数

**5.5** 用隐枚举法求解 0−1 整数规划问题。

$\max Z = 3x_1 + 2x_2 - 5x_3 - 2x_4 + 3x_5$

s. t. $x_1 + x_2 + x_3 + 2x_4 + x_5 \leqslant 4$

$7x_1 + 3x_3 - 4x_4 + 3x_5 \leqslant 8$

$11x_1 - 6x_2 + 3x_4 - 3x_5 \geqslant 3$

$x_j = 0$或$1$  $(j = 1, \cdots, 5)$

**5.6** 请用解 0−1 整数规划的隐枚举法求解下面的两维 0−1 背包问题：

$$\max f = 2x_1 + 2x_2 + 3x_3$$

$$\text{s. t. } x_1 + 2x_2 + 2x_3 \leqslant 4$$

$$2x_1 + x_2 + 3x_3 \leqslant 5$$

$$x_j = 0$$或$$1 (j = 1, 2, 3)$$

**5.7** 用匈牙利法求解如下效率矩阵的指派问题：

$$\begin{pmatrix} 7 & 9 & 10 & 12 \\ 13 & 12 & 16 & 17 \\ 15 & 16 & 14 & 15 \\ 11 & 12 & 15 & 16 \end{pmatrix}$$

**5.8** 分配甲、乙、丙、丁四人去完成五项任务。每人完成各项任务时间见表 5.30。由于任务数多于人数，故规定其中有一个人可兼顾完成两项任务，其余三人每人完成一项。试确定总花费时间为最少的指派方案。

表 5.30                                           每人完成各项任务的时间

| 任务<br>人员 | A | B | C | D | E |
|---|---|---|---|---|---|
| 甲 | 25 | 29 | 31 | 42 | 37 |
| 乙 | 39 | 38 | 26 | 20 | 33 |
| 丙 | 34 | 27 | 28 | 40 | 32 |
| 丁 | 24 | 42 | 36 | 23 | 45 |

**5.9** 五人各种姿势的游泳成绩（各为 50m）见表 5.31。试问如何进行指派，从中选拔一个参加 200m 混合泳的接力队，使预期比赛成绩为最好。

表 5.31                                        五人各种姿势的游泳成绩（各 50m）

| 人员<br>泳姿 | 赵 | 钱 | 张 | 王 | 周 |
|---|---|---|---|---|---|
| 仰泳 | 37.7 | 32.9 | 33.8 | 37.0 | 35.4 |

续表

| 泳姿 \ 人员 | 赵 | 钱 | 张 | 王 | 周 |
|---|---|---|---|---|---|
| 蛙泳 | 43.4 | 33.1 | 42.2 | 34.7 | 41.8 |
| 蝶泳 | 33.3 | 28.5 | 38.9 | 30.4 | 33.6 |
| 自由泳 | 29.2 | 26.4 | 29.6 | 28.5 | 31.1 |

**5.10**  有三个不同的产品要在三台机床上加工每个产品必须首先在机床 1 上加工,然后依次在机床 2、3 上加工。在每台机床上加工三个产品的顺序应保持一样,假定用 $t_{ij}$ 表示在第 $j$ 机床上加工第 $i$ 个产品的时间,问应如何安排,使三个产品总的加工周期为最短。试建立此问题的整数规划模型。

**二、复习思考题**

**5.11**  对整数规划问题,是否能先解相应的线性规划问题,然后用凑整的办法求出最优整数解,为什么?

**5.12**  对于可行域是有界的整数规划问题,其可行点的个数是有限的,是否可以用列举法寻找出最优整数解,为什么?

**5.13**  试用例子说明解指派问题的匈牙利解法比用单纯形法和运输问题的表上作业法都简单。

# 第6章  动  态  规  划

动态规划（Dynamic Programming）是解决多阶段决策过程最优化问题的一种方法，由美国数学家贝尔曼（Bellman）等人在 20 世纪 50 年代提出。他们针对多阶段决策问题的特点，提出了解决这类问题的最优化原理，并成功地解决了生产管理、工程技术等方面的许多实际问题。动态规划是现代企业管理中的一种重要决策方法，可用于解决最优路径问题、资源分配问题、生产计划和库存问题、投资问题、装载问题、排序问题及生产过程的最优控制等。

## 6.1  动态规划的提出

动态规划模型可从以下方面进行分类：

（1）从时间角度可分成离散型和连续型。

（2）从信息确定与否可分成确定型和随机型。

（3）从目标函数的个数可分成单目标型和多目标型。

多阶段决策问题是指这样一类特殊的活动过程，它们可以按时间顺序分解成若干相互联系的阶段，在每个阶段都要做出决策，全部过程的决策是一个决策序列，所以多阶段决策问题也称为序贯决策问题。现给出多阶段决策问题的例子：

（1）生产与存储问题。某工厂每月需供应市场一定数量的产品，供应需求所剩余产品应存入仓库。一般地说，某月适当增加产量可降低平均生产成本，但超产部分存入仓库会增加库存费用，要确定每月的生产计划，在满足需求条件下，使一年的生产与存储费用之和最小。

（2）投资决策问题。某公司现有资金 $Q$（单位：亿元），在今后 5 年内考虑给 A、B、C、D 四个项目投资，这些项目的投资期限、回报率均不相同，问应如何确定这些项目每年的投资额，使到第五年末拥有资金的本利总额最大。

（3）设备更新问题。企业在使用设备时都要考虑设备的更新问题，因为设备越陈旧所需的维修费用越多，但购买新设备要一次性支出较大的费用。现在某企业要决定一台设备未来 8 年的更新计划，已预测到第 $j$ 年购买设备的价格为 $K_j$，$G_j$ 为设备经过 $j$ 年后的残值，$C_j$ 为设备连续使用 $j-1$ 年后在第 $j$ 年的维修费用($j=1, 2, \cdots, 8$)，问应在哪年更新设备可使总费用最小。

动态规划是解决多阶段决策问题的有效方法。

下面介绍几个动态规划基本概念。

**定义 6.1  阶段（Stage）** 将所给问题的过程按时间或空间特征分解成若干个相互联系的阶段，以便按次序求每阶段的解，常用 $k$ 表示阶段变量。

**定义 6.2 状态（State）** 各阶段开始时的客观条件叫作状态。描述各阶段状态的变量称为状态变量，常用 $s_k$ 表示第 $k$ 阶段的状态变量，状态变量的取值集合称为状态集合，用 $S_k$ 表示。

**定义 6.3 决策和策略（Decision & Strategy）** 当各段的状态确定以后，就可以做出不同的决定（或选择），从而确定下一阶段的状态，这种决定称为决策。决策变量用 $d_k(s_k)$ 表示，允许决策集合用 $D_k(s_k)$ 表示。各个阶段决策确定后，整个问题的决策序列就构成一个策略，用 $p_{1,n}(d_1, d_2, \cdots, d_n)$ 表示。对于每个实际问题，可供选择的策略有一定的范围，称为允许策略集合，用 $P$ 表示。使整个问题达到最优效果的策略就是最优策略。

**定义 6.4 状态转移方程（Transition Equation）** 动态规划中本阶段的状态往往是上一阶段的决策结果。如果给定了第 $k$ 段的状态 $s_k$，本阶段决策为 $d_k(s_k)$，则第 $k+1$ 段的状态 $s_{k+1}$ 由公式 $s_{k+1}=T_k(s_k, d_k)$ 确定，该公式称为状态转移方程。

**定义 6.5 指标函数（Return Function）** 用于衡量所选定策略优劣的数量指标称为指标函数。最优指标函数记为 $f_k(s_k)$，表示从第 $k$ 阶段的状态 $s_k$ 出发到第 $n$ 阶段的终止状态过程中，选取最优策略所得的指标函数值。

## 6.2 动 态 规 划 基 本 原 理

### 6.2.1 最短路问题（Shortest-Route Problems）

1. 不定阶段最短路问题

从图 6.1 中可以看出，任意两座城市之间都有道路相通。将从一座城市直达另一座城市作为一个阶段。例如从 $A$ 城市到 $E$ 城市的阶段数，少则一个（从 $A$ 城市直达 $E$ 城市），多则无限（从 $A$ 城市通过 $B$、$C$、$D$ 三城市循环到 $E$ 城市）。为避免循环，应加上约束条件：每个城市至多经过一次，于是从 $A$ 城市到达 $E$ 城市的阶段数有下列四种情形：

（1）从 $A$ 城市直达 $E$ 城市，一个阶段。

（2）从 $A$ 城市通过 $B$、$C$、$D$ 三城市之一到 $E$ 城市，两个阶段。

（3）从 $A$ 城市通过 $B$、$C$、$D$ 三城市之二到 $E$ 城市，三个阶段。

（4）从 $A$ 城市通过 $B$、$C$、$D$ 三城市各一次到 $E$ 城市，四个阶段。

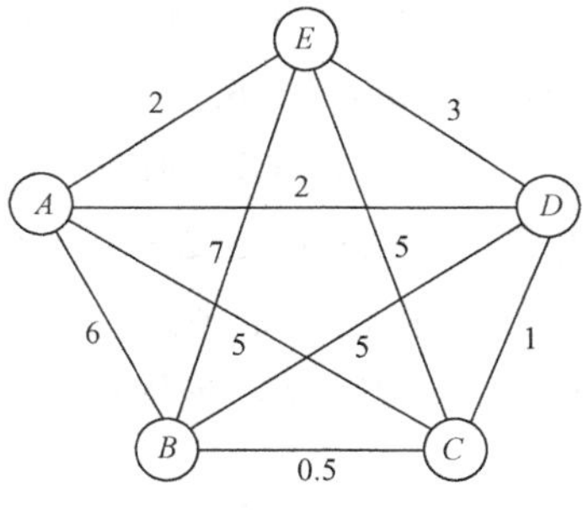

图 6.1 不定阶段最短路问题

2. 一定阶段最短路问题

**【例 6.1】** 输电网铁塔最优选址问题。

考虑如图 6.2 所示的网络，设 $A$ 为电源，$F$ 为变电站，$B$、$C$、$D$、$E$ 分别为四个必须建立铁塔的地区，其中 $B_1$、$B_2$、$C_1$、$C_2$、$C_3$、$D_1$、$D_2$、$D_3$、$E_1$、$E_2$ 分别为可供选择的铁塔站位。图中线段表示可架线位置，线段旁数字表示架线所需费用（或距离），问如何架线才能使总费用（或距离）最小？

**解** 该问题可以化为从 $A$ 出发到 $F$ 的最短路问题，如图 6.2 所示，从过程的最后一段开始，用逆序递推方法求解，逐步求出各段各点到终点 $F$ 最短路线，最后求出 $A$ 点到 $F$ 点的最短路线。

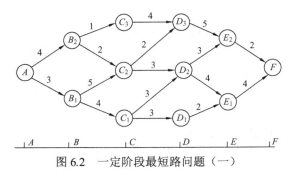

图 6.2　一定阶段最短路问题（一）

（1）当 $k=5$ 时，$d_5(s_5)=F$，其初始状态 $E_1$ 或 $E_2$，故 $f_5(E_1)=4$，$f_5(E_2)=2$，用 $d_5^*(s_5)$ 表示最优决策。

（2）当 $k=4$ 时，有两个阶段，初始状态 $s_4$ 可以是 $D_1$、$D_2$ 或 $D_3$。

如果 $s_4=D_1$，则下一步只能取 $E_1$，故 $f_4(D_1)=r(D_1,E_1)+f_5(E_1)=2+4=6$，最短路线：$D_1$—$E_1$—$F$，最优解：$d_4^*(D_1)=E_1$。

如果 $s_4=D_2$，则下一步能取 $E_1$ 或 $E_2$，故 $f_4(D_2)=\min\{r(D_2,E_1)+f_5(E_1),r(D_2,E_2)+f_5(E_2)\}=\min(4+4,3+2)=5$，最短路线：$D_2$—$E_2$—$F$，最优解：$d_4^*(D_2)=E_2$。

如果 $s_4=D_3$，则下一步只能取 $E_2$，故 $f_4(D_3)=r(D_3,E_2)+f_5(E_2)=5+2=7$，最短路线：$D_3$—$E_2$—$F$，最优解：$d_4^*(D_3)=E_2$，如图 6.3 所示。

（3）当 $k=3$ 时，还有三个阶段，初始状态 $s_3$ 可以是 $C_1$、$C_2$ 或 $C_3$。

如果 $s_3=C_1$，则下一步能取 $D_1$ 或 $D_2$，故 $f_3(C_1)=\min\{r(C_1,D_1)+f_4(D_1),r(C_1,D_2)+f_4(D_2)\}=\min(3+6,3+5)=8$，最短路线：$C_1$—$D_2$—$E_2$—$F$，最优解：$d_3^*(C_1)=D_2$。

如果 $s_3=C_2$，则下一步能取 $D_2$ 或 $D_3$，故 $f_3(C_2)=\min\{r(C_2,D_2)+f_4(D_2),r(C_2,D_3)+f_4(D_3)\}=\min(3+5,2+7)=8$，最短路线：$C_2$—$D_2$—$E_2$—$F$，最优解：$d_3^*(C_2)=D_2$。

如果 $s_3=C_3$，则下一步只能取 $D_3$，故 $f_3(C_3)=r(C_3,D_3)+f_4(D_3)=(4+7)=11$，最短路线：$C_3$—$D_3$—$E_2$—$F$，最优解：$d_3^*(C_3)=D_3$，如图 6.4 所示。

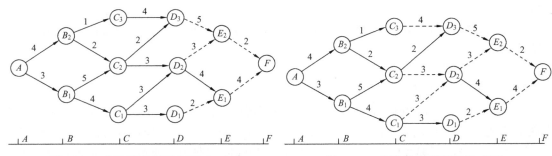

图 6.3　一定阶段最短路问题（二）　　　　　图 6.4　一定阶段最短路问题（三）

（4）当 $k=2$ 时，还有四个阶段，初始状态 $s_2$ 可以是 $B_1$ 或 $B_2$。

如果 $s_2=B_1$，则下一步能取 $C_1$ 或 $C_2$，故 $f_2(B_1)=\min\{r(B_1,C_1)+f_3(C_1),r(B_1,C_2)+f_3(C_2)\}=$

min(4 + 8, 5 + 8) =12，最短路线：$B_1$—$C_1$—$D_2$—$E_2$—$F$，最优解：$d_2^*(B_1) = C_1$。

如果 $s_2 = B_2$，则下一步能取 $C_2$ 或 $C_3$，故 $f_2(B_2) = \min\{r(B_2, C_2) + f_3(C_2), r(B_2, C_3) + f_3(C_3)\} =$ min(2 + 8, 1 + 11) =10，最短路线：$B_2$—$C_2$—$D_2$—$E_2$—$F$，最优解：$d_2^*(B_2) = C_2$，如图 6.5 所示。

（5）当 $k = 1$ 时，有五个阶段的原问题，初始状态 $s_1$ 是 $A$，则下一步能取 $B_1$ 或 $B_2$，故 $f_1(A) = \min\{r(A, B_1) + f_2(B_1), r(A, B_2) + f_2(B_2)\} =$ min(3 +12, 4 +10) =14，最短路线：$A$—$B_2$—$C_2$—$D_2$—$E_2$—$F$，最优解：$d_1^*(A) = B_2$，最短距离为 14，如图 6.6 所示。

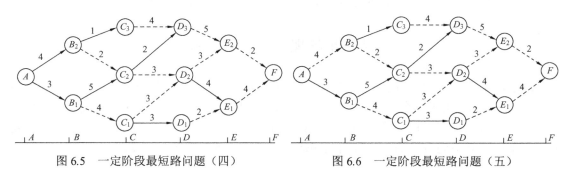

图 6.5　一定阶段最短路问题（四）　　　　图 6.6　一定阶段最短路问题（五）

### 6.2.2　动态规划的函数方程（DP Equation of Recursion）

建立动态规划的函数方程是指确定过程的阶段及阶段数，规定状态变量和决策变量的取法，给出各阶段状态集合、允许决策集合、状态转移方程和指标函数等。在上面的计算过程中，利用了第 $k$ 阶段与第 $k+1$ 阶段的关系

$$\begin{cases} f_k(s_k) = \min_{D_k(S_k)}\{r[s_k, d_k(s_k)] + f_{k+1}(s_{k+1})\} & (k = 1, 2, 3, 4, 5) \\ f_6(s_6) = 0 \end{cases}$$

这种递推关系称为动态规划的函数基本方程。

### 6.2.3　贝尔曼（Bellman）最优化原理

对于一个多阶段决策问题，作为整个过程的最优策略具有这样的性质，即无论过去的状态和决策如何，对前面的决策所形成的状态而言，余下的决策必须都构成最优策略。也就是说，不管引导到这个现时状态的头一个状态和决策是什么，所有的未来决策都应是最优的。

## 6.3　动态规划的特点

1．动态规划的优点
（1）可将一个 $N$ 维优化问题转化成 $N$ 个一维优化问题求解。
（2）动态规划方程中附加某些约束条件，可使求解更加容易。
（3）求得最优解以后，可得所有子问题的最优解。
2．动态规划的缺点
（1）一个问题，一个模型，一个求解方法，且求解技巧要求比较高，没有统一处理方法。
（2）状态变量维数不能太高。
3．建立动态规划模型的要点
（1）分析题意，识别问题的多阶段性，按时间或空间的先后顺序适当地划分满足递推关系的若干阶段，对非时序的静态问题要人为地赋予"时段"的概念。

（2）正确地选择状态变量，使其具备两个必要特征：

1）可知性，即能直接或间接地确定过去演变过程的各阶段状态变量的取值。

2）能够确切地描述过程的演变且满足无后效性。

（3）根据状态变量与决策变量的含义，正确写出状态转移方程或转移规则。

（4）根据题意明确指标函数、最优指标函数以及一段效益（即阶段指标）的含义，并正确列出最优指标函数的递推关系及边界条件（即动态规划基本方程）。

## 6.4　动态规划应用举例

**【例 6.2】**　一家著名的快餐店计划在某城市建立 5 个分店，这个城市分成 3 个区，分别用 1、2、3 表示。由于每个区的地理位置、交通状况及居民的构成等诸多因素的差异，将对各分店的经营状况产生直接的影响。经营者通过市场调查及咨询后，建立了表 6.1。该表表明了各个区建立不同数目的分店时的利润估计。试确定各区建店数目使总利润最大。

表 6.1　　　　　　　　　　　　　各分店的经营状况　　　　　　　　　　　单位：万元

| 分店 | 区 | | | 分店 | 区 | | |
|---|---|---|---|---|---|---|---|
| 0 | 0 | 0 | 0 | 3 | 12 | 14 | 9 |
| 1 | 3 | 5 | 4 | 4 | 14 | 16 | 10 |
| 2 | 7 | 10 | 7 | 5 | 15 | 16 | 11 |

**解**　阶段：每个区共三个阶段。

状态：$s_k$ 为第 $k$ 阶段开始时可供分配的店数。

决策：$d_k$ 为分配给 $k$ 区的店数。

状态转移方程：$s_{k+1}=s_k-d_k$。

效益：$r_k(d_k)$ 为分配给 $k$ 区 $d_k$ 个店时的利润。

$f_k(s_k)$ 为当第 $k$ 阶段初始状态为 $s_k$ 时，从第 $k$ 阶段到最后阶段所得最大利润，有

$$\begin{cases} f_k(s_k) = \max_{D_k(s_k)} \{r_k(d_k) + f_{k+1}(s_{k+1})\} & (k=1,2,3) \\ f_4(s_4) = 0 \end{cases}$$

$k=3$ 时，计算见表 6.2。

表 6.2　　　　　　　　　　　　[例 6.2] 的求解表（一）

| $s_3$ | $f_3(s_3)$ | $d_3^*$ | $s_3$ | $f_3(s_3)$ | $d_3^*$ |
|---|---|---|---|---|---|
| 0 | 0 | 0 | 3 | 9 | 3 |
| 1 | 4 | 1 | 4 | 10 | 4 |
| 2 | 7 | 2 | 5 | 11 | 5 |

$k=2$ 时，计算见表 6.3。

表 6.3 [例 6.2] 的求解表（二）

| $s_2/d_2$ | $r_2(d_2)+f_3(s_3)$ | | | | | | $f_2(s_2)$ | $d_2^*$ |
|---|---|---|---|---|---|---|---|---|
| | 0 | 1 | 2 | 3 | 4 | 5 | | |
| 0 | 0 | — | — | — | — | — | 0 | 0 |
| 1 | 4 | 5 | — | — | — | — | 5 | 1 |
| 2 | 7 | 9 | 10 | — | — | — | 10 | 2 |
| 3 | 9 | 12 | 14 | 14 | — | — | 14 | 2，3 |
| 4 | 10 | 14 | 17 | 18 | 16 | — | 18 | 3 |
| 5 | 11 | 15 | 19 | 21 | 20 | 16 | 21 | 3 |

$k = 1$ 时，计算见表 6.4，最优解：$d_1^* = 3$，$d_2^* = 2$，$d_3^* = 0$。

表 6.4 [例 6.2] 的求解表（三）

| $s_1/d_1$ | $r_1(d_1)+f_2(s_2)$ | | | | | | $f_1(s_1)$ | $d_1^*$ |
|---|---|---|---|---|---|---|---|---|
| | 0 | 1 | 2 | 3 | 4 | 5 | | |
| 5 | 21 | 21 | 21 | 22 | 19 | 15 | 22 | 3 |

即在 1 区建 3 个分店，在 2 区建 2 个分店，而不在 3 区建立分店。最大总利润为 22 万元。$d_1^* = 3$，$s_2 = s_1 - d_1^* = 5 - 3 = 2$，$d_2^* = 2$，$s_3 = s_2 - d_2^* = 2 - 2 = 0$，$d_3^* = 0$，见表 6.5。

表 6.5 [例 6.2] 的求解表（四）

| $s_i$ | $f_1(s_1)$ | $d_1^*$ | $f_2(s_2)$ | $d_2^*$ | $f_3(s_3)$ | $d_3^*$ |
|---|---|---|---|---|---|---|
| 0 | | | 0 | 0 | 0 | 0 |
| 1 | | | 5 | 1 | 4 | 1 |
| 2 | | | 10 | 2 | 7 | 2 |
| 3 | | | 14 | 2，3 | 9 | 3 |
| 4 | | | 18 | 3 | 10 | 4 |
| 5 | 22 | 3 | 21 | 3 | 11 | 5 |

【例 6.3】 投资问题。

现有资金 5 百万元，可对三个项目进行投资，投资额均为整数（单位：百万元），其中 2# 项目的投资不得超过 3 百万元，1# 和 3# 项目的投资均不得超过 4 百万元，3# 项目至少要投资 1 百万元，每个项目投资 5 年后，预计可获得收益见表 6.6。问如何投资可望获得最大收益？

表 6.6 投 资 收 益

| 投资项目 | 0 | 1 | 2 | 3 | 4 |
|---|---|---|---|---|---|
| 1# | 0 | 3 | 6 | 10 | 12 |
| 2# | 0 | 5 | 10 | 12 | — |
| 3# | — | 4 | 8 | 11 | 15 |

解 这个投资问题可以分成三个阶段，在第 $k$ 阶段确定 $k$# 的投资额，令 $s_k$ 为对 1#，2#，…，$(k-1)$# 项目投资后剩余的资金额；$x_k$ 为对 $k$# 项目的投资额；$r_k(x_k)$ 为对 $k$# 项目投资 $x_k$ 的收益；

$f_k(s_k)$为应用剩余的资金 $s_k$ 对 $k^{\#}, (k+1)^{\#}, \cdots, N^{\#}$投资可获得的最大收益。状态转移方程为

$$s_{k+1}=s_k-x_k$$

为了获得最大收益，必须将 5 百万元全部用于投资，故假想有第 4 阶段存在时，必有 $s_4 = 0$，于是得递推方程

$$\begin{cases} f_k(s_k) = \max\limits_{D_k(s_k)}[r_k(x_k) + f_{k+1}(s_{k+1})] & (k=1,2,3) \\ f_4(s_4) = 0 \end{cases}$$

（1）当 $k=3$ 时（$3^{\#}$至多投资 4 百万，至少投资 1 百万元），$f_3(1) = 4, f_3(2) = 8, f_3(3) =11,$ $f_3(4) =15$。

（2）当 $k=2$ 时（$2^{\#}$投资不超过 3 百万元），$f_2(1) = r_2(0) + f_3(1) = 0 + 4 = 4, f_2(2) = \max\{r_2(1) + f_3(1), r_2(0) +f_3(2)\}= \max\{5 + 4, 0 + 8\} = 9,$ $f_2(3) = \max\{r_2(2) + f_3(1), r_2(1) + f_3(2), r_2(0) + f_3(3)\}=$ $\max\{10 + 4, 5 + 8, 0 +11\} = 14, f_2(4) = \max\{r_2(3) + f_3(1), r_2(2) + f_3(2), r_2(1) + f_3(3), r_2(0) + f_3(4)\}=$ $\max\{12 + 4, 10 + 8, 5 +11, 0 +15\} =18, f_2(5) = \max\{r_2(3) + f_3(2), r_2(2) + f_3(3), r_2(1) + f_3(4)\}=$ $\max\{12 + 8, 10 +11, 5 +15\} = 21$。

注意：$3^{\#}$至多投资 4 百万元。

（3）当 $k=1$ 时，$s_1=5$（最初有 5 百万元，$3^{\#}$至少投资 1 百万元），$f_1(5) = \max\{r_1(0) + f_2(5),$ $r_1(1) + f_2(4), r_1(2) + f_2(3), r_1(3) + f_2(2), r_1(4) + f_2(1)\}= \max\{0 +21, 3+18, 6+14, 10+9, 12+4\}=21$。

应用顺序反推可知最优投资方案。方案 1：$x_1^* = 0, x_2^* = 2, x_3^* = 3$；方案 2：$x_1^* = 1, x_2^* = 2,$ $x_3^* = 2$。最大收益均为 21 百万元。

**【例 6.4】** 一维"背包"问题。

有一辆最大货运量为 10t 的卡车，用于装载三种货物，每种货物的单位质量及相应单位价值见表 6.7，应如何装载可使总价值最大？

**表 6.7**                         货物的单位质量及相应单位价值

| 货物编号 $i$ | 1 | 2 | 3 |
|---|---|---|---|
| 单位质量（t） | 3 | 4 | 5 |
| 单位价值 $c_i$ | 4 | 5 | 6 |

**解**   设第 $i$ 种货物装载的件数为 $x_i(i =1, 2, 3)$，则问题可表示为

$$\max Z=4x_1+5x_2+6x_3$$
$$\text{s. t.} \quad 3x_1+4x_2+5x_3 \leqslant 10$$
$$x_i \geqslant 0，且为整数(i=1, 2, 3)$$

该整数规划问题可利用动态规划方法进行求解。设状态变量 $s_i$ 表示卡车可用于装载第 1 种货物至第 $i$ 种货物的货运量；决策变量 $x_i$ 表示第 $i$ 种货物装载的件数，则有 $s_3=10, s_2=s_1-5x_3, s_1=s_2-4x_2$；最优目标函数 $f_i(s_i)$ 表示卡车以 $s_i$ 的货运量装载第 1 种货物至第 $i$ 种货物所得到的最大总价值。

方法一：由于决策变量取整数，所以可以用列表法求解。

（1）当 $k=1$ 时

$$f_1(s_1) = \max_{\substack{0 \leqslant 3x_1 \leqslant s_1 \\ x_1为整数}} \{4x_1\}$$

或

$$f_1(s_1) = \max_{\substack{0 \le x_1 \le \frac{s_1}{3} \\ x_1 为整数}} \{4x_1\} = 4\left[\frac{s_1}{3}\right]$$

计算结果见表 6.8。

表 6.8　　　　　　　　　　　[例 6.4] 的求解表（一）

| $s_1$ | 0 | 1 | 2 | 3 | 4 | 5 | 6 | 7 | 8 | 9 | 10 |
|---|---|---|---|---|---|---|---|---|---|---|---|
| $f_1(s_1)$ | 0 | 0 | 0 | 4 | 4 | 4 | 8 | 8 | 8 | 12 | 12 |
| $x_1^*$ | 0 | 0 | 0 | 1 | 1 | 1 | 2 | 2 | 2 | 3 | 3 |

（2）当 $k=2$ 时

$$f_2(s_2) = \max_{\substack{0 \le x_2 \le s_2/4 \\ x_2 为整数}} \{5x_2 + f_1(s_2 - 4x_2)\}$$

计算结果见表 6.9。

表 6.9　　　　　　　　　　　[例 6.4] 的求解表（二）

| $s_2$ | 0 | 1 | 2 | 3 | 4 | 5 | 6 | 7 | 8 | 9 | 10 |
|---|---|---|---|---|---|---|---|---|---|---|---|
| $x_2$ | 0 | 0 | 0 | 0 | 0, 1 | 0, 1 | 0, 1 | 0, 1 | 0, 1, 2 | 0, 1, 2 | 0, 1, 2 |
| $c_2+f_1$ | 0 | 0 | 0 | 4 | 4, 5 | 4, 5 | 8, 5 | 8, 9 | 8, 9, 10 | 12, 9, 10 | 12, 13, 10 |
| $f_2(s_2)$ | 0 | 0 | 0 | 4 | 5 | 5 | 8 | 9 | 10 | 12 | 13 |
| $x_2^*$ | 0 | 0 | 0 | 0 | 1 | 1 | 0 | 1 | 2 | 0 | 1 |

（3）当 $k=3$ 时

$$f_3(10) = \max_{\substack{0 \le x_3 \le 2 \\ x_3 为整数}} \{6x_3 + f_2(10 - 5x_3)\} = \max_{x_3 = 0, 1, 2} \{6x_3 + f_2(10 - 5x_3)\}$$

$$= \max\{13, 6+5, 12+0\} = 13$$

此时 $x_3^* = 0$，可推导全部策略为 $x_1^* = 2$，$x_2^* = 1$，$x_3^* = 0$，最大价值为 13。

方法二：问题最终要求 $f_3(10)$。

$$f_3(10) = \max_{x_3 = 0, 1, 2} \{6x_3 + f_2(10 - 5x_3)\}$$

$$= \max\{0 + f_2(10), \ 6 + f_2(5), \ 12 + f_2(0)\}$$

由此看到要计算 $f_3(10)$，需先计算 $f_2(10)$、$f_2(5)$ 和 $f_2(0)$。

$$f_2(10) = \max_{x_2 = 0, 1, 2} \{5x_2 + f_1(10 - 4x_2)\} = \max\{f_1(10), \ 5 + f_1(6), \ 10 + f_1(2)\}$$

同理

$$f_2(5) = \max_{x_2 = 0, 1} \{5x_2 + f_1(5 - 4x_2)\} = \max\{f_1(5), \ 5 + f_1(1)\}$$

$$f_2(0) = \max_{x_2 = 0} \{5x_2 + f_1(0 - 4x_2)\} = f_1(0)$$

为了计算 $f_2(10)$、$f_2(5)$ 和 $f_2(0)$，需要先计算 $f_1(10)$、$f_1(6)$、$f_1(5)$、$f_1(2)$、$f_1(1)$ 和 $f_1(0)$。

由于

$$f_1(s_1) = \max_{\substack{0 \leqslant x_1 \leqslant \frac{s_1}{3} \\ x_1 为整数}} \{4x_1\} = 4\left[\frac{s_1}{3}\right]$$

则

$$f_1(10) = 12(x_1=3), \quad f_1(6) = 8(x_1=2), \quad f_1(5) = 4(x_1=1),$$
$$f_1(2) = 0, \quad (x_1=0), \quad f_1(1) = 0(x_1=0), \quad f_1(0) = 0(x_1=0)$$

从而

$$f_2(10) = \max\{f_1(10), 5 + f_1(6), 10 + f_1(2)\} = \max\{12, 5+8, 10+0\} = 13(x_1=2, x_2=1)$$
$$f_2(5) = \max\{f_1(5), 5 + f_1(1)\} = \max\{4, 5+0\} = 5(x_1=0, x_2=1)$$
$$f_2(0) = f_1(0) = 0(x_1=0, x_2=0)$$

最后有

$$f_3(10) = \max\{f_2(10), 6 + f_2(5), 12 + f_2(0)\}$$
$$= \max\{13, 6+5, 12+0\}$$
$$= 13(x_1=2, x_2=1, x_3=0)$$

**【例 6.5】** 二维"背包"问题。

有一辆最大货运量为 12t、最大容量为 10m³ 的某种类型卡车，用于装载两种货物 A、B，每种货物的单件质量分别为 3、4t，体积分别为 1、5m³，重要性系数分别为 2、3，求合理装载的最大效益。

**解** 设 A、B 货物装载的件数为 $x_i(i=1, 2)$，则问题可表示为

$$\max Z = 2x_1 + 3x_2$$
$$\text{s. t. } 3x_1 + 4x_2 \leqslant 12$$
$$x_1 + 5x_2 \leqslant 10$$
$$x_i \geqslant 0, 且为整数(i=1, 2)$$

并解出

$$f_2(12, 10) = \max_{x_2=0, 1, 2} \{3x_2 + f_1(12-4x_2, 10-5x_2)\}$$
$$= \max\{f_1(12, 10), 3 + f_1(8, 5), 6 + f_1(4, 0)\}$$

先要计算 $f_1(12, 10)$、$f_1(8, 5)$ 及 $f_1(4, 0)$。

$$f_1(12, 10) = \max_{x_1=0, 1, 2, 3, 4} \{2x_1\} = 8(x_1^* = 4)$$

同理

$$f_1(8, 5) = 4(x_1^* = 2), \quad f_1(4, 0) = 0(x_1^* = 0)$$

则

$$f_2(12, 10) = \max\{f_1(12, 10), 3 + f_1(8, 5), 6 + f_1(4, 0)\}$$
$$= \max\{8, 3+4, 6+0\}$$
$$= 8(x_1^* = 4, \ x_2^* = 0)$$

因此，最优方案为装 A 种货物 4 件，不装 B 种货物，最大价值为 8。

**【例 6.6】** 连续变量问题。

某公司有资金 10 万元，可投资于项目 $i(i=1, 2, 3)$，若投资额为 $x_i$，其收益分别为 $g_1(x_1) =$

$4x_1$，$g_2(x_2) = 9x_2$，$g_3(x_3) = 2x_3^2$，问如何分配投资额，使总收益最大？

**解** 建立此问题的数学模型，求 $x_i$，使

$$\max Z = 4x_1 + 9x_2 + 2x_3^2$$
$$\text{s. t. } x_1 + x_2 + x_3 \leqslant 10$$
$$x_1, x_2, x_3 \geqslant 0$$

按变量个数分阶段，可看成三段决策问题，设状态变量 $s_k$ 表示第 $k$ 阶段可以分配给第 $k$ 个到第 3 个项目的资金额，决策变量 $x_k$ 表示决定投资给第 $k$ 个项目的资金额，则有 $s_1 = 10$，$s_2 = s_1 - x_1$，$s_3 = s_2 - x_2$，即状态转移方程为 $s_{k+1} = s_k - x_k$，令最优指标函数 $f_k(s_k)$ 表示第 $k$ 个阶段，初始状态为 $s_k$ 时，从第 $k$ 个到第 3 个项目所获最大收益 $f_k(s_k)$ 即为所求的总收益。

上述问题的函数方程可表示为

$$\begin{cases} f_k(s_k) = \max\limits_{x_k = 3, 2, 1} \{ g_k(x_k) + f_{k+1}(s_{k+1}) \} \\ f_4(s_4) = 0 \end{cases}$$

$k = 3$ 时，$f_3(s_3) = \max\limits_{0 \leqslant x_3 \leqslant s_3} \{ 2x_3^2 \}$，当 $x_3^* = s_3$ 时，取得最大值 $2s_3^2$，即

$$f_3(s_3) = \max\limits_{0 \leqslant x_3 \leqslant s_3} \{ 2x_3^2 \} = 2s_3^2$$

$k = 2$ 时，$f_2(s_2) = \max\limits_{0 \leqslant x_2 \leqslant s_2} \{ 9x_2 + f_3(s_3) \} = \max\limits_{0 \leqslant x_2 \leqslant s_2} \{ 9x_2 + 2s_3^2 \} = \max\limits_{0 \leqslant x_2 \leqslant s_2} \{ 9x_2 + 2(s_2 - x_2)^2 \}$。

令 $h_2(s_2, x_2) = 9x_2 + 2(s_2 - x_2)^2$，由 $\dfrac{\mathrm{d}h_2}{\mathrm{d}x_2} = 9 + 4(s_2 - x_2)(-1) = 0$，解得 $x_2 = s_2 - \dfrac{9}{4}$，而 $\dfrac{\mathrm{d}^2 h_2}{\mathrm{d}x_2^2} = 4 > 0$，所以 $x_2 = s_2 - \dfrac{9}{4}$ 是极小点。

极大点只可能在 $[0, s_2]$ 端点取得：$f_2(0) = 2s_2^2$，$f_2(s_2) = 9s_2$。

当 $s_2 \geqslant \dfrac{9}{2}$ 时，$f_2(0) \geqslant f_2(s_2)$，此时 $x_2^* = 0$；当 $s_2 < \dfrac{9}{2}$ 时，$f_2(0) < f_2(s_2)$，此时 $x_2^* = s_2$。

$k = 1$ 时，$f_1(s_1) = \max\limits_{0 \leqslant x_1 \leqslant s_1} \{ 4x_1 + f_2(s_2) \}$。

当 $f_2(s_2) = 9s_2$ 时，$f_1(10) = \max\limits_{0 \leqslant x_1 \leqslant 10} \{ 4x_1 + 9s_1 - 9x_1 \} = \max\limits_{0 \leqslant x_1 \leqslant 10} \{ 9s_1 - 5x_1 \} = 9s_1 (x_1^* = 0)$，但此时 $s_2 = s_1 - x_1 = 10 - 0 = 10 > \dfrac{9}{2}$，与 $s_2 < \dfrac{9}{2}$ 矛盾，故舍去。

当 $f_2(0) = 2s_2^2$ 时，$f_1(10) = \max\limits_{0 \leqslant x_1 \leqslant 10} \{ 4x_1 + 2(s_1 - x_1)^2 \}$。

令 $h_1(s_1, x_1) = 4x_1 + 2(s_1 - x_1)^2$，由 $\dfrac{\mathrm{d}h_1}{\mathrm{d}x_1} = 4 + 4(s_1 - x_1)(-1) = 0$，解得 $x_1 = s_1 - 1$，而 $\dfrac{\mathrm{d}^2 h_1}{\mathrm{d}x_1^2} = 4 > 0$，所以 $x_1 = s_1 - 1$ 是极小点。比较 $[0, 10]$ 两个端点。$x_1 = 0$ 时，$f_1(10) = 200$；$x_1 = 10$ 时，$f_1(10) = 40$，所以 $x_1^* = 0$，再由状态方程得 $s_2 = s_1 - x_1^* = 10 - 0 = 10$。由于 $s_2 \geqslant \dfrac{9}{2}$，因此 $x_2^* = 0$，$s_3 = s_2 - x_2^* = 10 - 0 = 10$，所以 $x_3^* = s_3 = 10$。

最优投资方案为：全部资金投入第 3 个项目，可得最大收益 200 万元。

## 本 章 小 结

　　动态规划是研究多阶段决策问题的最优化方法。多阶段决策问题含有一个描述过程时序或空间演变的阶段变量，将复杂问题划分成若干阶段，遵循逆序求解的思想，根据最优化原理逐段解决，并最终实现全局最优。在经济、管理、工业生产、工程技术等领域，许多问题可归结为多阶段决策问题，可以用线性规划、非线性规划处理有困难的问题，也可以用动态规划方便的求解。LINDO 等软件是求解动态规划问题的简单且有效的工具。

　　建模是动态规划的难点和解决问题的关键。归结起来，动态规划建模的一般步骤为：

（1）对问题进行阶段划分，确定阶段变量 $k$。

（2）确定状态变量 $s_k$，确定状态集合 $S_k$。

（3）确定决策变量 $d_k$，允许决策集合 $D_k(s_k)$。

（4）写出状态转移方程 $s_{k+1} = T_k(s_k, d_k)$。

（5）写出指标函数的基本递推方程 $f_k(s_k) = \min(\max)\limits_{D_k(s_k)} \{r[s_k, d_k(s_k)] + f_{k+1}(s_{k+1})\}$。

（6）明确边界条件。

## 习　题　6

### 一、计算题

**6.1**　用逆推解法和用标号法计算图 6.7 所示的从 $A$ 到 $E$ 的最短路线及其长度。

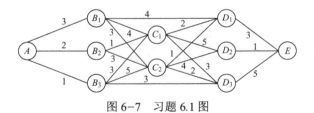

图 6-7　习题 6.1 图

**6.2**　用动态规划方法求解下列问题。

（1）$\max Z = x_1^2 x_2 x_3^3$

　　s.t.　$x_1 + x_2 + x_3 \leqslant 6$

　　　　$x_j \geqslant 0 \quad (j = 1,\ 2,\ 3)$

（2）$\min Z = 3x_1^2 + 4x_2^2 + x_3^2$

　　s.t.　$x_1 x_2 x_3 \geqslant 9$

　　　　$x_j \geqslant 0 \quad (j = 1,\ 2,\ 3)$

**6.3**　利用动态规划方法证明平均值不等式

$$\frac{(x_1 + x_2 + \cdots + x_n)}{n} \geqslant (x_1 x_2 \ldots x_n)^{\frac{1}{n}}$$

设 $x_i \geqslant 0 (i = 1, 2, \cdots, n)$。

**6.4** 考虑一个有 $m$ 个产地和 $n$ 个销地的运输问题。设 $a_i(i=1,2,\cdots,m)$ 为产地 $i$ 可发运的物资数，$b_j(j=1,2,\cdots,n)$ 为销地 $j$ 所需要的物资数。又从产地 $i$ 到销地 $j$ 发运 $x_{ij}$ 单位物资所需的费用为 $h_{ij}(x_{ij})$。试建立该问题的动态规划模型。

**6.5** 某公司在今后三年的每一年的开头将资金投入 A 或 B 项工程，年末的回收及其概率见表 6.10。每年至多做一项投资，每次只能投入 1000 万元。试求出三年后所拥有的期望金额达到最大的投资方案。

表 6.10 年末的回收及其概率

| 投资 | 回收（万元） | 概率 |
|---|---|---|
| A | 0 | 0.4 |
| | 2000 | 0.6 |
| B | 1000 | 0.9 |
| | 2000 | 0.1 |

**6.6** 某公司有三个工厂都可以考虑改造扩建。每个工厂都有若干种方案可供选择，各种方案的投资及所能取得的收益见表 6.11。现公司有资金 5 千万元，问应如何分配投资使公司的总收益最大。

表 6.11 各方案的投资和所能取得的收益 （千万元）

| $m_{ij}$ | 工厂 $i=1$ | | 工厂 $i=2$ | | 工厂 $i=3$ | |
|---|---|---|---|---|---|---|
| | $c$（投资） | $R$（收益） | $c$（投资） | $R$（收益） | $c$（投资） | $R$（收益） |
| 1 | 0 | 0 | 0 | 0 | 0 | 0 |
| 2 | 1 | 5 | 2 | 8 | 1 | 3 |
| 3 | 2 | 6 | 3 | 9 | — | — |
| 4 | — | — | 4 | 12 | — | — |

**6.7** 某厂准备连续 3 个月生产 A 产品，每月初开始生产。A 的生产成本费用为 $x^2$，其中 $x$ 是 A 产品当月的生产数量。仓库存货成本费每月每单位为 1 元。估计 3 个月的需求量分别为 $d_1=100$，$d_2=110$，$d_3=120$。现设开始时第一个月月初存货 $s_0=0$，第三个月的月末存货 $s_3=0$。试问每月的生产数量应是多少才使总的生产和存货费用为最小。

**6.8** 设有一辆载重卡车，现有 4 种货物均可用此车运输。已知这 4 种货物的质量、容积和价值见表 6.12。若该卡车的最大载重为 15t，最大允许装载容积为 $10m^3$，在许可的条件下，每车装载每一种货物的件数不限。问应如何搭配这 4 种货物，才能使每车装载货物的价值最大。

表 6.12 4 种货物的质量、容积和价值

| 货物代号 | 质量（t） | 容积（$m^3$） | 价值（千元） |
|---|---|---|---|
| 1 | 2 | 2 | 3 |
| 2 | 3 | 2 | 4 |
| 3 | 4 | 2 | 5 |
| 4 | 5 | 3 | 6 |

**6.9**　某警卫部门有 12 支巡逻队负责 4 个仓库的巡逻。按规定对每个仓库可分别派 2～4 支队伍巡逻。由于所派队伍数量上的差别，各仓库一年内预期发生事故的次数见表 6.13。试应用动态规划的方法确定派往各仓库的巡逻队数，使预期事故的总次数为最少。

表 6.13　　　　　　　　　　　　　　　1 年内预期事故次数

| 仓库<br>巡逻队数 | 1 | 2 | 3 | 4 |
|---|---|---|---|---|
| 2 | 18 | 38 | 14 | 34 |
| 3 | 16 | 36 | 12 | 31 |
| 4 | 12 | 30 | 11 | 25 |

**6.10**　生产计划问题。根据合同，某厂明年每个季度末应向销售公司提供产品有关信息见表 6.14。若产品过多，季末有积压，则一个季度每积压 1t 产品需支付存储费 0.2 万元。现需找出明年的最优生产方案，使该厂能在完成合同的情况下使全年的生产费用最低。试建立：

（1）此问题的线性规划模型（提示：设第 $j$ 季度工厂生产产品 $x_j$，第 $j$ 季度初存储的产品为 $y_j$，显然 $y_1 = 0$）。

（2）此问题的动态规划模型（均不用求解）。

表 6.14　　　　　　　　　　　　　　　产　品　信　息

| 季度 $j$ | 生产能力 $a_j$（t） | 生产成本 $d_j$（万元/t） | 需求量 $b_j$（t） |
|---|---|---|---|
| 1 | 30 | 15.6 | 20 |
| 2 | 40 | 14.0 | 25 |
| 3 | 25 | 15.3 | 30 |
| 4 | 10 | 14.8 | 15 |

**二、复习思考题**

**6.11**　举例说明什么是多阶段的决策过程及多阶段决策问题的特性。

**6.12**　解释下列概念：①状态；②决策；③最优策略；④状态转移方程；⑤指标函数和最优指标函数。

**6.13**　建立动态规划模型时应注意哪几点，它们在模型中的作用是什么？

**6.14**　试述动态规划方法的基本思想，动态规划基本方程的结构及方程中各个符号的含义，正确写出动态规划基本方程的关键因素。

**6.15**　试述动态规划的最优化原理，以及它同动态规划基本方程之间的关系。

**6.16**　试述动态规划方法与逆推解法和顺推解法之间的联系及应注意事项。

**6.17**　判断下列说法是否正确（正确的在括号中打"√"，错误的在括号中打"×"）。

（1）在动态规划模型中，问题的阶段数等于问题中的子问题的数目。　　　　（　　）

（2）动态规划中，定义状态时应保证在各个阶段中所做决策的相互独立性。　（　　）

（3）动态规划的最优性原理保证了从某一状态开始的未来决策独立于先前已做出的决策。　　　　　　　　　　　　　　　　　　　　　　　　　　　　　　（　　）

（4）对于一个动态规划问题，应用顺推或逆推解法可能会得出不同的最优解。（　　）

（5）动态规划计算中的"维数障碍"主要是由于问题中阶段数的急剧增加而引起。

　　　　　　　　　　　　　　　　　　　　　　　　　　　　　（　　）

（6）假如一个线性规划问题含有 5 个变量和 3 个约束，则用动态规划方法求解时将划分为 3 个阶段，每个阶段的状态将由一个 5 维的向量组成。　　　　　　　　　（　　）

**6.18**　对于静态规划的模型，如线性规划、非线性规划、整数规划等，一般可以采用动态规划的方法求解，试分析各自的优缺点。

**6.19**　在动态规划中，定义状态时要保证各阶段决策的相互独立性，试述"货郎担"问题中状态是如何定义的，以及为什么要这样定义。

**6.20**　什么是动态规划算法中的维数灾难？试举出本章有关问题中，在什么情况下会出现维数灾难？

# 第 7 章 存　　储　　论

库存管理（Inventory Management）是对企业进行现代化科学管理的一个重要内容，如果一个工厂、一个商店没有必要的库存，就不能保证正常的生产活动和销售活动。库存不足就会造成工厂的停工待料，商店缺货现象，在经济上造成损失；但是库存量太大又会积压流动资金，增加存储费用，使企业利润大幅下降。因此，必须对库存物资进行科学管理。

## 7.1　存储论基本概念

### 7.1.1　ABC 库存管理技术

ABC 库存管理技术是一种简单、有效的库存管理技术。它通过对品种、规格极为繁多的库存物资进行分类，使得企业管理人员将主要注意力集中在金额较大，最需要加以重视的产品上，达到节约资金的目的。

A 类物资的特点：品种较少，但由于年耗用量特别大或价格高，因而年金额特别大，占用资金很多。通常它占总品种的 10% 以下，年金额占全部库存物资年金额的 60%～70%。A 类物资往往是企业生产过程中主要原材料和燃料，是节约企业库存资金的重点和关键。

B 类物资的特点：通常它占全部库存物资总品种的 20%～30%，年金额占全部库存物资年金额的 20% 左右。

C 类物资的特点：通常它占全部库存物资总品种的 60%～70%，年金额占全部库存物资年金额的 10%～20%。

【例 7.1】　某企业有 2000 种库存物资，试进行分类。

**解**　先计算每类物资的年耗用量、平均单价，得到年金额，然后按照年金额的大小把全部库存物资排队，并划分为三类见表 7.1。

表 7.1　　　　　　　　　　　　　库 存 物 资 分 类

| 类别 | 物资名称 | 物资品种 | 品种占比（%） | 年金额（万元） | 年金额占比（%） |
|------|----------|----------|--------------|----------------|-----------------|
| A | 钢材 | 120 | 6 | 174 | 69.6 |
| B | 铜 | 400 | 20 | 54 | 21.6 |
| C | 铁钉 | 1480 | 74 | 22 | 8.8 |
| 合计 | — | 2000 | 100 | 250 | 100 |

三类物资的管理和控制办法：

A 类物资品种少，金额大，是进行库存管理和控制的重点。计算列入 A 类物资的每一品种的年需要量、库存费用和每批的采购费用，并计算最经济的批量，要求尽可能缩减与库存有关费用，并应经常检查，通常情况下 A 类物资保险储备天数较少。

C 类物资品种多、金额小，订货次数不能过多，通常可按过去的消耗情况对它们进行上下限控制，库存下降到下限时进货，每次进货的数量与原有库存量合计不超过上限。这种物资占用资金不多，所以保险储备天数较多。总之，C 类物资增大订货批量，减少订货次数。

B 类物资也应加强管理，通常计算其中一部分品种最经济批量，对其余部分进行一般性管理，采用上下限控制办法，其保险储备天数较 A 类物资多，比 C 类物资少。

### 7.1.2 库存管理中费用分类

1. 存储费（Inventory Cost）

存储费是由于对库存物资进行保管而引起的费用，包括：货物占用资金的利息；为了库存物资安全而向保险机构缴纳的保险金；部分库存物资损坏、变质、短缺而造成的损失；库存物资占用仓库面积而引起的一系列费用，如货物的搬运费，仓库本身的固定资产折旧费，仓库维修费用，仓库及其设备的租金，仓库的取暖、冷藏、照明等费用，仓库管理人员等的工资、福利费用，仓库的业务核算费用等。

2. 订货费（Order Cost）

订货费包括两项：一项是订货费用（固定费用），如采购人员的各种工资、差旅费、订购合同、邮电费用等，它与订购次数有关，与订购数量无关；另一项是货物的成本费用，它与订购数量有关（可变费用），如货物本身的价格、运输费用。

3. 设备调整费（Adjust Equipment Cost）

设备调整费包括：对库存物资的自制产品，在批量生产情况下每批产品产前的工艺准备费用；工具和卡具费用；设备调整费用等。

4. 缺货损失费（Backorder Cost）

当某种物资存储量不足，不能满足需求时所造成的损失费，如工厂停工待料、失去销售机会以及不能履行合同而缴纳的罚款等。

### 7.1.3 库存管理的要素

1. 需求量

一种物资的需求方式可以是确定性的，也可以是随机性的。在确定情况下，假定需求量在所有各个时期内是已知的。随机性的需求则表示在某个时期内的需求量并不确切知道，但它们的情况可以用一个概率分布来描述。

2. 补充存货

库存物资的补充可以是订货，也可以是生产。当发出一张订单时，可能立即交货，也可能在交货前需要一段时间。从订货到收货之间的时间称为滞后时间，一般地，滞后时间可以是确定性的，也可以是随机性的。

3. 订货周期

订货周期是指两次相邻订货之间的时间。

下一次的订货时间通常用以下两种方式来确定：

（1）连续检查。随时注意库存水平的变化，当库存水平降到某一确定值时，立即订货。

（2）定期检查。每次检查之间的时间间隔是相等的，当库存水平降到某一确定值时，立即订货。

## 7.2 确定型存储模型（需求连续均匀时一般库存问题）

本节公式中的符号说明：

$R$ 为需求速度（物资单位/天）；$S$ 为供应能力（物资单位/天）；$h$ 为存储费 [元/（物资单位·天）]；$p$ 为缺货费 [元/（物资单位·天）]；$k$ 为订货费（元/批）；$T_1$ 为供货所需时间（天）；$T$ 为订货周期（天）；$Q$ 为订货批量（物资单位/批）；$Q_m$ 为最高存储量（物资单位）；$Q_0$ 为存储量峰谷差（物资单位）。

需求连续均匀时一般库存问题如图 7.1 所示。图中在横轴之上表示有库存，横轴之下表示缺货，虚线 $EJ$ 表示在 $E$ 时没有订货。

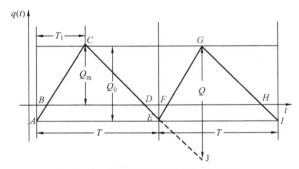

图 7.1 需求连续均匀的库存问题

由于订货批量=供应能力×供货时间=需求速度×订货周期，即 $Q = ST_1 = RT$，则有

$$T_1 = RT/S \tag{7.1}$$

又由于（供应能力 − 需求速度）×供货时间=峰谷差，则有

$$(S-R)T_1 = Q \tag{7.2}$$

将式（7.1）代入式（7.2）得

$$Q_0 = (S-R)R\frac{T}{S} \tag{7.3}$$

因 $S_{\triangle ACE} = \frac{1}{2}TQ_0$，$\triangle ACE \backsim \triangle BCD$，$BD = \frac{Q_m}{Q_0}T$，则

$$\frac{S_{\triangle BCD}}{S_{\triangle ACE}} = \frac{Q_m^2}{Q_0^2} S_{\triangle BCD} = \frac{Q_m^2}{Q_0^2}S_{\triangle ACE} = S\frac{Q_m^2}{Z}S(S-R)R \tag{7.4}$$

同理，$\triangle ACE \backsim \triangle DEF$，$\dfrac{S_{\triangle DEF}}{S_{\triangle ACE}} = \dfrac{(Q_0 - Q_m)^2}{Q_0^2}$，得

$$S_{\triangle DEF} = \frac{(Q_0 - Q_m)^2}{Q_0^2}S_{\triangle ACE} = \frac{1}{2}\frac{(Q_0 - Q_m)^2}{Q_0^2}TQ_0 \tag{7.5}$$

将式（7.3）代入式（7.5）得

$$S_{\triangle DEF} = \frac{(S-R)RT^2}{2S} - Q_mT + \frac{SQ_m^2}{2(S-R)R} \tag{7.6}$$

单位时间总费用为

$$C = \frac{1}{T}(hS_{\triangle BCD} + pS_{\triangle DEF} + k) \tag{7.7}$$

将式（7.4）、式（7.6）代入式（7.7）得

$$C = (h+p)\frac{SQ_m^2}{2(S-R)R} + \frac{k}{T} + \frac{p(S-R)RT}{2S} - pQ_m$$

求极值

$$\frac{\partial C}{\partial Q_m} = 0, \ \frac{\partial C}{\partial T} = 0$$

整理得到：

订货周期

$$T = \sqrt{\frac{2kS(h+p)}{hp(S-R)R}}$$

订货批量

$$Q = \sqrt{\frac{2kSR(h+p)}{hp(S-R)}}$$

最大缺货量

$$Q_0 - Q_m = \sqrt{\frac{2khR(S-R)}{p(h+p)S}}$$

最高存储量

$$Q_m = \sqrt{\frac{2kpR(S-R)}{h(h+p)S}}$$

最小总费用

$$C(Q) = \sqrt{\frac{2hkpR(S-R)}{(h+p)S}}$$

**1. 模型 1：瞬时补充，不允许缺货**

瞬时补充，即 $S \rightarrow \infty$，不允许缺货，即 $p \rightarrow \infty$，则可以得到著名的经济订货量公式（EOQ）或称为威尔森–哈里斯（Wilson-Harris）公式或经济批量公式。

整理得到

订货周期

$$T = \sqrt{\frac{2k}{hR}}$$

订货批量

$$Q = \sqrt{\frac{2kR}{h}}$$

最高存储量

$$Q = \sqrt{\frac{2kR}{h}} = Q$$

最小总费用

$$C(Q) = \sqrt{2hkR}$$

**【例 7.2】** 一家电脑制造公司自行生产扬声器用于自己的产品。电脑以 6000 台/月的生产率在流水线上装配，扬声器则成批生产，每次成批生产时需准备费 1200 元，每个扬声器的成本为 20 元，存储费为 0.10 元/月。若不允许缺货，每批应生产扬声器多少只？多长时间生产一次？

**解** 已知 $R = 6000$ 台/月，$k = 1200$ 元，$C = 20$ 元，$h = 0.10$ 元/月，则

$$T = \sqrt{\frac{2k}{hR}} = \sqrt{\frac{2 \times 1200}{0.1 \times 6000}} = 2 \ （月）$$

$$Q = \sqrt{\frac{2kR}{h}} = \sqrt{\frac{2 \times 1200 \times 6000}{0.1}} = 12\,000 \ （只）$$

每批应生产扬声器 12 000 只，2 个月生产一次。

2. 模型 2：瞬时补充，允许缺货

瞬时补充，表示供货能力很强，即 $S \to \infty$，得到如下公式：

订货周期
$$T = \sqrt{\frac{2k(h+p)}{hpR}}$$

订货批量
$$Q = \sqrt{\frac{2kR(h+p)}{hp}}$$

最大缺货量
$$Q_0 - Q_m = \sqrt{\frac{2khR}{p(h+p)}}$$

最高存储量
$$Q_m = \sqrt{\frac{2kpR}{h(h+p)}}$$

最小总费用
$$C(Q) = \sqrt{\frac{2hkpR}{(h+p)}}$$

**【例 7.3】** 在［例 7.2］中若允许缺货，缺货费为 1 元/只，则每批应生产扬声器多少只？多长时间生产一次？

**解** 已知 $R = 6000$ 台/月，$k = 1200$ 元，$C = 20$ 元，$h = 0.10$ 元/月，$p = 1$ 元/只，则

$$T = \sqrt{\frac{2k(h+p)}{hpR}} = \sqrt{\frac{2 \times 1200 \times (0.1+1)}{0.1 \times 1 \times 6000}} = 2.1 \text{（月）}$$

$$Q = \sqrt{\frac{2kR(h+p)}{hp}} = \sqrt{\frac{2 \times 1200 \times 6000 \times (0.1+1)}{0.1 \times 1}} = 12\,586 \text{（只）}$$

$$Q_0 - Q_m = \sqrt{\frac{2khR}{p(h+p)}} = \sqrt{\frac{2 \times 1200 \times 6000 \times 0.1}{1 \times (0.1+1)}} = 1144 \text{（只）}$$

每批应生产扬声器 12 586 只，2.1 个月生产一次，最大缺货量为 1144 只。

3. 模型 3：生产需要一定时间，不允许缺货

不允许缺货，则表示 $p \to \infty$，得到如下公式：

订货周期
$$T = \sqrt{\frac{2kS}{h(S-R)R}}$$

订货批量
$$Q = \sqrt{\frac{2kSR}{h(S-R)}}$$

最大缺货量
$$Q_0 - Q_m = \sqrt{\frac{2k\,hR(S-R)}{p(h+p)S}} = 0$$

最高存储量
$$Q_m = \sqrt{\frac{2kR(S-R)}{hS}}$$

最小总费用
$$C(Q) = \sqrt{\frac{2hkR(S-R)}{S}}$$

4. 其他模型

（1）$S=R$ 时（供货只能跟上消耗），$T \to \infty$。

（2）$S<R$ 时，表示不可能持续下去。

## 7.3　随机型存储模式（需求随机离散时一般库存问题）

报童问题（Newsboy Problem）：报童每天售报的数量是一个随机变量 $x$，报纸的批发价为 $c$，零售价为 $r$，如报纸未售出，每份价格为 $v$（$r>c>v$）元，每日售出报纸份数 $x$ 的概率为 $\varphi(x)$，根据报童的销售经验，$\varphi(x)$ 为已知，问报童每日最好准备多少份报纸？

设售出报纸份数 $x$，其概率 $\varphi(x)$ 为已知，$\Sigma\varphi(x)=1$。设报童订购报纸数量为 $Q$，则：

（1）供过于求时（$x<Q$），报纸因不能售出而承担损失，其期望值为

$$\sum_{x<Q}(r-v)(Q-x)\varphi(x)$$

（2）供不应求时（$x>Q$），报纸因缺货而少赚的损失，其期望值为

$$\sum_{x>Q}(r-c)(x-Q)\varphi(x)$$

当订货量为 $Q$ 时，损失期望值为

$$C(Q)=\sum_{x<Q}(r-v)(Q-x)\varphi(x)+\sum_{x>Q}(r-c)(x-Q)\varphi(x)$$

要确定 $Q$，使 $C(Q)$ 最小。$Q$ 是整数，且 $x$ 是随机变量，不能用导数求解。设报童每日订购报纸最佳量为 $Q$，其损失期望值有：

（1）$C(Q) \leqslant C(Q+1)$；

（2）$C(Q) \leqslant C(Q-1)$。

通过计算整理得到

$$\sum_{x \leqslant Q-1}\varphi(x)<\frac{r-c}{r-v} \leqslant \sum_{x \leqslant Q}\varphi(x)$$

报童的临界数

$$N=\frac{r-c}{r-v}$$

如果这类问题考虑存储费用，设 $h$ 表示该种商品一个单位货物从进货到销售季节来临时的存储费用，$c$ 表示货物的单位价格，$p$ 表示一个单位的缺货费用，则这类问题的最佳订货量应满足

$$\sum_{x \leqslant Q-1}\varphi(x)<\frac{p-c}{p+h} \leqslant \sum_{x \leqslant Q}\varphi(x)$$

如果这类问题考虑存储费用、采购费用及处理费用，设 $h$ 表示该种商品一个单位货物从进货到销售季节来临时的存储费用，$c$ 表示货物的单位价格，$k$ 表示每批采购费用，$p$ 表示一个单位的缺货费用，$l$ 表示在销售季节结束后对未销售出去商品进行处理的，平均单位商品积压处理费用，则这类问题的最佳订货量应满足

$$\sum_{x \leqslant Q-1}\varphi(x)<\frac{p-h}{p+l} \leqslant \sum_{x \leqslant Q}\varphi(x)$$

**【例 7.4】**　已知今年冬天冰鞋的需求量概率见表 7.2，且又已知 $h = 0.40$ 元/双，$k = 500$ 元/批，$p = 6$ 元/双，$l = 1.5$ 元/双，试为某体育用品公司制定今年冬天冰鞋进货计划。

**解**
$$\frac{p-h}{p+l} = 0.7467$$

$$\sum_{x \leqslant 1250} \varphi(x) = 0.62 \quad (x = 1001, \cdots, 1250)$$

$$\sum_{x \leqslant 1300} \varphi(x) = 0.82 \quad (x = 1001, \cdots, 1300)$$

$$\sum_{x \leqslant 1250} \varphi(x) < 0.7467 < \sum_{x \leqslant 1300} \varphi(x)$$

最优存储量为 1300 双。

**表 7.2**　　　　　　　　　　　　**冰鞋的需求量概率**

| 需求量（双） | 概率 | 累积概率 | 需求量（双） | 概率 | 累积概率 |
|---|---|---|---|---|---|
| 1001～1050 | 0.03 | 0.03 | 1251～1300 | 0.20 | 0.82 |
| 1051～1100 | 0.04 | 0.07 | 1301～1350 | 0.10 | 0.92 |
| 1101～1150 | 0.10 | 0.17 | 1351～1400 | 0.05 | 0.97 |
| 1151～1200 | 0.20 | 0.37 | 1401～1450 | 0.02 | 0.99 |
| 1201～1250 | 0.10 | 0.62 | 1451～1500 | 0.01 | 1.00 |

## 本 章 小 结

　　本章借助实际的案例给出了库存管理的相关概念和构成要素，建立了需求连续均匀时一般库存问题的经济订购批量模型，求解该模型得到关于订购量的平方根公式。在此基础上，介绍了基本模型的假设或模型参数发生变化的情况，分别给出了三种情况下关于订购量的平方根公式：瞬时补充，不允许缺货；瞬时补充，允许缺货；生产需要一定时间，不允许缺货。本章所给出的经济订货批量模型及其各种变形必须满足一个基本假设条件，即固定的需求率。此外，对于需求不固定的库存问题，即已知需求概率分布的不确定库存管理问题，以报童问题为例，研究了最佳订货量的临界值公式，其实质就是如何在库存积压和库存太少之间做出最佳的权衡。

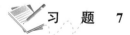

## 习　题　7

**一、计算题**

　　**7.1**　请建立最简单的单阶段存储模型，推导出经济批量公式，要求说明模型成立的假设条件，所用字母的经济意义，并要有一定的推理过程。

　　**7.2**　若某工厂每年对某种零件的需要量为 10 000 件，订货的固定费用为 2000 元，采购一个零件的单价为 100 元，保管费为每年每个零件 20 元，求最优订购批量。

　　**7.3**　某厂对某种材料的全年需要量为 1040t，其单价为 1200 元/t。每次采购该种材料的订货费为 2040 元，每年保管费为 170 元/t。试求工厂对该材料的最优订货批量及每年订货次数。

**7.4**  某货物每周的需要量为 2000 件，每次订货的固定费用为 15 元，每件产品每周保管费为 0.30 元，求最优订货批量及订货时间。

**7.5**  加工制作羽绒服的某厂预测下年度的销售量为 15 000 件，准备在全年的 300 个工作日内均衡组织生产。假如为加工制作一件羽绒服所需的各种原材料成本为 48 元，又制作一件羽绒服所需原料的年存储费为其成本的 22%，提出一次订货所需费用为 250 元，订货提前期为零，不允许缺货，试求经济订货批量。

**7.6**  一条生产线如果全部用于某种型号产品生产，其年生产能力为 600 000 台。据预测对该型号产品的年需求量为 260 000 台，并在全年内需求基本保持平衡，因此该生产线将用于多品种的轮番生产。已知在生产线上更换一种产品时，需准备结束费 1350 元，该产品每台成本为 45 元，年存储费用为产品成本的 24%，不允许发生供应短缺，求使费用最小的该产品的生产批量。

**7.7**  某生产线单独生产一种产品时的能力为 8000 件/年，但对该产品的需求仅为 2000件/年，故在生产线上组织多品种轮番生产。已知该产品的存储费为 60 元/（年·件），不允许缺货，更换生产品种时，需准备结束费 300 元。目前该生产线上每季度安排生产该产品500 件，问这样安排是否经济合理。如不合理，提出你的建议，并计算该建议实施后可能带来的节约。

**7.8**  某电子设备厂对一种元件的需求为 $R$ =2000 件/年，订货提前期为零，每次订货费为 25 元。该元件每件成本为 50 元，年存储费为成本的 20%。如发生缺货，可在下批货到达时补上，但缺货损失费为每件每年 30 元。试完成：

（1）计算经济订货批量及全年的总费用。

（2）如不允许发生缺货，重新计算经济订货批量，并同（1）的结果进行比较。

**7.9**  某出租汽车公司拥有 2500 辆出租车，均由一个统一的维修厂进行维修。维修中某个部件的月需量为 8 套，每套价格 8500 元。已知每提出一次订货需订货费 1200 元，年存储费为每套价格的 30%，订货提前期为 2 周。又知每台出租车如因该部件损坏后不能及时更换，每停止出车一周，损失为 400 元。试决定该公司维修厂订购该种部件的最优策略。

**7.10**  对某产品的需求量服从正态分布，已知 $\mu = 150$，$\sigma = 25$。又知每个产品的进价为 8 元，售价为 15 元，如销售不完按每个 5 元退回原单位。问该产品的订货量为多少个，预期的利润将最大。

**7.11**  某单位每年需零件 A 5000 件，无订货提前期。设该零件的单价为 5 元/件，年存储费为单价的 20%，不允许缺货。每次的采购费为 49 元，又一次购买 1000～2499 件时，给予 3%折扣，购买 2500 件以上时，给 5%折扣。试确定一个使采购加存储费之和为最小的采购批量。

**二、复习思考题**

**7.12**  举出在生产和生活中存储问题的例子，并说明研究存储论对改进企业经营管理的意义。

**7.13**  分别说明下列概念的含义：①存储费；②订货费；③生产成本；④缺货损失；⑤订货提前期；⑥订货点。

# 第 8 章 图 与 网 络

## 8.1 问 题 的 提 出

图论（Graph Theory）是专门研究图的理论的一门数学分支，至今已有 200 多年的历史，大体可划分为三个阶段：

第一阶段是从 18 世纪中叶至 19 世纪中叶，处于萌芽阶段，多数问题围绕游戏产生，最有代表性的是欧拉（Euler）七桥问题，即一笔画问题。

第二阶段是从 19 世纪中叶至 20 世纪中叶，此时图论问题大量出现，如哈密顿（Hamilton）问题、地图染色的四色问题以及可平面性问题等；同时也出现用图解决实际问题，如凯莱（Cayley）把树应用于化学领域，基尔霍夫（Kirchhoff）用树研究电网络等。

第三阶段为 20 世纪中叶以后，由生产管理、军事、交通、运输、计算机网络等方面提出实际问题，以及大型计算机使大规模问题的求解成为可能，特别是以福特（Ford）和福克森（Fulkerson）建立的网络流理论，与线性规划、动态规划等优化理论和方法相互渗透，促进了图论对实际问题的应用。

哥尼斯堡（现名加里宁格勒）是欧洲一个城市，埃夫尔河把该城分成两部分，河中有两个小岛，河两边及小岛之间共有七座桥，如图 8.1 所示。当时人们提出这样的问题：有没有办法从某处（如 A）出发，经过各桥一次且仅一次最后回到原地呢？最后，数学家欧拉（Euler）在 1736 年巧妙地给出了这个问题的答案，并因此奠定了图论的基础。欧拉将 A、B、C、D 四块陆地分别收缩成四个顶点，将桥表示成连接对应顶点之间的边（见图 8.2），问题转化为从任意一点出发，能不能经过各边一次且仅一次，最后返回该点。这就是著名的哥尼斯堡七桥问题。

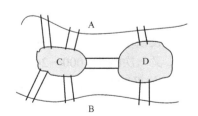

图 8.1　哥尼斯堡七桥问题（一）

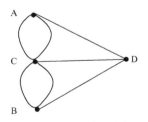

图 8.2　哥尼斯堡七桥问题（二）

【例 8.1】 有 7 个人围桌而坐，如果要求每次相邻的人都与以前完全不同，试问不同的就座方案共有多少个？

**解** 用顶点表示人，用边表示两者相邻，因为最初任何两个人都允许相邻，所以任何两点都可以有边相连，如图 8.3 所示。

假定第一次就座方案是 (1，2，3，4，5，6，7，1)，那么第二次就座方案就不允许这些顶点之间继续相邻，只能从图中删去这些边，如图 8.4 所示。

假定第二次就座方案是 (1，3，5，7，2，4，6，1)，那么第三次就座方案就不允许这些顶点之间继续相邻，只能从图中删去这些边，如图 8.5 所示。

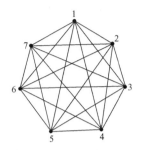
图 8.3　第一次就座方案

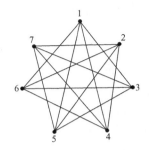
图 8.4　第二次就座方案

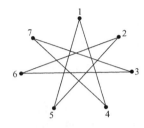
图 8.5　第三次就座方案

假定第三次就座方案是 (1，4，7，3，6，2，5，1)，那么第四次就座方案就不允许这些顶点之间继续相邻，只能从图中删去这些边，只留下 7 个孤立点，所以该问题只有三个就座方案。

**【例 8.2】** 哈密顿（Hamilton）回路是 19 世纪由英国数学家哈密顿提出的，给出一个 12 面体图形，共有 20 个顶点表示 20 个城市，要求从某个城市出发沿着棱线寻找一条经过每个城市一次而且仅一次，最后回到原处的周游世界线路（并不要求经过每条边）。

**解**　问题的一个答案，如图 8.6 所示。

**【例 8.3】**　一个班级的学生共计选修 A、B、C、D、E、F 六门课程，其中一部分人同时选修 D、C、A，一部分人同时选修 B、C、F，一部分人同时选修 B、E，还有一部分人同时选修 A、B，期末考试要求每天考一门课，六天内考完。为了减轻学生负担，要求每人都不会连续参加考试，试设计一个考试日程表。

**解**　以每门课程为一个顶点，共同被选修的课程之间用边相连，如图 8.7 所示。按题意，相邻顶点对应课程不能连续考试，不相邻顶点对应课程允许连续考试，因此，作图的补图如图 8.8 所示。问题是在图中寻找一条哈密顿道路，如 C→E→A→F→D→B，就是一个符合要求的考试课程表。

图 8.6　哈密顿回路

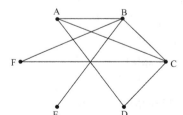
图 8.7　考试日程问题

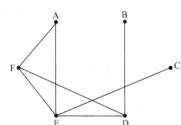
图 8.8　考试日程问题的补图

# 8.2 图 的 基 本 概 念

**定义 8.1　图（Graph）** 设 $G = (V, E)$，其中 $V = \{v_1, v_2, \cdots, v_m\}$ 是 $m$ 个顶点集合；$E = \{e_1, e_2, \cdots, e_n\}$ 是 $n$ 条边集合；一条连接点 $v_i$ 与 $v_j \in V$ 的边记为 $(v_i, v_j)$ 或 $(v_j, v_i)$，称 $G = (V, E)$ 为一个图。

说明：

（1）$V$ 非空，即没有顶点的图不讨论。

（2）$E$ 无非空条件，即允许没有边。

（3）条件（2）是指点只在边的端点处相交。

（4）任一条边必须与一对顶点关联，反之不然。

**定义 8.2　度（Degree）** 图中与点 $v_i$ 相关联的边的条数称为该顶点的度。度为奇数的点称为奇点，度为偶数的点称为偶点，度为 1 的点成为悬挂点，悬挂点的关联边称为悬挂边，度为 0 的点称为孤立点。

**【例 8.4】** 求图 8.9 所示图的边集合、点集合以及边与点的关系。

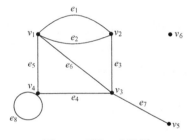

图 8.9　[例 8.4]的图

**解**　$V = \{v_1, v_2, \cdots, v_6\}$，$E = \{e_1, e_2, \cdots, e_8\}$，$e_1 = (v_1, v_2) = (v_2, v_1)$，$e_2 = (v_1, v_2)$，$e_3 = (v_2, v_3)$，$e_4 = (v_3, v_4)$，$e_5 = (v_1, v_4)$，$e_6 = (v_1, v_3)$，$e_7 = (v_3, v_5)$，$e_8 = (v_4, v_4)$，$e_8$ 称为环。$v_6$ 称为孤立点，$v_5$ 称为悬挂点，$e_7$ 称为悬挂边，顶点 $v_3$ 的度为 4，顶点 $v_2$ 的度为 3，顶点 $v_4$ 的度为 4。

**定理 8.1**　在一个图中，所有顶点的度（Degree）的和等于边的 2 倍。

**证明：** 由于每条边都关联两个顶点，所以在计算所有顶点度时，每条边都会被它的两个顶点各算一次。

**定理 8.2**　在任意一个图中，奇点的个数必为偶数。

**证明：** 由定理 8.1 可知，图中所有顶点的度之和为偶数，即所有奇点的度之和与所有偶点的度之和为偶数。由于所有偶点的度之和必为偶数，故所有奇点的度之和也为偶数，从而奇点的个数为偶数。

**定义 8.3　子图（Sub-Graph）**

设 $G = (V, E)$ 和 $G_1 = (V_1, E_1)$。如果 $V_1 \subseteq V$，$E_1 \subseteq E$，则称 $G_1$ 为 $G$ 的子图；如果 $G_1 = (V_1, E_1)$ 是 $G = (V, E)$ 的子图，并且 $V_1 = V$，则称 $G_1$ 为 $G$ 的生成子图或支撑子图。

**定义 8.4　简单图（Simple Graph）** 两个点之间多于一条边，称之为多重边。一个无环，且无多重边的图为简单图；一个无环，但有多重边的图称为多重图（Multiple Graph）。

**定义 8.5　有向图（Oriented Graph）** 如果图中每条边都规定了方向，则称为有向图。规定了方向的边称为弧，若弧的方向是从 $v_i$ 指向 $v_j$，则记为 $(v_i, v_j)$。

**定义 8.6　链（Chain）** 给定一个图 $G = (V, E)$，一个点、边的交错序列 $(v_{i_1}, e_{i_1}, v_{i_2}, e_{i_2}, \ldots, v_{i_{k-1}}, e_{i_k}, v_{i_k})$，如果满足 $e_{i_t} = (v_{i_t}, v_{i_{t+1}})$ $(t = 1, 2, \ldots, k-1)$，则称此交错序列为一条连接起点 $v_{i_1}$ 和终点 $v_{i_k}$ 的链，记为 $(v_{i_1}, v_{i_2}, \ldots, v_{i_{k-1}}, v_{i_k})$。所含的点均不相同的链称为通路。

**定义 8.7　圈（Cycle）**　如一条链中起点和终点重合，则称此为一个圈。

图 8.11～图 8.15 分别是图 8.10 的子图、生成子图、有向图、链和圈。

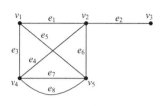

图 8.10　图

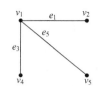

图 8.11　图 8.10 的子图

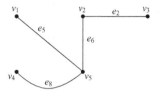

图 8.12　图 8.10 的生成子图

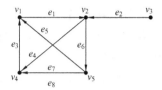

图 8.13　图 8.10 的有向图

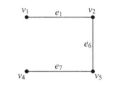

图 8.14　图 8.10 中的一条链

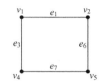

图 8.15　图 8.10 中的一个圈

## 8.3　图 的 矩 阵 表 示

一个图非常直观，但是不容易计算，特别不容易在计算机上进行计算，一个有效的解决办法是将图表示成矩阵形式。通常采用的矩阵是邻接矩阵、边长邻接矩阵、弧长矩阵和关联矩阵。

### 8.3.1　邻接矩阵

邻接矩阵 $A$ 表示图 $G$ 的顶点之间的邻接关系，它是一个 $n \times n$ 的矩阵，如果两个顶点之间有边相连，记为 1，否则为 0。

**【例 8.5】**　求图 8.16 所示无向图的邻接矩阵。

**解**　其邻接矩阵 $A$ 为

$$
\begin{array}{c}
 & \begin{array}{cccc} v_1 & v_2 & v_3 & v_4 \end{array} \\
\begin{array}{c} v_1 \\ v_2 \\ v_3 \\ v_4 \end{array} &
\left( \begin{array}{cccc}
0 & 1 & 1 & 1 \\
1 & 1 & 1 & 0 \\
1 & 1 & 0 & 1 \\
1 & 0 & 1 & 0
\end{array} \right)
\end{array}
$$

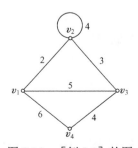

图 8.16　［例 8.5］的图

无向图的邻接矩阵是对称矩阵。

【例 8.6】　求图 8.17 所示的有向图的邻接矩阵。

**解**　其邻接矩阵为

$$
\begin{array}{c}
\begin{array}{ccccc} v_1 & v_2 & v_3 & v_4 & v_5 \end{array}\\
\begin{array}{c} v_1 \\ v_2 \\ v_3 \\ v_4 \\ v_5 \end{array}
\begin{pmatrix}
0 & 0 & 0 & 1 & 1 \\
1 & 0 & 0 & 1 & 0 \\
0 & 1 & 1 & 0 & 0 \\
0 & 1 & 1 & 0 & 1 \\
1 & 0 & 0 & 1 & 0
\end{pmatrix}
\end{array}
$$

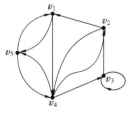

图 8.17　［例 8.6］的图

### 8.3.2　边长邻接矩阵

在图的各边上赋予一个数量指标，具体表示这条边的权（距离、单价、通过能力等），这样的图称为赋权图或网络。网络可分为无向网络、有向网络、混合网络、边权网络和点权网络。而以边长代替邻接矩阵中的元素得到边长邻接矩阵。

【例 8.7】　求图 8.16 所示无向图的边长邻接矩阵。

**解**　其边长邻接矩阵为

$$
\begin{array}{c}
\begin{array}{cccc} v_1 & v_2 & v_3 & v_4 \end{array}\\
\begin{array}{c} v_1 \\ v_2 \\ v_3 \\ v_4 \end{array}
\begin{pmatrix}
0 & 2 & 5 & 6 \\
2 & 4 & 3 & \infty \\
5 & 3 & 0 & 4 \\
6 & \infty & 4 & 0
\end{pmatrix}
\end{array}
$$

### 8.3.3　弧长矩阵

对有向图的弧可以用弧长矩阵来表示，其中 $\infty$ 表示两点之间没有弧连接。

【例 8.8】　求图 8.18 所示有向图的弧长矩阵。

**解**　其弧长矩阵为

$$
\begin{array}{c}
\begin{array}{ccccc} v_1 & v_2 & v_3 & v_4 & v_5 \end{array}\\
\begin{array}{c} v_1 \\ v_2 \\ v_3 \\ v_4 \\ v_5 \end{array}
\begin{pmatrix}
0 & 1 & \infty & \infty & 2 \\
\infty & 0 & 2 & \infty & 4 \\
\infty & 2 & 0 & 1 & \infty \\
\infty & 3 & 2 & 0 & 6 \\
\infty & \infty & \infty & \infty & 0
\end{pmatrix}
\end{array}
$$

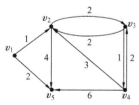

图 8.18　［例 8.8］的图

### 8.3.4　关联矩阵

关联矩阵 $B$ 揭示了图 $G$ 的顶点和边之间的关联关系，它是一个 $n \times m$ 矩阵，即

$$
b_{ij} = \begin{cases}
1, & (v_i, v_k) = e_j \\
-1, & (v_k, v_i) = e_j \\
0, & \text{其他}
\end{cases}
$$

【例 8.9】　求图 8.19 所示有向图的关联矩阵。

**解**　其关联矩阵为

$$
\begin{array}{c}
\quad\ e_1 \ \ e_2 \ \ e_3 \ \ e_4 \ \ e_5 \ \ e_6 \ \ e_7 \\
\begin{array}{c}
v_1 \\ v_2 \\ v_3 \\ v_4
\end{array}
\left(
\begin{array}{ccccccc}
1 & -1 & 1 & 0 & 0 & 0 & 0 \\
0 & 0 & -1 & -1 & -1 & 0 & 0 \\
0 & 1 & 0 & 1 & 1 & 1 & -1 \\
-1 & 0 & 0 & 0 & 1 & -1 & 1
\end{array}
\right)
\end{array}
$$

对无向图不存在 $-1$ 元素。

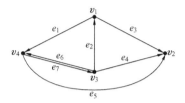

图 8.19　［例 8.9］的图

## 8.4　最 小 树 问 题

树是一类极其简单但很有用的图。

**定义 8.8　连通图（Connected Graph）**　如果图中的任意两点之间至少存在一条通路，则称图为连通图，否则为不连通图。

**定义 8.9　树（Tree）**　一个无圈的连通图称为树。如果一个无圈的图中每一个分支都是树，则称图为森林。

树的性质：

（1）在图中任意两点之间必有一条且只有一条通路。

（2）在图中划去一条边，则图不连通。

（3）在图中不相邻的两个顶点之间加一条边，可得一个且仅得一个圈。

（4）图中边数有 $n_e = p-1$（$p$ 为顶点数）。

**【例 8.10】**　求图 8.20 所示的树。

**解**　图 8.21～图 8.25 都是它的树。

**定义 8.10　支撑树（Spanning Tree）**　如果图 $T$ 是 $G$ 的一个子图，且 $T$ 是一棵树，则称图 $T$ 为一棵支撑树。

支撑树与原图相比少边不少点。

**定理 8.3**　图 $G$ 有支撑树的充分必要条件为图 $G$ 是连通图。

**定义 8.11　最小树（Minimal Tree）**　在赋权图 $G$ 中，一棵支撑树所有树枝上权的和，称为支撑树的权。具有最小权的支撑树，称为最优树（或最小树）。

求最小树的方法有破圈法和避圈法。

（1）破圈法。在图中寻找圈，圈上最长的边不可能成为最小树上的边，所以删除这条边，反复进行直到没有圈为止，即得到最小树。

（2）避圈法。原理与破圈法相似，从图中权最小的边开始，添上这条边，反复进行，当添上某条边时出现圈，则放弃这条边，继续下去，直到所有的边被添上或被放弃。

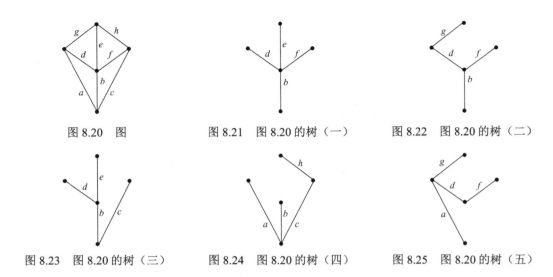

图 8.20　图　　　　　图 8.21　图 8.20 的树（一）　　　　图 8.22　图 8.20 的树（二）

图 8.23　图 8.20 的树（三）　　　图 8.24　图 8.20 的树（四）　　　图 8.25　图 8.20 的树（五）

**【例 8.11】**　建设工程项目电缆敷设资金控制问题。

蒙牛乳业（集团）股份有限公司主要生产奶类产品系列。在蒙牛第六期生产基地的建设中，涉及电缆敷设的投资效益问题。

**解**　在该项工程中，液态奶生产调度中央控制室与 15 个主要控制点（$A$、$B$、$C$、…、$N$、$O$）敷设电缆的电缆沟位置和距离（m）如图 8.26 所示。电缆采用直埋的方式；电缆沟深度为 1.5 m，宽度为 0.6 m，挖填土费用为 45 元/m³，电缆价格为 46 元/m。

从敷设电缆的电缆沟位置和距离示意图可以看出，该项目形成了一个树状网络，计算敷设电缆的最小工程造价等同于网络最小支撑树求解。

按照图 8.26 给出的数据，设中央控制室标识为 $P$。

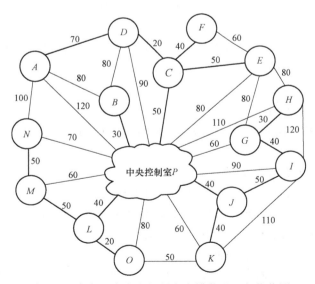

图 8.26　生产调度中央控制室电缆敷设工程优化图

计算生成最小支撑树某节点到某节点的最小距离表（见表 8.1）。计算敷设电缆的最小工程造价：

挖填电缆沟工程造价

$$（620 \times 1.5 \times 0.6）\times 45 = 25\ 110（元）$$

电缆价格

$$620 \times 46 = 28\ 520（元）$$

敷设电缆的最小工程造价

$$25\ 110 + 28\ 520 = 53\ 630（元）$$

电缆敷设的最佳位置如图 8.26 粗黑线所示。

**表 8.1**            **最小支撑树节点间的最小距离**

| 序号 | 开始节点 | 终止节点 | 最小距离（m） |
|:---:|:---:|:---:|:---:|
| 1 | $P$ | $B$ | 30 |
| 2 | $D$ | $C$ | 20 |
| 3 | $A$ | $D$ | 70 |
| 4 | $C$ | $E$ | 50 |
| 5 | $C$ | $F$ | 40 |
| 6 | $I$ | $G$ | 40 |
| 7 | $G$ | $H$ | 30 |
| 8 | $J$ | $I$ | 50 |
| 9 | $P$ | $J$ | 40 |
| 10 | $J$ | $K$ | 40 |
| 11 | $P$ | $L$ | 40 |
| 12 | $L$ | $M$ | 50 |
| 13 | $M$ | $N$ | 50 |
| 14 | $L$ | $O$ | 20 |
| 15 | $C$ | $P$ | 50 |
| 最小距离合计 | | 620 | |

## 8.5　最短（通）路问题

最短（通）路问题（Shortest Route Problem）是最重要的优化问题之一，如各种管道的铺设、线路的安排、厂区的布局、设备的更新及运输网络的最小费用流等（距离最短、费时最少、费用最省）。

**定义 8.12　赋权图（Weighted Graph）**　对图 $G$ 的每一条边 $e$ 可赋予一个实数 $w(e)$，称为边 $e$ 的权。图 $G$ 连同其边上的权称为赋权图。

权可以表示铁路长度、通信网络的造价、友谊图中的友谊深度和网络中表示耗时等。

下面介绍最短路问题的迪克斯特拉算法。本算法可用于求解指定两点 $v_s$、$v_t$ 间的最短路问题，或从指定点 $v_s$ 到其余各点的最短路，目前被认为是求无负权网络最短路问题的最好方法，由迪克斯特拉（E.W.Dijkstra）于 1959 年提出。

算法的基本思路基于以下原理：若序列 $(v_s, v_1, v_2, \cdots, v_{n-1}, v_n)$ 是从 $v_s$ 到 $v_n$ 的最短路，则序列 $(v_s, v_1, v_2, \cdots, v_n-1)$ 必为从 $v_s$ 到 $v_{n-1}$ 的最短路。该算法可用两种标号：T 标号为临时性标号，P 标号为永久性标号，给 $v_i$ 点一个 P 标号时，$P(v_i)$ 表示从 $v_s$ 到 $v_i$ 的最短路权，$v_i$

的标号不再改变。给 $v_i$ 点一个 T 标号时，T$(v_i)$表示从 $v_s$ 到 $v_i$ 的最短路权的上界，是一个临时标号。凡没有得到 P 标号的点都有 T 标号。每一步算法都把某一点的 T 标号改为 P 标号，当终点得到 P 标号时，全部计算结束。对于有 $n$ 个点的图，最多经 $n-1$ 步就可以得到从始点到终点的最短路。

迪克斯特拉标号步骤：给定赋权图$(V, E)$，$V$、$E$ 分别为图中的点集合和边集合，$l_{ij}$ 为边$(v_i, v_j)$的权。

（1）给初始点 $v_s$ 以 P 标号：P$(v_s) = 0$；其余各点均给 T 标号：T$(v_i) = +\infty$。

（2）从刚得到 P 标号的 $v_i$ 点出发，考察这样的点 $v_j$，$(v_i, v_j) \in E$，且 $v_j$ 为 T 标号，对 $v_j$ 的 T 标号进行更改：T$(v_j) = \min[\text{T}(v_j), \text{P}(v_j)+l_{ij}]$。

（3）比较所有具有 T 标号的点，把最小者改为 P 标号，即 P$(v_i) = \min[\text{T}(v_i)]$。当同时有两个以上最小者时，可同时改为 P 标号。

重复步骤（2）、（3）直到全部点均为 P 标号即停止。

下面通过例子介绍迪克斯特拉算法。

**【例 8.12】** 用迪克斯特拉算法求图 8.27 中 $v_1$ 点到 $v_8$ 点的最短路。

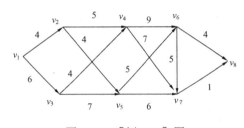

图 8.27 ［例 8.12］图

**解** （1）首先给 $v_1$ 点以 P 标号，P$(v_1) = 0$，给其余所有点以 T 标号，T$(v_i) = +\infty (i = 1, 2, \cdots, 8)$，并令 $S_1 = \{v_1\}$。

（2）由于$(v_1, v_2)$，$(v_1, v_3)$属于图中的弧，且 $v_2$、$v_3$ 是 T 标号，所以修改这两个标号：

$$\text{T}(v_2) = \min[\text{T}(v_2), \text{P}(v_1) + l_{12}] = \min[+\infty, 0+4] = 4$$
$$\text{T}(v_3) = \min[\text{T}(v_3), \text{P}(v_1) + l_{13}] = \min[+\infty, 0+6] = 6$$

比较所有 T 标号，T$(v_2)$ 最小，所以令 P$(v_2) = 4$。

此时 P 标号的点集 $S_2 = \{v_1, v_2\}$。

（3）$v_2$ 为刚得到 P 标号的点，$(v_2, v_4)$，$(v_2, v_5)$的端点 $v_4$、$v_5$。

$$\text{T}(v_4) = \min[\text{T}(v_4), \text{P}(v_2) + l_{24}] = \min[+\infty, 4+5] = 9$$
$$\text{T}(v_5) = \min[\text{T}(v_5), \text{P}(v_2) + l_{25}] = \min[+\infty, 4+4] = 8$$

比较所有 T 标号，T$(v_3)$ 最小，所以令 P$(v_3) = 6$。此时 P 标号的点集 $S_3 = \{v_1, v_2, v_3\}$。

（4）考虑 $v_3$ 有

$$\text{T}(v_4) = \min[\text{T}(v_4), \text{P}(v_3) + l_{34}] = \min[9, 6+4] = 9$$
$$\text{T}(v_5) = \min[\text{T}(v_5), \text{P}(v_3) + l_{35}] = \min[8, 6+7] = 8$$

比较所有 T 标号，T$(v_5)$ 最小，所以令 P$(v_5) = 8$。此时 P 标号的点集 $S_4 = \{v_1, v_2, v_3, v_5\}$。

（5）考虑 $v_5$ 有

$$\text{T}(v_6) = \min[\text{T}(v_6), \text{P}(v_5) + l_{56}] = \min[\infty, 8+5] = 13$$
$$\text{T}(v_7) = \min[\text{T}(v_7), \text{P}(v_5) + l_{57}] = \min[\infty, 8+6] = 14$$

比较所有 T 标号，T$(v_4)$ 最小，所以令 P$(v_4) = 9$。此时 P 标号的点集 $S_5 = \{v_1, v_2, v_3, v_5, v_4\}$。

（6）考虑 $v_4$ 有

$$\text{T}(v_6) = \min[\text{T}(v_6), \text{P}(v_4) + l_{46}] = \min[13, 9+9] = 13$$
$$\text{T}(v_7) = \min[\text{T}(v_7), \text{P}(v_4) + l_{47}] = \min[14, 9+7] = 14$$

比较所有 T 标号，T$(v_6)$ 最小，所以令 P$(v_6) = 13$。此时 P 标号的点集 $S_5 = \{v_1, v_2, v_3, v_5,$

$v_4$, $v_6$}。

（7）考虑 $v_6$ 有

$$T(v_7) = \min[T(v_7), P(v_6) + l_{67}] = \min[14, 13+5] = 14$$
$$T(v_8) = \min[T(v_8), P(v_6) + l_{68}] = \min[+\infty, 13+4] = 17$$

比较所有 T 标号，$T(v_7)$ 最小，所以令 $P(v_7)=14$。此时 P 标号的点集 $S_7=\{v_1, v_2, v_3, v_5, v_4,$ $v_6, v_7\}$。

（8）考虑 $v_7$ 有

$$T(v_8) = \min[T(v_8), P(v_7) + l_{78}] = \min[17, 14+1] = 15$$

只有一个 T 标号 $T(v_8)$，所以令 $P(v_8)=15$。此时 P 标号的点集 $S_8=\{v_1, v_2, v_3, v_5, v_4, v_6, v_7, v_8\}$。

所以从 $v_1$ 点到 $v_8$ 点的最短路为 $v_1 \to v_2 \to v_5 \to v_7 \to v_8$，路长 $P(v_8)=15$，同时得到 $v_1$ 到各点的最短路。

**【例 8.13】** 木器厂有六个车间，办事员经常要到各个车间了解生产进度，从办公室到各车间的路线由图 8.28 给出。找出点①（办公室）到其他各点（车间）最短路。

**解** 在图 8.28 中，从点①出发，因 $l_{11}=0$，在点①处标记 $P(v_1)=0$，如图 8.29 所示。从点①出发，找出与①相邻点 $j$，使得边 $l_{1j}$ 权数（距离）最小者为②点，而 $l_{12}=2$，$P(v_2)=\min[T(v_2),$ $P(v_1)+l_{12}]=2$，所以在②点处标记 $P(v_2)=2$，此时点①②为已标号点，其他的点称为未标号者，如图 8.30 所示。重复上述步骤，从已标号的点出发，找与这些相邻点中最小权数（距离）者，用 $P(v_i)=\min[T(v_i), P(v_i)+l_{ij}]$ 标号。重复上述步骤，直至全部的点都标完，如图 8.31 所示。

对有向图同样可以用标号算法。

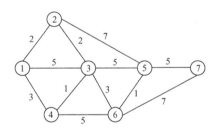

图 8.28 车间分布图

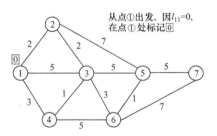

图 8.29 ［例 8.13］标号图（一）

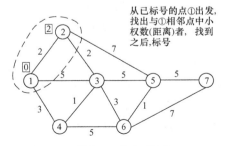

图 8.30 ［例 8.13］标号图（二）

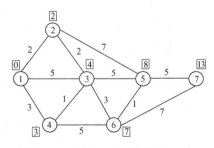

图 8.31 ［例 8.13］标号图（三）

　　**【例 8.14】**　如图 8.32 所示，有一批货物要从 $v_1$ 运到 $v_9$，弧旁数字表示该段路长，求最短运输路线。

　　**解**　用标号算法可以得到图 8.33 所示的运输路线图。

　　**【例 8.15】** 建设工程项目材料运输路线问题。

　　蒙牛乳业（集团）股份有限公司主要生产奶类产品系列。在蒙牛第六期生产基地的建设中，涉及建设工程项目材料运输路线问题。

　　**解**　在工程建设中，大批建筑材料需要从 $A$ 地通过汽车运输到 $J$ 地（见图 8.34）。图中 $A$、$B$、$C$、$\cdots$、$I$、$J$ 是汽车可以经过的所有地点，弧旁的数字是可以通行的相邻两地之间的距离（km）。根据最短路径计算方法，寻找最短的路线，就是从目的地开始，由后向前逐步递推到各地点到终点的最短路线，最终求得运输起点 $A$ 到运输终点 $J$ 的最短路线。

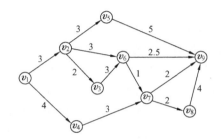

图 8.32　运输路线图（一）

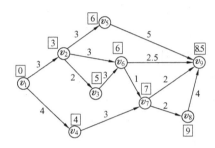

图 8.33　运输路线图（二）

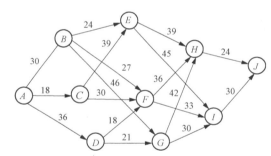

图 8.34　工程项目材料运输路线优化示图

　　分析示意图，在计算前将图中的运输路线问题分成四个阶段，从出发点 $A$ 到 $B$、$C$、$D$ 为第一阶段；$B$、$C$、$D$ 点到 $E$、$F$、$G$ 点为第二阶段；$E$、$F$、$G$ 点到 $H$、$I$ 点为第三阶段；$H$、$I$ 点到终点 $J$ 为第四阶段。设 $d(X, Y)$ 为 $X$ 到 $Y$ 的距离，$f(X)$ 为 $X$ 到终点 $J$ 的最短距离。

　　先分析第四阶段，到达终点 $J$ 的前项地点是 $H$、$I$ 点，可以得出 $f(H)=d(H, J)=24$；$f(I) = d(I, J)=30$，取最小值 $f(H)=d(H, J)=24$。

　　再分析第三阶段，到达 $H$、$I$ 点的前项地点是 $E$、$F$、$G$ 点。对于 $E$ 点可以得出 $f(E) = d(E, H) + f(H) = 39 + 24 = 63$ 或 $f(E) = d(E, I) + f(I) = 45 + 30 = 75$，取最小值 $f(E) = d(E, H) + f(H) = 39 + 24 = 63$；对于 $F$ 点可以得出 $f(F) = d(F, H) + f(H) = 36 + 24 = 60$ 或 $f(F) = d(F, I) + f(I) = 33 + 30 = 63$，取最小值 $f(F) = d(F, H) + f(H) = 36 + 24 = 60$；对于 $G$ 点可以得出 $f(G) = d(G, H) + f(H) = 42 + 24 = 66$ 或 $f(G) = d(G, I) + f(I) = 30 + 30 = 60$，取最小值 $f(G) = d(G, I) + f(I) = 30 + 30 = 60$。

然后分析第二阶段，到达 $E$、$F$、$G$ 点的前项地点是 $B$、$C$、$D$ 点。对于 $B$ 点可以得出 $f(B) = d(B, E) + f(E) = 24 + 63 = 87$ 或 $f(B) = d(B, F) + f(F) = 27 + 60 = 87$ 或 $f(B) = d(B, G) + f(G) = 48 + 60 = 108$，取最小值 $f(B) = d(B, E) + f(E) = 24 + 63 = 87$；对于 $C$ 点可以得出 $f(C) = d(C, E) + f(E) = 39 + 63 = 102$ 或 $f(C) = d(C, F) + f(F) = 30 + 60 = 90$，取最小值 $f(C) = d(C, F) + f(F) = 30 + 60 = 90$；对于 $D$ 点可以得出 $f(D) = d(D, F) + f(F) = 18 + 60 = 78$ 或 $f(D) = d(D, G) + f(G) = 21 + 60 = 81$，取最小值 $f(D) = d(D, F) + f(F) = 18 + 60 = 78$。

最后分析第一阶段，到达 $B$、$C$、$D$ 点的前项地点只有起点 $A$，所以得出 $f(A) = d(A, B) + f(B) = 30 + 87 = 117$ 或 $f(A) = d(A, C) + f(C) = 18 + 90 = 108$ 或 $f(A) = d(A, D) + f(D) = 36 + 78 = 114$，取最小值 $f(A) = d(A, C) + f(C) = 108$。

按照以上计算最短路径的方法，得出从运输起点 $A$ 到运输终点 $J$ 的最短运输距离为 108 km。确定运输建设材料所走的最优路线采用"顺序追踪法"，其最优运输路线为：$A \rightarrow C \rightarrow F \rightarrow H \rightarrow J$，即图 8.34 所示粗实箭头路线。

【例 8.16】 企业要制定一台重要设备更新的五年计划，目标是使总费用（购置费用和维修费用之和）为最小。此设备在各年初价格及使用期中所需维修数据见表 8.2。

表 8.2 设备在各年初价格及使用期中所需维修数据

| 使用期 | 1 | 2 | 3 | 4 | 5 |
|---|---|---|---|---|---|
| 单价（万元） | 11 | 11 | 12 | 12 | 13 |
| 使用年数 | 0～1 | 1～2 | 2～3 | 3～4 | 4～5 |
| 维修费用（万元） | 5 | 6 | 8 | 11 | 18 |

**解** 用点 $v_i$ 表示第 $i$ 年的年初，$i=1, 2, \cdots, 6$；$v_6$ 表示第 5 年年底；弧 $a_{ij} = (v_i, v_j)$ 表示第 $i$ 年初购置设备使用到第 $j$ 年初的过程。对应的权等于期间发生的购置费用和维修费用之和，如图 8.35 所示。原问题转变为从 $v_1$ 到 $v_6$ 的一条最短路。

得到两条最短路：$(v_1, v_3, v_6)$ 和 $(v_1, v_4, v_6)$，表示在第 1、3 年或第 1、4 年各购置一台设备，总费用都为 53 万元。

【例 8.17】 已知一个地区的交通网络如图 8.36 所示，其中点代表居民小区，边表示公路，$l_{ij}$ 为公路距离，问区中心医院应建在哪个小区，可使离医院最远的小区居民就诊时所走路程最短。

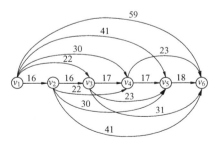

图 8.35 设备更新计划图例

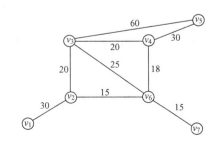

图 8.36 地区交通网络

**解** 这是一个选择地址问题，实际要求出图的中心，可化成一系列求最短路问题。先求

出 $v_1$ 到其他各点的最短路长 $d_j$，令 $d(v_1) = \max(d_1, d_2, \cdots, d_7)$，表示若医院建在 $v_1$，则离医院最远的小区距离为 $d(v_1)$，依次计算 $v_2, v_3, \cdots, v_7$ 到其余各点的最短路，类似求出 $d(v_2), d(v_3), \cdots,$ $d(v_7)$，取 $d(v_i)$ $(i = 1, 2, \cdots, 7)$ 中最小者，见表 8.3。

表 8.3　　　　　　　　　　　　　　　　［例 8.17］求　解　表

| 从＼到 | $v_1$ | $v_2$ | $v_3$ | $v_4$ | $v_5$ | $v_6$ | $v_7$ | $d(v_i)$ |
|---|---|---|---|---|---|---|---|---|
| $v_1$ | 0 | 30 | 50 | 63 | 93 | 45 | 60 | 93 |
| $v_2$ | 30 | 0 | 20 | 33 | 63 | 15 | 30 | 63 |
| $v_3$ | 50 | 20 | 0 | 20 | 50 | 25 | 40 | 50 |
| $v_4$ | 63 | 33 | 20 | 0 | 30 | 18 | 33 | 63 |
| $v_5$ | 93 | 63 | 50 | 30 | 0 | 48 | 63 | 93 |
| $v_6$ | 45 | 15 | 25 | 18 | 48 | 0 | 15 | 48* |
| $v_7$ | 60 | 30 | 40 | 33 | 63 | 15 | 0 | 63 |

由于 $d(v_6) = 48$ 最小，因此医院应建在 $v_6$ 处，此时离医院最远小区距离为 48，比医院建在其他小区时距离都短。

## 8.6　中国邮递员问题

### 8.6.1　一笔画问题

**定义 8.13　欧拉链（Euler Chain）**　给定一个多重连通图 $G$，若存在一条链，通过每边一次且仅一次，则称这个链为欧拉链。

**定义 8.14　欧拉圈（Euler Cycle）**　给定一个多重连通图 $G$，若存在一个圈，通过每边一次且仅一次，则称这个圈为欧拉圈。

**定义 8.15　欧拉圈（Euler Cycle）**　含有一个欧拉圈的图，称为欧拉图。

**定理 8.4**　多重连通图 $G$ 是欧拉图，当且仅当 $G$ 中无奇顶点。

**推论**　多重连通图 $G$ 有欧拉链的充分必要条件是 $G$ 恰有两个奇顶点。

**【例 8.18】**　求证图 8.37 为欧拉图。

**解**　顶点的度 $d(v_1) = 4, d(v_2) = 2, d(v_3) = 4, d(v_4) = 2$，全为偶数，所以是欧拉图，存在欧拉圈，可从任一点出发。

**【例 8.19】**　求证图 8.38 存在欧拉链。

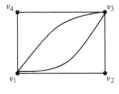　　　　　　　　　　　　　　　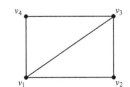

图 8.37　欧拉图　　　　　　　　　　　　　图 8.38　存在欧拉链的图

**解**　顶点的度 $d(v_1) = 3, d(v_2) = 2, d(v_3) = 3, d(v_4) = 2$，有两个奇顶点，存在欧拉链，且从

其中一个奇顶点开始，在另一个奇顶点结束。

### 8.6.2 中国邮递员问题

一个邮递员送信，要走完他负责投递的全部街道，完成任务后回到邮局，应如何选择行走路线，才能使所走的路线最短？

这个问题是我国管梅谷同志在 1962 年首先提出的，因此称为中国邮递员问题。

如果街区图中没有奇顶点，则是一个欧拉图。如果有奇顶点，则某些边必定重复走一次或多次。我们要求重复走过边的总长最小。

奇偶点作业法步骤：

（1）找到图中所有奇点（必有偶数个），将它们两两配对，每一对奇点之间必有一条链，把这条链的所有边作为重复边加到图中。新图中无奇顶点，得到第一个可行方案。

（2）调整可行方案，使重复边总长度下降。一般情况下，若$(v_i, v_j)$有两条或两条以上的重复边，则从中去掉最大偶数条。

（3）检查图中的每个圈，如果每个圈重复边总长度不超过该圈总长度的一半，则已求得最优解，否则转入下一步。

（4）进行调整，即将这个圈的重复边去掉，而将原来没有重复边的各边加上重复边，其他各圈的边不变，转入步骤（3）

**【例 8.20】** 设有图 8.39 所示街道图，各边均标出了街道的长（权）。假定邮递员从 $v_1$ 点出发，求最优投递路线。

**解** 在图 8.39 中，有四个奇顶点 $v_2$、$v_4$、$v_6$、$v_8$，将它们分成两对，如$(v_2, v_4)$为一对，$(v_6, v_8)$为一对。连接$(v_2, v_4)$的链有好几条，例如取$(v_2, v_1, v_8, v_7, v_6, v_5, v_4)$，连接$(v_6, v_8)$的链也有好几条，如取$(v_8, v_1, v_2, v_3, v_4, v_5, v_6)$，如图 8.40 所示。在这个图中，没有奇顶点，它是欧拉图。对应这个可行方案，重复边的总权为 51。

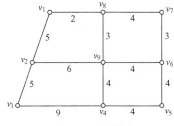

图 8.39 街道图

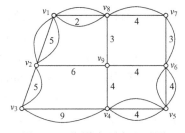

图 8.40 街道奇顶点配对图

调整可行方案，使有两条重复边的去掉，如图 8.41 所示。此时，重复边的总权为 21。

在图 8.41 中，存在一个圈$(v_2, v_3, v_4, v_9, v_2)$，其总长为 24，而其上的重复边$(v_2, v_3)$、$(v_3, v_4)$的长度之和为 14，大于该圈总长 24 的一半；继续调整，去掉原重复边，而该圈上不是重复边的变成重复边，如图 8.42 所示。此时，重复边的总权为 17。继续寻找圈 $(v_1, v_2, v_9, v_6, v_7, v_8, v_1)$，其总长为 24，而其上的重复边$(v_2, v_9)$、$(v_6, v_7)$、$(v_7, v_8)$的长度之和为 13，大于该圈总长 24 的一半；继续调整，去掉原重复边，而该

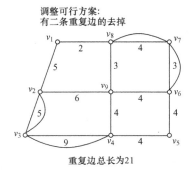

重复边总长为21

图 8.41 方案调整图（一）

圈上不是重复边的变成重复边，如图 8.43 所示，重复边总长为 15，得到最优方案。

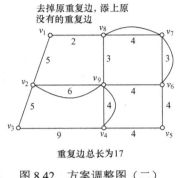

重复边总长为17

图 8.42　方案调整图（二）

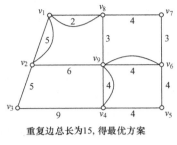

重复边总长为15，得最优方案

图 8.43　最优方案图

## 8.7　最　大　流　问　题

### 8.7.1　几个基本概念

**定义 8.16　网络（Network）与流（Flow）**　一个赋权有向图称为一个网络 $N=(V, A)$，在 $V$ 中指定一点称为发点（始点），记为 $v_0$，而另一点称为收点（终点），记为 $v_n$，其余的点称为中间点。这里只讨论具有一个发点和一个收点的网络，因为对于多个发点和收点的网络，可转化为只有一个收点和发点的情况。弧$(v_i, v_j)$的权记为 $c_{ij} \geqslant 0$，表示弧的容量。每个弧都有一个通过流量，记为 $f_{ij}$，表示弧$(v_i, v_j)$的流量。

**定义 8.17　前向弧（Direct Arc）与后向弧（Inverse Arc）**　若 $\mu$ 是网络 $N$ 中一条连接发点 $v_0$ 到收点 $v_n$ 的链，定义链的方向为从点 $v_0$ 到点 $v_n$。在链中与链的方向一致的弧称为链的前向弧，在链中与链的方向相反的弧称为链的后向弧。

如图 8.44 所示，链 $\mu = \{v_0, v_2, v_5, v_4, v_7\}$，则链 $\mu$ 的前向弧 $\mu^+$ 集合与后向弧 $\mu^-$ 集合分别为：$\mu^+ = \{(v_0, v_2), (v_2, v_5), (v_4, v_7)\}$，$\mu^- = \{(v_4, v_5)\}$。

**定义 8.18　截集或割集（Cut-Set）**　如果 $V$ 表示某网络中所有点的集合，将 $V$ 分成两个子集 $S$ 与 $\overline{S}$，使得发点 $v_0$ 在 $S$ 内，收点 $v_n$ 在 $\overline{S}$ 内，则称$(S, \overline{S})$为分离发点与收点的截集。显然，$S \cup \overline{S} = N$，$S \cap \overline{S} = \Phi$，$v_0 \in S$，$v_n \in \overline{S}$。

如图 8.45 所示的截集有：

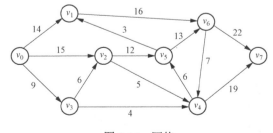

图 8.44　网络

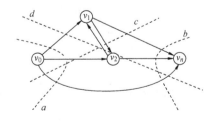

图 8.45　截集

截集 $a$　　　　　　　　$(S_a, \overline{S}_a) = \{(v_0, v_1), (v_0, v_2), (v_0, v_n)\}$
截集 $b$　　　　　　　　$(S_b, \overline{S}_b) = \{(v_0, v_n), (v_1, v_n), (v_2, v_n)\}$

| 截集 $c$ | $(S_c, \overline{S}_c) = \{(v_0, v_2), (v_0, v_n), (v_1, v_2), (v_1, v_n)\}$ |
|---|---|
| 截集 $d$ | $(S_d, \overline{S}_d) = \{(v_0, v_1), (v_0, v_n), (v_2, v_1), (v_2, v_n)\}$ |

**定义 8.19　截集的容量**（**Capacity of Cut-Set**）　从 $S$ 中各顶点到 $\overline{S}$ 中各顶点全部容量之和称为截集的容量（截量），用 $C(S, \overline{S})$ 表示。

截集 $a$ 的容量　　　　　　　　$C_a = c_{01} + c_{02} + c_{0n}$

截集 $b$ 的容量　　　　　　　　$C_b = c_{0n} + c_{1n} + c_{2n}$

截集 $c$ 的容量　　　　　　　　$C_c = c_{02} + c_{0n} + c_{12} + c_{1n}$

截集 $d$ 的容量　　　　　　　　$C_d = c_{01} + c_{0n} + c_{21} + c_{2n}$

在截集 $c$ 中边弧 $(v_2, v_1)$ 是反向的，如图 8.46 所示，其容量视为零。在截集 $d$ 中弧 $(v_1, v_2)$ 是反向的，如图 8.47 所示，其容量视为零。

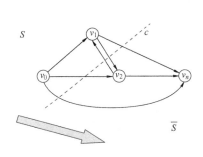　　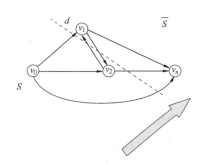

图 8.46　截集 $c$ 中后向弧　　　　　　　图 8.47　截集 $d$ 中后向弧

**定义 8.20　最小截量**（**Minimal Capacity of Cut-Set**）　一个网络中，各种截集中容量最小的称为最小截量，用 $\min C(S, \overline{S})$ 表示。

**8.7.2　最大流定理**

把一个网络看成是一个自来水管网络、煤气管网络、电力线网络、公路网络、铁路网络或水运交通网络等，这些网络都可以归纳成一个运输问题，称为网络流，值得关心的问题是，在这样一个网络中最大流为多少？此问题称为最大流问题（Maximal Flow Problem）。

**定义 8.21　可行流**（**Feasible Flow**）在运输网络的实际问题中，对于流有两个明显的要求：一是每个弧上的流量不能超过该弧的最大通过能力（即弧的容量）；二是中间点的流量为零。因为中间点只起转运作用，也就是说，对于每个中间点，流出量应等于流入量。因此，满足下述条件的流 $f$ 称为网络 $N$ 的一个可行流。

（1）容量限制条件：$0 \leqslant f_{ij} \leqslant c_{ij}$，$(v_i, v_j) \in E(N)$。

（2）平衡条件：$f^-(v_i) = f^+(v_i)$，$v_i \in V(N)$ 且 $\neq v_0, v_n$（中间点：流入量 = 流出量）。

**定义 8.22　最大流**（**Maximal Flow**）　若 $f$ 为 $N$ 的一个可行流，而 $N$ 中不存在流 $\overline{f}$，使得 $\overline{f} > f$，则称 $f$ 为一个最大流，记 $\max f$。

截量 $C$ 与流 $f$ 的关系：

任一可行流，如果 $f$ 是从发点到收点的流量，$C(S, \overline{S})$ 是任一个截集，则有 $f \leqslant C(S, \overline{S})$。当符合定理 8.5 时，该式的等号成立。

**定理 8.5**　（最小截量最大流）任一可行流，从发点到收点的最大流量 $\max f$ 等于最小截

量 $\min C(S, \overline{S})$，即 $\max f = \min C(S, \overline{S})$。

### 8.7.3　最大流算法

设 $P = (v_0, v_1, v_2, \cdots, v_n)$ 为网络中从发点 $v_0$ 到收点 $v_n$ 的一条链，将 $P$ 中的弧划分为前向弧和后向弧，令 $\theta(P) = \min \theta(i, j)$，其中

$$\theta(i, j) = \begin{cases} c_{ij} - f_{ij}, & (v_i, v_j) \text{ 是前向弧} \\ f_{ij}, & (v_i, v_j) \text{ 是后向弧} \end{cases}$$

其中，$c_{ij}$ 是弧 $(v_i, v_j)$ 的容量；$f_{ij}$ 是流过弧 $(v_i, v_j)$ 的可行流。

**定义 8.23**　若 $\theta(P) = 0$，称 $P$ 为 $f$ 饱和的（Saturation）；若 $\theta(P) > 0$，称 $P$ 为 $f$ 不饱和的。

**定义 8.24**　一条从发点到收点的 $f$ 不饱和链称为 $f$ 的增广链（Augmented Chain）。

在一个网络中，$f$ 的增广链的存在表示 $f$ 不是最大流。所以，沿着 $P$ 增加一个值为 $\theta(P)$ 的附加流，得到一个新流

$$\overline{f_{ij}} = \begin{cases} f_{ij} + \theta(P), & (v_i, v_j) \text{ 是前向弧} \\ f_{ij} - \theta(P), & (v_i, v_j) \text{ 是后向弧} \\ f_{ij}, & \text{其他} \end{cases}$$

新流 $\overline{f_{ij}}$ 的流值为 $\overline{f_{ij}} = f + \theta(P)$，称 $\overline{f_{ij}}$ 为基于 $P$ 的修改流，显然 $\overline{f_{ij}} > f_{ij}$。

**定理 8.6**　当且仅当 $N$ 中不包含 $f$ 增长链时，$N$ 中的流 $f$ 是最大流。

1. 算法的基本思想

（1）找增广链。从一个已有的可行流出发（零流即可），寻找增广链，若存在增广链，则转步骤（2）；若不存在，则算法结束，得到最大流。

（2）基于增广链调流量。沿增广链增加流量，调整网络流量，转步骤（1）。

2. 算法——寻找增广链方法（标号法）（福特-福克森（Ford-Fulkerson）标号法）

从一个可行流（如零流）出发，经过标号过程与调整过程来改进。

（1）标号过程。在这个过程中，网络中的点或者是标号点（又分成已检查和未检查两种）或者是未标号点。每个标号点的标号包含两个部分：第一个标号标明它的标号是从哪一点得到的，以便找出增广链；第二个标号是为确定增广链的调整量 $\theta$ 用的。标号过程从 $v_0$ 开始，沿着边从已有标号 $v_i$ 出发，对符合下列条件之一相邻顶点 $v_j$ 作标记。

1）如以 $v_i$ 为起点的弧 $(v_i, v_j)$，即前向弧，条件是 $f_{ij} < c_{ij}$。

2）如以 $v_i$ 为终点的弧 $(v_j, v_i)$，即后向弧，条件是 $f_{ji} < c_{ji}$。

重复上述过程，一旦 $v_n$ 被标上号，表明得到一条增广链，转入调整过程。

若所有标号都是已经检查过的，当标号过程进行不下去时，算法结束，这时的可行流是最大流（判断此时的流是否是最大流，用定理寻找最小截集）。

（2）调整过程。在得到的增广链 $P$ 上修改可行流，沿着 $P$ 增加一个值为 $\theta(P)$ 的附加流，得到一个新流

$$\overline{f_{ij}} = \begin{cases} f_{ij} + \theta(P), & (v_i, v_j) \text{ 是前向弧} \\ f_{ij} - \theta(P), & (v_i, v_j) \text{ 是后向弧} \\ f_{ij}, & \text{其他} \end{cases}$$

新流 $\overline{f_{ij}}$ 的流值为 $\overline{f_{ij}} = f + \theta(P)$，称 $\overline{f_{ij}}$ 为基于 $P$ 的修改流。

重新进入标号过程。

**【例 8.21】** 求图 8.48 所示网络的最大流。

**解** (1)找到增广链$(v_0, v_3, v_1, v_2, v_n)$，增流值=2。

(2) 找到增广链$(v_0, v_2, v_n)$，增流值=4。

(3) 找到增广链$(v_0, v_1, v_2, v_4, v_n)$，增流值=4。

(4) 找到增广链$(v_0, v_3, v_n)$，增流值=3。

(5) 找到增广链$(v_0, v_1, v_5, v_4, v_n)$，增流值=3。

此时的流量$f = 16$，如图 8.49 所示。

(6)找到增广链$(v_0, v_1, v_3, v_4, v_n)$，增流值=2，如图 8.50 所示［其中弧$(v_3, v_1)$是后向弧］。调整流量，$(v_0, v_1)$，$(v_3, v_4)$，$(v_4, v_n)$分别加上 2 个单位，而后向弧$(v_3, v_1)$减去 2 个单位。此时的流量$f=18$，如图 8.50 所示。目前，已经找不到增广链。

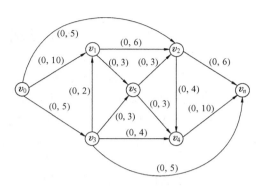

图 8.48　　［例 8.21］的网络图（一）

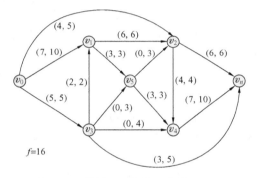

图 8.49　　［例 8.21］的网络图（二）

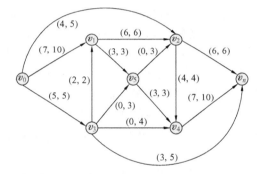

图 8.50　　［例 8.21］的网络图（三）

寻找最小截集判断。此时已经是最大流，共有两个最小截集，如图 8.51 和图 8.52 所示，截集容量=5+3+4+6=18，与$f = 18$相等，所以此时已得到最大流。

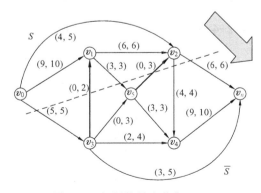

图 8.51　问题的最小截集（一）

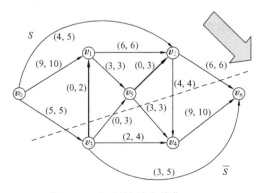

图 8.52　问题的最小截集（二）

## 8.8　最小费用最大流问题

在实际生活中，各种物资的流都与费用有关。如一辆货运汽车经过不同的路线，可能要交不同的过桥费、过路费等，这样就有一个到达目的地走哪条路最省钱的问题。

给定网络 $N = (V, P, c, b)$，$c$ 是每条弧的容量，$b$ 是在每条弧上通过单位流量要花的费用。所谓最小费用流问题就是对于每一个给定的流 $f$，使流的总费用 $b(f) = \sum b_{ij} f_{ij}$ 取最小值。

如果 $f$ 是最大流，那么总费用最小的最大流就是最小费用最大流。

求解最小费用最大流的赋权图法。

这种方法的思路是：从零流量开始，从发点到收点的所有可能增加流量的增广链中寻求总费用最小的路，并首先在这条路上增加流量，得到流量为 $f^{(1)}$ 的最小费用流。再对 $f^{(1)}$ 寻求所有可能增加流量的增广链，并在总费用最小的路上增加流量，得到流量为 $f^{(2)}$ 的最小费用流。依此类推，直到网络中不再存在增广链为止。最后得到的最大流就是最小费用最大流。

问题的实际背景是，一个工厂要将产品送到火车站，可以有许多道路供其选择，在不同路线上每吨货物的运费并不相同，而且每条路线只能有限重量的货物运输，那么要将 $w$ 吨的产品从工厂送到火车站，用什么方法可以使运费最少？

**【例 8.22】**　图 8.53 所示网络图上标出的数字分别为单位运费（单位：百元/t）、弧容量和流值，求最小费用最大流。

**解**　与最大流算法相同，在寻找增广链时，将各弧的单位运费作为长度，求 $v_0$ 到 $v_n$ 的最短路作为增广链，如 $(v_0, v_1, v_3, v_4, v_n)$，路长为 8，在这个增广链上可增加 1 个单位的流值，运费为 8 百元。

再求 $v_0$ 到 $v_n$ 的最短增广链 $(v_0, v_1, v_4, v_n)$，路长为 9，可增加 2 个单位的流值；再求 $v_0$ 到 $v_n$ 的最短增广链 $(v_0, v_2, v_5, v_n)$，路长为 9，可增加 2 个单位的流值；再求 $v_0$ 到 $v_n$ 的最短增广链 $(v_0, v_2, v_3, v_1, v_4, v_n)$，路长为 14，可增加 1 个单位的流值后向弧 $(v_1, v_3)$，同最大流处理）。

再求 $v_0$ 到 $v_n$ 的最短增广链 $(v_0, v_2, v_3, v_5, v_n)$，路长为 18，可增加 2 个单位的流值。此时已达到最大流，其流值为 8（见图 8.54），最小运费为

最小费用 $= 3 \times 3 + 5 \times 4 + 3 \times 4 + 1 \times 1 + 3 \times 2 + 2 \times 2 + 2 \times 9 + 4 \times 2 + 4 \times 3 = 90$（百元）

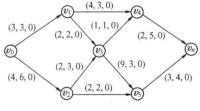

图 8.53　［例 8.22］的网络图

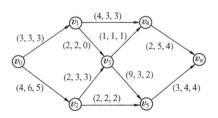

图 8.54　最小费用最大流

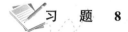

本 章 小 结

图由点以及点与点之间的连线构成，可用来反映实际生活中某些对象之间的某种特定关系。本章内容以图与网络为对象，重点介绍了图的基本概念、基本定理以及各类问题的基本算法。本章共分 8 节；前两节通过典型实例，给出了图的基本概念与符号；为了便于在计算机上编程计算，第 3 节介绍了图的矩阵表示方法；第 4 节描述了树的基本概念与基本定理，并给出了寻求图的最小支撑树的破圈法与避圈法；第 5 节介绍了最短路问题的标号法和矩阵算法；第 6 节以中国邮递员问题为例，介绍了一笔画问题及其基本算法；第 7 节介绍了网络最大流最小截集问题，给出了求解该问题的标号法；第 8 节介绍了最小费用最大流问题及其最短增广链算法。本章介绍的各种图与网络的概念，及其求解方法具有重要的理论意义和应用价值。

习 题 8

**一、计算题**

**8.1** 10 名学生参加 6 门课程的考试。由于选修内容不同，考试门数也不一样。表 8.4 给出了每个学生应参加考试的课程。规定考试在 3 天内结束，每天上下午各安排 1 门。学生希望每人每天最多考 1 门，又课程 A 必须安排在第一天上午考，课程 F 安排在最后一门，课程 B 只能安排在下午考。试列出一张满足各方面要求的考试日程表。

表 8.4　　　　　　　　　　　　学生应参加考试的课程

| 考试课程<br>学生 | A | B | C | D | E | F |
|---|---|---|---|---|---|---|
| 1 | ⊙ | ⊙ |  | ⊙ |  |  |
| 2 | ⊙ |  | ⊙ |  |  |  |
| 3 | ⊙ |  |  |  |  | ⊙ |
| 4 |  | ⊙ |  |  | ⊙ | ⊙ |
| 5 | ⊙ |  | ⊙ | ⊙ |  |  |
| 6 |  |  | ⊙ |  | ⊙ |  |
| 7 |  |  | ⊙ |  | ⊙ | ⊙ |
| 8 |  | ⊙ |  | ⊙ |  |  |
| 9 | ⊙ | ⊙ |  |  |  | ⊙ |
| 10 | ⊙ |  | ⊙ |  |  | ⊙ |

**注** ⊙表示考试的课程。

**8.2**　求图 8.55 所示的最小支撑树和最大支撑树。

**8.3**　图 8.56 表示某生产队的水稻田，用堤埂分割为很多小块。为了用水灌溉，需要挖开一些堤埂。问最少挖开多少堤埂，才能使水浇灌到每小块稻田。

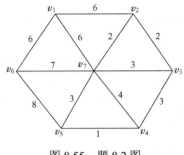 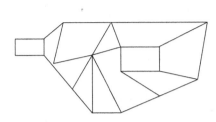

图 8.55　题 8.2 图　　　　　　　　　图 8.56　题 8.3 图

**8.4**　请用标号法求图 8.57 所示的最短路问题，弧上数字为距离。

**8.5**　用迪克斯特拉标号法求图 8.58 中始点到各顶点的最短路，弧上数字为距离。

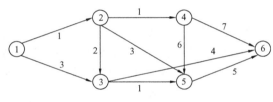 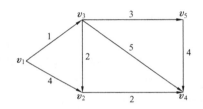

图 8.57　题 8.4 图　　　　　　　　　图 8.58　题 8.5 图

**8.6**　最短路问题：某公司使用一种设备，此设备在一定年限内随着时间的推移逐渐损坏，每年购买价格和不同年限的维修使用费见表 8.5 和表 8.6。假定公司在第一年开始时必须购买一台此设备，请建立此问题的网络图，确定设备更新方案，使维修费和新设备购置费的总数最小。说明解决思路和方法，不必求解。

表 8.5　　　　　　　　　　　　　　　　每年该设备购买价格

| 年份 | 1 | 2 | 3 | 4 | 5 |
|---|---|---|---|---|---|
| 价格（万元） | 20 | 21 | 23 | 24 | 26 |

表 8.6　　　　　　　　　　　　　　该设备不同使用年限的维修使用费

| 使用年限 | 0~1 | 1~2 | 2~3 | 3~4 | 4~5 |
|---|---|---|---|---|---|
| 费用（万元） | 8 | 13 | 19 | 23 | 30 |

**8.7**　试将下述非线性整数规划问题归结为求最长路的问题。要求先根据这个问题画出网络图，简要说明图中各节点、连线及连线上标注的权数的含义，再用标号法求数值解。

$$\max Z = (x_1+1)^2 + 5x_2x_3 + (3x_4-4)^2$$

$$\text{s.t.}\quad x_1 + x_2 + x_3 + x_4 \leqslant 3$$

$x_j \geqslant 0$，且为整数$( j=1,2,3,4 )$

**8.8** 用标号法求图 8.59 所示的最大流（弧上数字为容量和初始可行流量）。

**8.9** 已知有 6 个村子，相互间道路的距离如图 8.60 所示，拟合建一所小学。已知 A 村有小学生 50 人，B 村 40 人，C 村 60 人，D 村 20 人，E 村 70 人，F 村 90 人，问小学应建在哪一个村子，使学生上学最方便（走的总路程最短）。

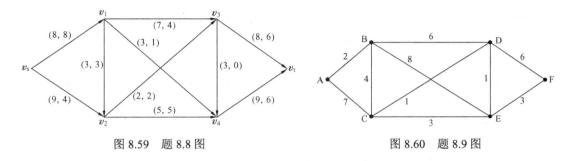

图 8.59  题 8.8 图          图 8.60  题 8.9 图

**8.10** 如图 8.61 所示，从三口油井 1、2、3 经管道将油输至脱水处理厂 7 和 8，中间经 4、5、6 三个泵站。已知图中弧旁数字为各管道通过的最大能力（单位：t/h），求从油井每小时能输送到处理厂的最大流量。

**8.11** 某单位招收懂俄、英、日、德、法文的翻译各一人，有 5 人应聘。已知乙懂俄文，甲、乙、丙、丁懂英文，甲、丙、丁懂日文，乙、戊懂德文，戊懂法文，问这 5 个人是否都能得到聘书？最多几个得到招聘，招聘后每人从事哪一方面翻译任务？

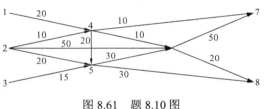

图 8.61  题 8.10 图

**8.12** 表 8.7 给出某运输问题的产销平衡与单位运价。将此问题转化为最小费用最大流问题，画出网络图并求数值解。

表 8.7                 产销平衡与单位运价

| 产地＼销地 | 1 | 2 | 3 | 产量 |
|---|---|---|---|---|
| A | 20 | 24 | 5 | 8 |
| B | 30 | 22 | 20 | 7 |
| 销量 | 4 | 5 | 6 | |

**二、复习思考题**

**8.13** 通常用 $G=(V, E)$ 来表示一个图，试述符号 $V$、$E$ 及这个表达式的含义。

**8.14** 解释下列各组名词，并说明相互间的联系和区别：①点，相邻，关联边；②环，多重边，简单图；③链；④圈；⑤回路；⑥节点的度，悬挂点，悬挂边，孤立点；⑦连通图，连通分图，支撑子图；⑧有向图，无向图，赋权图。

**8.15** 图论中的图同一般工程图、几何图的主要区别是什么？试举例说明。

**8.16** 试述树、图的支撑树及最小支撑树的概念定义，以及它们在实际问题中的应用。

**8.17** 阐明 Dijkstra 算法的基本思想和基本步骤，为什么用这种算法能在图中找出从一点至任一点的最短路？

**8.18** 最大流问题是一个特殊的线性规划问题，试具体说明这个问题中的变量、目标函数和约束条件各是什么。

**8.19** 什么是增广链？为什么只有不存在关于可行流 $f^*$ 的增广链时，$f^*$ 即为最大流。

**8.20** 试述什么是截集、截量以及最大流最小截量定理。为什么用福特—福克森标号法在求得最大流结果的同时，得到一个最小截集？

**8.21** 简述最小费用最大流的概念以及求取最小费用最大流的基本思想和方法。

**8.22** 试用图的语言来表达中国邮递员问题，并说明该问题同一笔画之间的联系和区别。

**8.23** 判断下列说法是否正确（正确的在括号中打"√"，错误的在括号中打"×"）。

（1）图论中的图不仅反映了研究对象之间的关系，而且是真实图形的写照，因而对图中点与点的相对位置，点与点连线的长短曲直等都要严格注意。　　　　　　　　（　　）

（2）在任一图 $G$ 中，当点集 $V$ 确定后，树图是 $G$ 中边数最少的连通图。　　（　　）

（3）如图中某点 $v_i$ 有若干个相邻点，与其距离最远的相邻点为 $v_j$，则边（$v_i$，$v_j$）必不包含在最小支撑树内。　　　　　　　　　　　　　　　　　　　　　　（　　）

（4）求图的最小支撑树以及求图中一点至另一点的最短路问题，都可以归结为求解整数规划问题。　　　　　　　　　　　　　　　　　　　　　　　　　　　（　　）

（5）求网络最大流的问题可归结为求解一个线性规划模型。　　　　　　　（　　）

# 第9章 网络计划技术

网络计划技术（Network Program Technique）是 20 世纪 50 年代中期发展起来的一种科学计划管理技术，是运筹学的组成部分，也是系统工程中的一种重要方法。

网络计划技术在国外称为计划评审技术（Program Evaluation and Review Technique，PERT）和关键路径法（Critical Path Method，CPM），国内称为统筹方法。

## 9.1 网络计划技术的基本概念、参数和算法

阿波罗登月计划是网络计划技术成功的例子。它的全部任务分别由地面、空间和登月三部分组成，是一项复杂庞大的工程项目，为把人安全地送上月球，不仅涉及火箭技术、电力技术、冶金和化工等多种技术，还需要了解宇宙空间的物理环境以及月球本身的构造和形状。它耗资 300 亿美元，研制零件有几百万种，共有 2 万家企业参与，涉及 42 万人，历时 11 年（1958—1969 年）。为完成这项工序，除了考虑每个部门之间的配合和协调工序外，还要估计各种未知因素可能带来的影响。因此要求有一个总体规划部门运用一种科学的组织管理方法综合考虑，统筹安排来解决千变万化的情况。实施结果是飞行中控制误差精度达到极高程度（时间上比原计划相差 1min）。

网络分析方法特点：PERT 属于非肯定型，工序时间采用三个估计值（最乐观时间、最可能时间和最悲观时间），适用于科研项目和一次性计划，着重考虑时间因素，主要用于控制进度。CPM 属于肯定型，工序时间采用一个估计值（最可能时间），适用于工程建设项目，往往兼顾时间和费用两大因素，力求用最低费用确定工期，在时间和费用两个方面作出抉择。

### 9.1.1 网络计划技术的基本概念

**定义 9.1 网络图（Network Graph）** 用圆圈和箭线表示研究对象之间相互关系的网状图。

**【例 9.1】** 有一部影片需要分上、下两集，在甲、乙两个部队交替放映，中间有一个传片人，放映顺序先甲部队后乙部队，部队到达影院和返回各需要 30 min，上、下两集各需要 50 min，传片人从甲部队到乙部队或从乙部队到甲部队各需 40 min，见表 9.1。试画出网络图。

**表 9.1** 　　　　　　　　　　　　有 关 参 数

| 单位 | 甲部队 | 传片人 | 乙部队 |
|---|---|---|---|
| 工序项目 | 到影院 A：30min<br>放上集 B：50min<br>放下集 C：50min<br>返　回 D：30min | 送上集 E：40min<br>返回甲部队 F：40min<br>送下集 G：40min | 到影院 H：30min<br>放上集 I：50min<br>放下集 J：50min<br>返　回 K：30min |

**解** 网络图如图 9.1 所示。

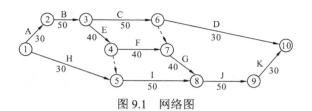

图 9.1　网络图

**定义 9.2　工序（Process）** 消耗时间和资源的活动称为工序（或称工作、作业）。

工序的概念是广义的，工程项目中混凝土养护、油漆后的干燥和军事行动中的行军休息等，虽不消耗资源，但要消耗时间的等待过程也称为工序。

通常又将这些需要消耗时间和资源的工序叫做实工序。实工序由两个带编号的圆圈和一个箭线组成。箭线指向表示工序的前进方向。箭线的箭尾表示工序的开始，箭头表示工序的结束，箭尾到箭头表示工序的过程，其中箭尾编号必须小于箭头编号。工序完成所花的时间标注于箭线的下方，如图 9.1 所示。

**定义 9.3　虚工序（Imaginary Process）** 延续时间为零的假定工序，称为虚工序。虚工序由两个带编号的圆圈和一个虚箭线组成，如图 9.1 所示。

**定义 9.4　紧前工序（Immediate Predecessor Process）** 紧接在该工序前面的工序，称为该工序的紧前工序。

**定义 9.5　紧后工序（Immediate Successor Process）** 紧接在该工序后面的工序，称为该工序的紧后工序。

**定义 9.6　节点（Node）** 箭头进入或引出处带有编号的圆圈，紧前工序与紧后工序的交接点称为节点。

节点功能——衔接前后工序和控制工序进程。

节点特征——瞬时性。节点实现不占用时间。

**定义 9.7　路线（Path）** 从起始节点（即没有紧前工序的节点）到终止节点（即没有紧后工序的节点）连贯的工序列称为路线。

**定义 9.8　路线的长度（Length of Path）** 路线上各工序的延续时间之和，称为路线的长度。

**定义 9.9　关键路线（Critical Path）** 网络中所有路线中最长的路线称为关键路线。关键路线有着特别重要的地位，正是它控制着整个计划的工期。

［9.1］的关键路线为①→②→③→④→⑦→⑧→⑨→⑩，关键路线长度需要 280min，如图 9.1 所示。

**定义 9.10　目标（Goal）** 目标就是为完成预定的任务所要达到的根据客观实际而确定的主要任务（或综合）功能数量指标。

大多数情况下，是以完成任务的时限作为目标。任务实现的目的只有一个，而其目标可能有多个（时间、成本、资源等）。

网络图从局部看由工序和节点组成，从整体看由路线和目标组成。

### 9.1.2　相互关系

逻辑关系：两件工序之间相互联系是客观固有的，不能随意改变，如电影的上、下集之间。

组织关系：工序之间关系是人为的关系。它体现了人的主观能动作用，它的确定主要考虑到效果、时间、资源和经济原则等因素，如甲、乙部队之间。

### 9.1.3　网络图的绘制

绘制网络图主要有以下原则：

（1）严禁出现循环回路，否则工程永远不能完工。

（2）有且仅有一个起始节点和一个终止节点。

（3）网络图中不允许出现相同编号的工序。

（4）两节点之间只能有一条箭线连接，否则将造成逻辑上的混乱。如图 9.2 所示是错误画法，为了使两节点之间只有一条箭线，可增加一个节点，并增加一项虚工序。图 9.3 所示是正确的画法。

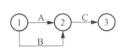

图 9.2　错误画法

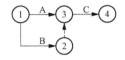

图 9.3　正确画法

【例 9.2】　某工程各项工序间的逻辑关系见表 9.2，绘制网络图。

表 9.2　　　　　　　　　　　　　　工 序 的 逻 辑 关 系

| 工序 | A | B | C | D |
|---|---|---|---|---|
| 紧前工序 | — | — | A、B | B |

**解**　根据表 9.2 和绘制网络图的基本规则，画出网络图，如图 9.4 所示。

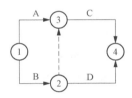

图 9.4　网络图

【例 9.3】　某工程各项工序间的逻辑关系见表 9.3，绘制网络图。

表 9.3　　　　　　　　　　　　　　工 序 间 的 逻 辑 关 系

| 工序 | A | B | C | D | E | F |
|---|---|---|---|---|---|---|
| 紧前工序 | — | — | — | A、B | A、B、C | D、E |

**解**　根据表 9.3 和绘制网络图的基本规则，画出网络图，如图 9.5 所示。

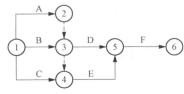

图 9.5　网络图

【例9.4】 某工程各项工序间的逻辑关系见表9.4，试绘制网络图。

表9.4                          工 序 间 的 逻 辑 关 系

| 工序 | A | B | C | D | E |
|---|---|---|---|---|---|
| 紧前工序 | — | — | A | A、B | B |

**解**：根据表9.4和绘制网络图的基本规则，画出网络图，如图9.6所示。

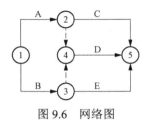

图9.6 网络图

### 9.1.4 网络计划的时间参数（Network Parameter）计算

1. 网络计划的时间参数

（1）控制性参数：

1）最早时间：

节点的最早（可能）实现时间（ET）；

工序的最早（可能）开始时间（Earliest Starting Date，ES）；

工序的最早（可能）结束时间（Earliest Finished Date，EF）。

2）最迟时间：

节点的最迟（必须）实现时间（LT）；

工序的最迟（必须）开始时间（Latest Starting Date，LS）；

工序的最迟（必须）结束时间（Latest Finished Date，LF）。

（2）协调性参数：

工序的总机动时间（总时差）（Total Time Difference，TF），指在不影响工期的前提下，工序所具有的机动时间；

工序的局部机动时间（单时差）（Single Time Difference，SF），指在不影响紧后工序最早开始时间的前提下，工序所具有的机动时间。

2. 网络计划的时间参数计算公式

令 $t_{ij}$ 为工序 $(i,j)$ 的持续时间，则

（1）最早时间：

起始节点的最早实现时间 $\mathrm{ET}_S = 0$；

节点 $j$ 的最早实现时间 $\mathrm{ET}_j = \max\,(\mathrm{ET}_i + t_{ij})$；

工序 $(i,j)$ 的最早开始时间 $\mathrm{ES}_{ij} = \mathrm{ET}_i$；

工序 $(i,j)$ 的最早结束时间 $\mathrm{EF}_{ij} = \mathrm{ET}_i + t_{ij}$。

（2）最迟时间：

终止节点的最迟实现时间 $\mathrm{LT}_T = D$（$D$ 是指令工期，通常 $D = T$，$T$ 是计算工期，即终止

节点的最早实现时间）；

节点 $i$ 的最迟实现时间 $LT_i = \min(LT_j - t_{ij})$；

工序 $(i, j)$ 的最迟结束时间 $LF_{ij} = LT_j$；

工序 $(i, j)$ 的最迟开始时间 $LS_{ij} = LT_j - t_{ij}$。

（3）协调性参数：

$TF_{ij} = LT_j - ET_i - t_{ij}$；

$SF'_{ij} = ET_j - ET_i - t_{ij}$；

$SF''_{ij} = LT_j - LT_i - t_{ij}$。

显然，$TF \geqslant SF$。

凡是 $TF = 0$ 的工序便是关键工序，组成的路线便是关键路线。关键路线上的关键节点必有 $ET = LT$，但不充分。唯一的判断是 $TF = 0$。

### 9.1.5　关键路线法

关键路线法是一种简单有效的方法，其计算步骤如下：

（1）计算节点最早实现时间（顺向计算）。

（2）计算节点最迟实现时间（逆向计算）。

（3）计算各工序的最早开始时间、最早结束时间、最迟开始时间及最迟结束时间。

（4）计算各工序的总时差。

（5）确定关键路线。

**【例 9.5】**　网络图如图 9.7 所示。试用关键路线法进行计算。

**解**　（1）顺向计算最早时间 ET，计算工期 $T = 40$，如图 9.8 所示。□内的数字表示节点的最早实现时间 ET。

（2）逆向计算最迟时间 LT，令指令工期 $D = T = 40$，如图 9.8 所示。△内的数字表示节点的最迟实现时间 LT。

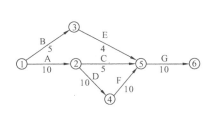

图 9.7　[例 9.5] 的网络图

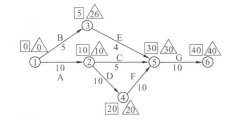

图 9.8　节点的最早实现时间和最迟实现时间

（3）工序 $(i, j)$ 的 $ES_{ij}$ 等于节点 $i$ 的 $ET_i$，加上工序本身的时间 $t_{ij}$ 可得到 $EF_{ij}$；$LF_{ij}$ 等于节点 $j$ 的 $LT_j$，减去 $t_{ij}$ 可得到 $LS_{ij}$。计算结果见表 9.5。

| 表 9.5 | | | 工 序 的 时 间 参 数 | | | | |
|---|---|---|---|---|---|---|---|
| 工序 | 工序时间 $t_{ij}$ | 最早开始时间 $ES_{ij}$ | 最早结束时间 $EF_{ij}$ | 最迟开始时间 $LS_{ij}$ | 最迟结束时间 $LF_{ij}$ | 总时差 $TF_{ij}$ | 关键工序 |
| A | 10 | 0 | 10 | 0 | 10 | 0 | A |
| B | 5 | 0 | 5 | 21 | 26 | 21 | |
| C | 5 | 10 | 15 | 25 | 30 | 15 | |

续表

| 工序 | 工序时间 $t_{ij}$ | 最早开始时间 $ES_{ij}$ | 最早结束时间 $EF_{ij}$ | 最迟开始时间 $LS_{ij}$ | 最迟结束时间 $LF_{ij}$ | 总时差 $TF_{ij}$ | 关键工序 |
|---|---|---|---|---|---|---|---|
| D | 10 | 10 | 20 | 10 | 20 | 0 | D |
| E | 4 | 5 | 9 | 26 | 30 | 21 | |
| F | 10 | 20 | 30 | 20 | 30 | 0 | F |
| G | 10 | 30 | 40 | 30 | 40 | 0 | G |

（4）工序的总时差= $LS_{ij}-ES_{ij}=LF_{ij}-EF_{ij}=LT_j-ET_i-t_{ij}$，计算结果见表 9.5。

（5）关键路线由关键工序组合而成，总时差为零的工序为关键工序。关键工序为 A、D、F、G，由表 9.5 可知，关键路线仅有一条，即①→②→④→⑤→⑥。

## 9.2　网络计划的费用优化

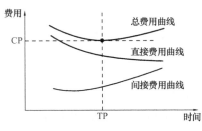

图 9.9　任务的费用曲线

工序的费用分成直接费用（Direct Cost）和间接费用（Indirect Cost）。任务的总费用也包括直接费用和间接费用。

一般任务的直接费用随着工期的缩短而增加，一般任务的间接费用随着工期的缩短而减少，所以一定存在一个总费用最少的最优工期，如图 9.9 示。

### 9.2.1　费用斜率 $K$

在线性假定下，工序延续时间每缩短一个单位时间所增加的费用称为费用斜率 $K$，表达式为

$$K=\frac{CM-CN}{TN-TM}$$

式中：TN 为正常时间；TM 为最短时间；CM 为最短时间内完成工序所需要的费用，即速成费用；CN 为正常时间内完成工序所需要的费用，即正常费用。

【例 9.6】　某一个工序正常时间为 7 天，费用为 360 元，最短时间为 4 天，费用为 450 元，求其费用斜率。

**解**　费用斜率为 $K=\dfrac{450-360}{7-4}=30$（元/天）。

### 9.2.2　直接费用优化原理

（1）网络中存在一条关键路线时，选择费用斜率最小的工序，逐步压缩这条关键路线，且不改变其关键性质。

（2）当网络中存在数条关键路线时，应找出"费用斜率最小的工序"，逐步压缩能使这些关键路线同时缩短一组或一件工序，并保持这些关键路线不改变其关键性质。

直接费用优化原理的核心：力求以最小的费用缩短工期，最后求出一个费用最低的最快进度（Shortest Time Limit for a Project）。

【例 9.7】　网络图如图 9.10 所示，求总费用最低的最优工期，也称为最低成本日程（Lowest Cost Schedule）。图 9.10 中，线上方的数字表示该工序的直接费用斜率；线下方的第一个数

字表示完成该工序的正常时间，第二个数字表示最短时间。

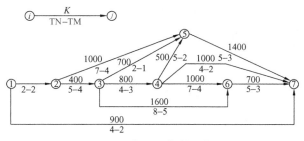

图 9.10　[例 9.7] 的网络图

**解**　首先用直接费用优化原理求出一个直接费用最低的最快进度，然后结合间接费用找出总费用最低的最优工期。

（1）求直接费用最低的最快进度。

第一步：按工序的最快时间求出最快进度。假定所有工序按最短时间完成，最快进度（直接费用最多）$T^* = 16$ 天，如图 9.11 所示。

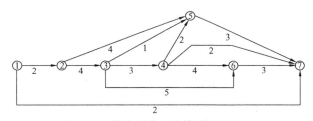

图 9.11　最快进度（直接费用最多）

第二步：令最快进度的计算工期为指令工期 $D = 16$ 天，求出正常时间。计算工期 $T = 23$ 天，以及指令工期 $D = 16$ 天时的节点最早可能实现时间和节点最迟必须实现时间，如图 9.12 所示。

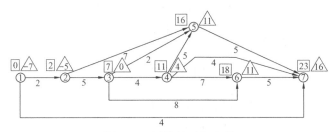

图 9.12　网络的时间参数

第三步：求出总机动时间 $TF$，如图 9.13 所示。图中括号内表示该工序的总机动时间 TF。

第四步：找出能够缩短时间的工序，即把具有负机动时间的子图分离出来，如图 9.14 所示。

第五步：将图 9.14 中括号内修改为该工序实际可压缩时间，即 max（负机动时间，最短时间—正常时间），如图 9.15 所示。接着，运用直接费用优化原理进行优化，具体进度如下：

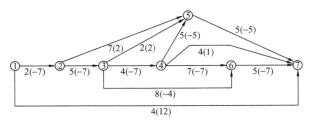

图 9.13　网络的总机动时间

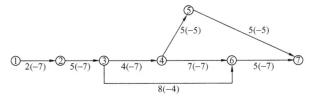

图 9.14　具有负机动时间的子图

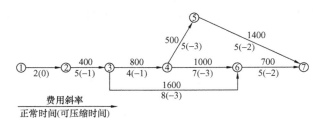

图 9.15　直接费用优化

进度 1：只有一条关键路线（①→②→③→④→⑥→⑦）上的直接费用斜率最小的工序为（2，3）可压缩 1 天，费用 400 元/天，其工期缩短为 $T_1$= 22 天，如图 9.16 所示。

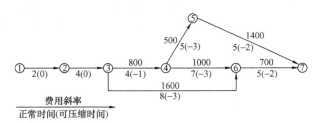

图 9.16　直接费用优化（进度 1）

进度 2：关键路线没变，其次直接费用斜率 (6，7) 可压缩 2 天，费用 700 元/天，总费用增加 700×2 =1400 元，其工期 $T_2$=20 天，如图 9.17 所示。

进度 3：关键路线变成两条（①→②→③→④→⑥→⑦，①→②→③→④→⑤→⑦）。其最小直接费用斜率的工序 (3，4) 同时通过这两条关键路线，工序 (3，4) 可压缩 1 天，费用 800 元/天，其工期 $T_3$=19 天，如图 9.18 所示。

进度 4：关键路线还是这两条（①→②→③→④→⑥→⑦，①→②→③→④→⑤→⑦），其费用斜率最小工序 (4，5)、(4，6) 可压缩 3 天，但最优压缩时间只有 2 天（否则会破坏其关键性质），其费用斜率= 500+1000 =1500（元/天），总费用增加 3000 元，其工期 $T_4$=17 天，如图 9.19 所示。

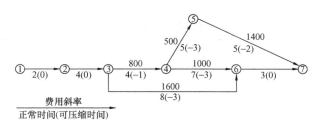

图 9.17　直接费用优化（进度 2）

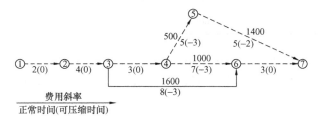

图 9.18　直接费用优化（进度 3）

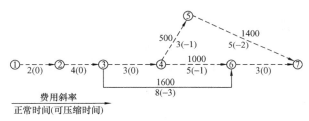

图 9.19　直接费用优化（进度 4）

进度 5：关键路线变成三条（①→②→③→④→⑥→⑦，①→②→③→④→⑤→⑦，①→②→③→⑥→⑦），费用斜率最小工序 (4,5)、(4,6)、(3,6) 可压缩 1 天，费用 3100 元/天，其工期 $T_5$=16 天，如图 9.20 所示。工期达到 $D$=16 天要求，这是直接费用最省的最快进度，共增加 400×1+700×2+800×1+1500×2+3100×1 = 8700（元）。

（2）求总费用最低的最优工期。

工期与直接费用成反比，与间接费用成正比，因而存在一个总费用最低的最优工期。设工期每压缩一天可节省间接费用 1000 元。

正常进度与各个进度的费用比较见表 9.6。

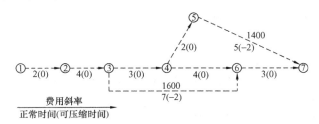

图 9.20　直接费用优化（进度 5）

表 9.6                              费 用 汇 总 表

| 工期和费用 | 正常进度 | 进度 1 | 进度 2 | 进度 3 | 进度 4 | 进度 5 |
|---|---|---|---|---|---|---|
| 工期（天） | 23 | 22 | 20 | 19 | 17 | 16 |
| 进度提前（天） | 0 | 1 | 3 | 4 | 6 | 7 |
| 直接费用增加（元） | 0 | 400 | 1800 | 2600 | 5600 | 8700 |
| 间接费用减少（元） | 0 | −1000 | −3000 | −4000 | −6000 | −7000 |
| 节省（元） | 0 | −600 | −1200 | −1400 | −400 | 1700 |

总费用最低的最优工期（Lowest Cost Schedule）为进度 3，比正常进度的工期缩短 4 天，其增加直接费用 2600 元，减少间接费用 4000 元，结果净节省费用 1400 元。

## 9.3　网络计划的时间优化

### 9.3.1　时间优化的措施

（1）改进工序的组织方式。对关键工序增加新设备，采用新工艺、新技术等措施；或对工序时间较长的关键工序采用平行作业或交叉作业等措施，以达到提高工效、缩短关键工序时间的目的。

1）将串联工序改为平行工序，如图 9.21 所示。

图 9.21　串联工序改为平行工序

2）将串联工序改为交替工序，如图 9.22 所示。

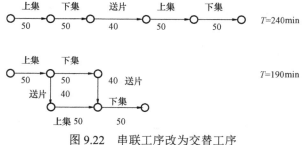

图 9.22　串联工序改为交替工序

（2）某任务的网络图如图 9.23 所示，充分利用非关键工序的机动时间，采取措施，合理地从非关键工序中调配人力、物力和其他资源，支援关键工序，从而缩短关键工序时间。

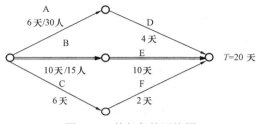

图 9.23 某任务的网络图

1）相应推迟非关键工序的开始时间，如图 9.24 所示。

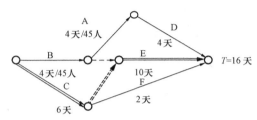

图 9.24 推迟非关键工序的开始时间

2）相应延长非关键工序的延续时间，如图 9.25 所示。

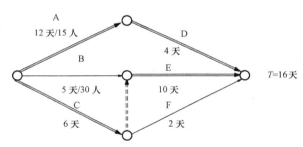

图 9.25 相应延长非关键工序的延续时间

（3）尽量采用标准件、通用件和预制件等，以缩短设计时间和制造周期。

（4）在人力资源有保证时，改一班制为多班制，以缩短任务工期。

### 9.3.2 循环优化法

循环优化法计算步骤：

（1）明确原始计划网络中的关键路线，求出计算工期。

（2）将计算工期与指令工期比较，求出需缩时间。

（3）采取适当的优化措施，压缩关键路线长度，并求出新的关键路线（或不变）。

（4）计算工期，若满足指令工期，则优化结束；否则重复上述步骤（1）～（3），继续压缩关键路线，直到满足指令工期为止。

【例 9.8】 设某任务原始网络如图 9.26 所示，上级命令期限为 27 天。试压缩工期实现时间优化。

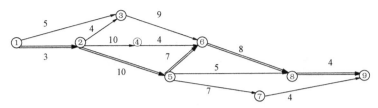

图 9.26　某任务原始网络（优化前）

**解**　计划中关键路线为①→②→⑤→⑥→⑧→⑨，计算工期 $T_0$= 32 天，而指令工期 $D$ =27 天，需缩时间为 $T_0-D$ = 5 天。

循环 1：选择关键路线上的工序(2, 5)、(5, 6)，分别压缩 3 天和 2 天，关键路线缩短为 27 天，但计算工期仅缩短 3 天，因为产生了新的关键路线，如图 9.27 所示。

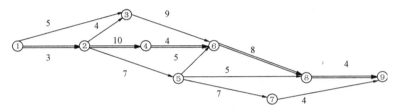

图 9.27　任务网络图（循环 1）

此时的关键路线为①→②→④→⑥→⑧→⑨，计算工期 $T_1$= 29 天，还需缩短时间为 $T_1-D$ = 2 天。

循环 2：选择新的关键路线上的工序 (2, 4)，压缩 2 天，计算工期仅缩短 1 天，因为又产生了新的关键路线，如图 9.28 所示。

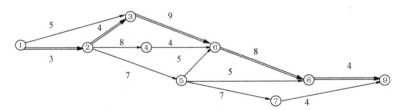

图 9.28　任务网络图（循环 2）

此时的关键路线为①→②→③→⑥→⑧→⑨，计算工期 $T_2$= 28 天，还需缩短时间为 $T_2-D$ = 1 天。

循环 3：选择新的关键路线上的工序 (3, 6)，压缩 1 天，计算工期缩短 1 天，又产生了 2 条新的关键路线，如图 9.29 所示。

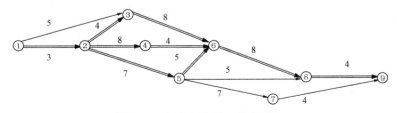

图 9.29　任务网络图（优化后）

此时，①→②→③→⑥→⑧→⑨仍为关键路线，但又产生了 2 条新的关键路线，即①→②→③→④→⑥→⑧→⑨，①→②→⑤→⑥→⑧→⑨。计算工期 $T_3$ = 27 天，满足指令工期，达到优化目的。

循环优化法优点是思路简单，便于掌握；缺点是计算量较大。

### 9.3.3  非循环优化法

1. 需缩路线

若指令工期 $D$ 小于计算工期 $T$，工序的总机动时间将出现负值。具有负的机动时间工序构成的路线称为需缩路线。

仍以［例 9.8］中的图 9.26 为例，计算工序的总机动时间，如图 9.30 所示。上级命令期限为 $D$ = 27 天。

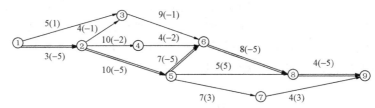

图 9.30  ［例 9.8］的总机动时间

具有负的总机动时间的需缩路线如图 9.31 所示。

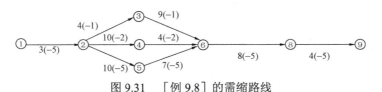

图 9.31  ［例 9.8］的需缩路线

共有 3 条需缩路线：

①→②→③→⑥→⑧→⑨，其机动时间为−1；

①→②→④→⑥→⑧→⑨，其机动时间为−2；

①→②→⑤→⑥→⑧→⑨，其机动时间为−5。

那么这 3 条需缩路线的需缩时间分别为 1、2 天和 5 天。需缩路线为科学地缩短工期提供了可贵的信息。

2. 非循环优化法计算步骤

（1）求出网络中的需缩路线。

（2）分析其需缩路线，选择压缩方案，实现时间优化。

仍以图 9.31 的需缩路线进行分析，一般可找出满足指令工期要求的若干优化方案。

第 1 方案：压缩工序 (2, 5) 3 天，(5, 6) 2 天，(2, 4) 2 天和 (3, 6) 1 天，即前述的循环优化方案，消除了需缩时间为 5 天的需缩路线。

第 2 方案：压缩工序 (6, 8) 5 天，就能消除需缩时间，而导致 3 条需缩路线同时消失，而这样做关键工序没有转移和增加。

工序 (6, 8) 是 3 条需缩路线共同通过的工序，这样的工序称为"瓶颈"，它是数条需缩路线必经的路线，所以在其他条件相同的情况下，压缩工期应首先考虑"瓶颈"。

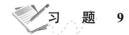

## 本 章 小 结

网络计划技术以网络描述工序与工序之间的关系，在项目管理、工程管理等实际领域具有重要应用。本章共分 3 节。第 1 节首先借助实际案例介绍了网络计划技术特点、主要内容及其优点。在此基础上，给出了网络计划的基本概念、几个重要的时间参数、关键路线及其求解方法。具体来讲，网络计划技术为管理人员提供了工作日程安排的信息，包括各个工序最早开始时间、最迟开始时间以及单时差和总时差，而且它还可以识别出关键路线。在这条关键路线上，所有工序的任何延误都会对整个工程或项目的工期产生影响。因为关键路线是网络途中最长的一条路线，如果所有工序都按照日程进行，关键路线的长度就是整个项目的完成时间。第 2 节介绍了网络计划的直接费用优化原理及其优化方法，该原理的核心是：期望以最小的费用缩短工期，最后求出一个费用最低的最快进度。第 3 节介绍了网络计划的时间优化问题及其循环优化、非循环优化等优化方法。

## 习 题 9

### 一、计算题

**9.1** 已知表 9.7 所列资料，试完成：

（1）绘制网络图。

（2）计算各节点的最早时间与最迟时间。

（3）计算各工序的最早开工、最早完工、最迟开工及最迟完工时间。

（4）计算各工序的总时差（总机动时间）。

（5）确定关键路线。

表 9.7　　　　　　　　　　　　工 序 明 细 表

| 工序 | 紧前工序 | 工序时间（天） | 工序 | 紧前工序 | 工序时间（天） |
|------|----------|----------------|------|----------|----------------|
| a | — | 3 | f | c | 8 |
| b | A | 4 | g | c | 4 |
| c | A | 5 | h | d, e | 2 |
| d | b, c | 7 | i | g | 3 |
| e | b, c | 7 | j | f, h, i | 2 |

**9.2** 已知建设一个汽车库及引道的作业明细表，见表 9.8，试完成：

（1）计算该项工程从施工开始到全部结束的最短周期。

（2）若工序 1 拖期 10 天，对整个工程进度有何影响？

（3）若工序 $j$ 的时间由 12 天缩短到 8 天，对整个工程进度有何影响？

（4）为保证整个工程进度在最短周期内完成，工序 $i$ 最迟必须在哪一天开工？

（5）若要求整个工程在 75 天完工，是否需要采取措施？若需要，应从哪些方面采取措施？

**表 9.8**　　　　　　　　　　　　**汽车库及引道的作业明细表**

| 工序代号 | 工序名称 | 工序时间（天） | 紧前工序 | 工序代号 | 工序名称 | 工序时间（天） | 紧前工序 |
|---|---|---|---|---|---|---|---|
| a | 清理场地开工 | 10 | — | h | 装窗及边墙 | 10 | f |
| b | 备料 | 8 | — | i | 装门 | 4 | f |
| c | 车库地面施工 | 6 | a，b | j | 装天花板 | 12 | g |
| d | 预制墙及房顶 | 16 | b | k | 油漆 | 16 | h，i，j |
| e | 车库地面保养 | 24 | c | l | 引道施工 | 8 | c |
| f | 立墙架 | 4 | d，e | m | 引道保养 | 24 | l |
| g | 立房顶架 | 4 | f | n | 交工验收 | 4 | k，m |

**9.3**　已知表 9.9 所列资料，求出该项工程总费用最低的最优工期（最低成本日程）。

**表 9.9**　　　　　　　　　　　　**某 工 程 资 料**

| 工序代号 | 正常时间（天） | 最短时间（天） | 紧前工序代号 | 正常完成的直接费用（百元） | 费用斜率（百元/天） |
|---|---|---|---|---|---|
| A | 4 | 3 | — | 20 | 5 |
| B | 8 | 6 | — | 30 | 4 |
| C | 6 | 4 | B | 15 | 3 |
| D | 3 | 2 | A | 5 | 2 |
| E | 5 | 3 | A | 18 | 4 |
| F | 7 | 5 | A | 40 | 7 |
| G | 4 | 3 | B、D | 10 | 3 |
| H | 3 | 2 | E、F、G | 15 | 6 |

合计：153

工程的间接费用：5（百元/天）

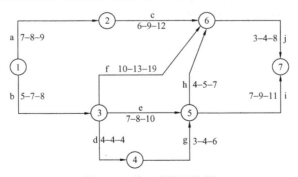

图 9.32　某工程的网络图

**9.4**　已知某工程的网络图如图 9.32 所示，设该项工程开工时间为 0，合同规定该项工程的完工时间为 25 天。试完成：

（1）确定各工序的平均工序时间和均方差。

（2）画出网络图并按平均工序时间找出网络图中的关键路线。

（3）求该项工程按合同规定的日期完工的概率。

**9.5** 已知表 9.10 所列资料，试完成：

（1）绘制网络图。

（2）求出每道工序的期望时间和方差。

（3）求出计划项目的期望工期和方差。

表 9.10                   某 工 程 资 料

| 工序代号 | 紧前工序 | 乐观时间（a） | 正常时间（m） | 悲观时间（b） |
|---|---|---|---|---|
| A | — | 2 | 5 | 8 |
| B | A | 6 | 9 | 12 |
| C | A | 6 | 7 | 8 |
| D | B、C | 1 | 4 | 7 |
| E | A | 8 | 8 | 8 |
| F | D、E | 5 | 14 | 17 |
| G | C | 3 | 12 | 21 |
| H | F、G | 3 | 6 | 9 |
| I | H | 5 | 8 | 11 |

（4）求出工期不迟于 50 天完成的概率和比期望工期提前 4 天完成的概率。

**二、复习思考题**

**9.6** 判断下列说法是否正确（正确的在括号中打"√"，错误的在括号中打"×"）。

（1）网络图中节点的最迟开始时间等于最早开始时间。 （ ）

（2）对于一项工程的费用而言，工程成本费用可分为直接费用和间接费用。 （ ）

（3）对于一项工程的费用而言，直接费用随工期延长而增加。 （ ）

（4）对于一项工程的费用而言，直接费用占工程成本费用的绝大部分。 （ ）

（5）对关键路线上的各项工序而言，它们的总时差为零。 （ ）

（6）对关键路线上的各项工序而言，每个工序的最早开始时间都等于各自的最迟开始时间。 （ ）

# 第 10 章　决　策　分　析

## 10.1　决　策　系　统

### 10.1.1　什么叫决策

所谓决策（Decision）就是为确定的行动目标，基于一定的信息基础，借助科学的方法和工具，对需要决定问题的诸因素进行分析、计算和评价，从两个或两个以上的可行方案中，选择一个最优方案的分析判断过程。

当前比较流行的两种关于决策的说法：

（1）现代管理科学创始人、诺贝尔奖获得者、世界著名经济学家西蒙（H.A.Simon）提出的"管理就是决策"。

（2）中国社会科学院原副院长于光远提出的"决策就是做决定"。

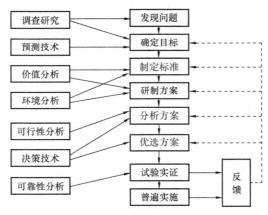

图 10.1　科学决策程序

### 10.1.2　科学决策程序

科学决策程序包括发现问题、确定目标、制定评价标准、研制可行方案、分析评估方案、选择优化方案、方案试验实证和方案普遍实施等，如图 10.1 所示。

### 10.1.3　决策要素

1. 决策者（Decision Maker）

决策者是一个人或几个人。决策者又分成分析者和领导者。分析者是只提出和分析评价方案，而不作出决断的人。领导者是有责有权，能最后决断拍板的人。

2. 目标（Goal）

必须至少有一个希望达到的既定目标。

3. 效益（Decision Consequence）

必须讲究决策的效益。在一定的条件下，寻找优化目标和优化地达到目标，不追求优化，决策是没有意义的。在很多决策中，会用收益来表示效益。

4. 可行方案（Alternative Courses of Action）

必须有两个及两个以上的可行方案可供选择，一个方案，无从选择，也就无从优化。可行方案可以分成：明确的方案——有限个明确的具体方案；不明确的方案——只说明产生方案的可能约束条件，而方案本身还需要去寻找。方案个数可能是有限个，也可能是无限个。

5. 自然状态（Natural State）

自然状态又称结局（Outcome），是决策者无法控制但可以预见的决策环境客观存在的各种状态。如果每个方案都只有一个自然状态，就称为确定型决策，否则就称为不确定型或风险型决策。

6. 效用（Utility Value）

决策的效益值对决策人的实际价值称为效用。

### 10.1.4　决策分类

1. 根据决策者多少分类

（1）单人决策。这时决策者只有 1 人，或是利害关系完全一致的几个人组成的一个群体。

（2）多人决策。决策者至少 2 人，且他们的目标、利益不完全一致，甚至相互冲突和矛盾。如果几个决策者的利益和目标互相对抗，则称为对策；如果几个决策者的利益和目标不完全一致，又必须相互合作，共同决策，则称为群体决策。

2. 根据决策目标的多少分类

（1）单目标决策。只有一个明确的目标，方案的优劣完全由其目标值的大小决定，在追求经济效益的目标中，目标值越大，方案就越好。

（2）多目标决策。至少有两个目标，这些目标往往有不同的度量单位，且相互冲突，不可兼而得之，这时，仅比较一个目标值的大小已无法判断方案的优劣。

3. 根据决策方案的明确与否分类

（1）规划问题。如果只说明产生方案的条件，则这一类决策称为规划问题，如线性规划、非线性规划和动态规划等。

（2）决策问题。如果只有有限个明确具体方案，则这一类决策称为决策问题。

4. 根据决策中自然状态的多少分类

（1）确定型决策。每个方案只有一个自然状态。

（2）风险型决策。它又称随机型决策或统计型决策，每个方案至少有两个可能的自然状态，各自然状态发生的概率是已知的。

（3）不确定型决策。每个方案至少有两个自然状态，各自然状态发生的概率是未知的。

5. 根据决策结构分类

（1）结构化决策。它又称程序化决策，其决策方法有章可循。

（2）非结构化决策。它又称非程序化决策，其决策方法无章可循。

（3）半结构化决策。它又称半程序化决策，决策方法介于程序化决策和非程序化决策两者之间。

计算机决策支持系统（Decision Support System，DSS）主要解决这一类问题。

6. 根据决策问题的重要性分类

（1）战略决策。它是指有关全局的或重大的决策，如确定企业的发展方向、产品开发、重大技术改造项目等。这些决策与企业的兴衰成败有关。

（2）战术决策。它又称策略决策，是为实现战略决策服务的一些局部问题的决策。

7. 根据决策问题是否重复分类

（1）常规决策。它又称重复性决策，是指企业生产经营中经常出现的问题的处理决策。

（2）非常规决策。它又称一次性决策，往往是企业中的重大战略性问题的决策。

## 10.2 确 定 型 决 策

满足如下四个条件的决策称为确定型决策（Determinate Type Decision）。

（1）存在着一个明确的决策目标。

（2）存在着一个确定的自然状态。

（3）存在着可供决策者选择的两个或两个以上的行动方案。

（4）可求得各方案在确定的状态下的效益值。

确定型决策问题的决策方法在其他章节中已经有所描述，这里不再赘述。

## 10.3 不 确 定 型 决 策

满足如下四个条件的决策称为不确定型决策（Uncertain Type Decision）。

（1）存在着一个明确的决策目标。

（2）存在着两个或两个以上随机的自然状态，且各自然状态发生的概率未知。

（3）存在着可供决策者选择的两个或两个以上的行动方案。

（4）可求得各方案在各状态下的效益值。

由于不确定型决策问题所面临的几个自然状态是不确定的，是完全随机的，使得不确定型决策始终伴随着一定的盲目性。决策者的经验和性格常常在决策中起主导作用。

1. 等概率准则［也称平均主义决策准则（Equal Probability Criterion）］

对于任何行动方案 $a_i$，都认为其面临的各种状态出现的可能性是相等的，均为 $\dfrac{1}{n}$（$n$ 种状态），求出每个行动方案 $a_i$ 在各状态下的效益值的算术平均值，然后比较各行动方案实施后的结果，取具有最大平均值的行动为最优行动的决策原则。这一原则也称为拉普拉斯（Laplace）原则。其计算公式如下

$$Q(\theta_k, a_{opt}) = \max_i \frac{1}{n} \sum_{j=1}^{n} x_{ij}(a_i, \theta_j)$$

式中：$a_i$ 为第 $i$ 个行动方案；$\theta_j$ 为第 $j$ 种自然状态；$x_{ij}$ 为方案 $a_i$ 在状态 $\theta_j$ 下的效益值；$Q(\theta_k, a_{opt})$ 为最优方案的效益值。

【例 10.1】 某工厂成批生产某种产品，批发价格为 500 元/个，成本为 300 元/个，这种

产品每天生产，当天销售，如果当天卖不出去，每个损失 100 元。已知工厂每天产量可以是 0、1000、2000、3000、4000 个。根据市场调查和历史记录表明，这种产品的需要量也可能是 0、1000、2000、3000、4000 个。试问工厂领导如何决策。

**解** 设工厂每天生产计划的五个方案 $a_i$ 是：0、1000、2000、3000、4000 个。每个方案都会遇到五个自然状态 $\theta_j$ 是：0、1000、2000、3000、4000 个。构造效益矩阵见表 10.1。注意：每销售一个产品，可以盈利 200 元，每销售 1000 个产品，可以盈利 20 万元，当天未卖出 1000 个产品，损失 10 万元。

计算见表 10.1，得到最优决策采用 $a^* = a_4$，即工厂每天生产 3000 个。

**表 10.1** 　　　　　　　　　　　　问题的效益矩阵

| $x_{ij}$ | $\theta_1$ | $\theta_2$ | $\theta_3$ | $\theta_4$ | $\theta_5$ | $\left(\dfrac{1}{5}\sum x_{ij}\right)$ | $\max \dfrac{1}{5}\sum x_{ij}$ |
|---|---|---|---|---|---|---|---|
| $a_1$ | 0 | 0 | 0 | 0 | 0 | 0 | |
| $a_2$ | −10 | 20 | 20 | 20 | 20 | 14 | |
| $a_3$ | −20 | 10 | 40 | 40 | 40 | 22 | 24* |
| $a_4^*$ | −30 | 0 | 30 | 60 | 60 | 24* | |
| $a_5$ | −40 | −10 | 20 | 50 | 80 | 20 | |

**2. 乐观主义决策准则（也称赫尔维茨原则）（Optimistic Criterion）**

对于任何行动方案 $a_i$，都认为将是最好的状态发生，即效益值最大的状态发生，然后，比较各行动方案实施后的结果，取具有最大效益值的行动为最优行动的决策原则，也称为最大最大准则或赫尔维茨（Hurwitz）原则。其计算公式为

$$Q(\theta_k, a_{opt}) = \max_i \max_j x_{ij}(a_i, \theta_j)$$

对于［例 10.1］，用乐观主义决策准则计算，见表 10.2。

**表 10.2** 　　　　　　　　　　　　问 题 的 效 益 矩 阵

| $x_{ij}$ | $\theta_1$ | $\theta_2$ | $\theta_3$ | $\theta_4$ | $\theta_5$ | max | max |
|---|---|---|---|---|---|---|---|
| $a_1$ | 0 | 0 | 0 | 0 | 0 | 0 | |
| $a_2$ | −10 | 20 | 20 | 20 | 20 | 20 | |
| $a_3$ | −20 | 10 | 40 | 40 | 40 | 40 | 80* |
| $a_4$ | −30 | 0 | 30 | 60 | 60 | 60 | |
| $a_5^*$ | −40 | −10 | 20 | 50 | 80 | 80* | |

最优决策采用 $a^* = a_5$，即工厂每天生产 4000 个。

**3. 悲观主义决策准则（也称瓦尔德原则）（Pessimistic Criterion）**

对于任何行动方案 $a_i$，都认为将是最坏的状态发生，即效益值最小的状态发生，然后，比较各行动方案实施后的结果，取具有最大效益值的行动为最优行动的决策原则，也称为最大最小准则。其计算公式为

$$Q(\theta_k, a_{opt}) = \max_i \min_j x_{ij}(a_i, \theta_j)$$

对于［例10.1］，用悲观主义决策准则计算，见表10.3。

**表10.3**　　　　　　　　　　问 题 的 效 益 矩 阵

| $x_{ij}$ | $\theta_1$ | $\theta_2$ | $\theta_3$ | $\theta_4$ | $\theta_5$ | min | max |
|---|---|---|---|---|---|---|---|
| $a_1^*$ | 0 | 0 | 0 | 0 | 0 | $0^*$ | |
| $a_2$ | −10 | 20 | 20 | 20 | 20 | −10 | |
| $a_3$ | −20 | 10 | 40 | 40 | 40 | −20 | $0^*$ |
| $a_4$ | −30 | 0 | 30 | 60 | 60 | −30 | |
| $a_5$ | −40 | −10 | 20 | 50 | 80 | −40 | |

最优决策采用 $a^* = a_1$，即工厂每天不生产。

4. 乐观系数准则（也称折衷主义决策）（Trade-off Criterion）

对于任何行动方案 $a_i$ 最好与最坏的两个状态的效益值，求加权平均值。其计算公式为

$$H(a_i) = \lambda \max_j x_{ij}(a_i, \theta_i) + (1-\lambda) \min_j x_{ij}(a_i, \theta_i) \quad (0 \leqslant \lambda \leqslant 1)$$

其中，$\lambda$ 称为乐观系数。$\lambda = 0$ 表示悲观决策，$\lambda = 1$ 表示乐观决策。然后，比较各行动方案实施后的结果，取具有最大加权平均值的行动为最优行动的决策原则，也称为赫尔维茨原则。其公式为

$$H(a_{opt}) = \max_i H(a_i)$$

对于［例10.1］，用乐观系数准则计算，见表10.4。

**表10.4**　　　　　　　　　　问 题 的 效 益 矩 阵

| $x_{ij}$ | max | min | 0.7 | 0.5 | 0.4 | 0.2 |
|---|---|---|---|---|---|---|
| $a_1$ | 0 | 0 | 0 | 0 | 0 | 0 |
| $a_2$ | 20 | −10 | 11 | 5 | 2 | −4 |
| $a_3$ | 40 | −20 | 22 | 10 | 4 | −8 |
| $a_4$ | 60 | −30 | 33 | 15 | 6 | −12 |
| $a_5$ | 80 | −40 | 44 | 20 | 8 | −16 |
| max | | | 44 | 20 | 8 | 0 |
| 最优方案 $a^*$ | | | $a_5$ | $a_5$ | $a_5$ | $a_1$ |

5. 后悔值准则（也称萨维奇原则）（Regretful Criterion）

**定义 10.1** 称每个方案 $a_i$ 在自然状态 $\theta_j$ 下的最大可能效益与现效益的差叫机会损失，又称后悔值或遗憾值，记为 $R_{ij}(a_i, \theta_j) = \max_i x_{ij}(a_i, \theta_j) - x_{ij}(a_i, \theta_j)$

对于任何行动方案 $a_i$，都认为将是最大的后悔值所对应的状态发生，然后比较各行动方案实施后的结果，取具有最小后悔值的行动为最优行动的决策原则，称为后悔值准则，记为

$$R(\theta_j, a_{\text{opt}}) = \min_i \max_j R_{ij}(\alpha_i, \theta_j)$$

决策步骤：

（1）在效益表中，从自然状态 $\theta_j$ 这一列中找出最大值。对于［例10.1］，其计算见表10.5。

表 10.5                              问 题 的 效 益 矩 阵

| $x_{ij}$ | $\theta_1$ | $\theta_2$ | $\theta_3$ | $\theta_4$ | $\theta_5$ |
|---|---|---|---|---|---|
| $a_1$ | 0 | 0 | 0 | 0 | 0 |
| $a_2$ | −10 | 20 | 20 | 20 | 20 |
| $a_3$ | −20 | 10 | 40 | 40 | 40 |
| $a_4$ | −30 | 0 | 30 | 60 | 60 |
| $a_5$ | −40 | −10 | 20 | 50 | 80 |
| max | 0 | 20 | 40 | 60 | 80 |

（2）从自然状态 $\theta_j$ 这一列中，计算 $R_{ij}(a_i, \theta_j) = \max x_{ij}(a_i, \theta_j) - x_{ij}(a_i, \theta_j)$ 构造机会损失表。对于［例10.1］，其计算见表10.6。

表 10.6                              问 题 的 后 悔 值

| $R_{ij}(a_i, \theta_j)$ | $\theta_1$ | $\theta_2$ | $\theta_3$ | $\theta_4$ | $\theta_5$ |
|---|---|---|---|---|---|
| $a_1$ | 0 | 20 | 40 | 60 | 80 |
| $a_2$ | 10 | 0 | 20 | 40 | 60 |
| $a_3$ | 20 | 10 | 0 | 20 | 40 |
| $a_4$ | 30 | 20 | 10 | 0 | 20 |
| $a_5$ | 40 | 30 | 20 | 10 | 0 |

（3）在机会损失表中，从每一行选一个最大的值，即每一方案的最大机会损失值

$$\max_j R_{ij}(a_i, \theta_i)$$

对于［例10.1］，其计算见表10.7。

表 10.7                              问 题 的 后 悔 值

| $R_{ij}(a_i, \theta_j)$ | $\theta_1$ | $\theta_2$ | $\theta_3$ | $\theta_4$ | $\theta_5$ | max | min |
|---|---|---|---|---|---|---|---|
| $a_1$ | 0 | 20 | 40 | 60 | 80 | 80 | |
| $a_2$ | 10 | 0 | 20 | 40 | 60 | 60 | |
| $a_3$ | 20 | 10 | 0 | 20 | 40 | 40 | 30* |
| $a_4^*$ | 30 | 20 | 10 | 0 | 20 | 30* | |
| $a_5$ | 40 | 30 | 20 | 10 | 0 | 40 | |

（4）再在选出的 $\max\limits_j R_{ij}(a_i, \theta_j)$ 中选择最小者 $R(\theta_j, a_{\text{opt}}) = \min\limits_i \max\limits_j R_{ij}(a_i, \theta_i)$。

对于 [例 10.1]，$a^* = a_4$ 即为最优方案。

## 10.4 风 险 型 决 策

满足如下五个条件的决策称为风险型决策（Risk Type Decision）。

（1）存在着一个明确的决策目标。

（2）存在着两个或两个以上随机状态。

（3）存在着可供决策者选择的两个或两个以上的行动方案。

（4）可求得各方案在各状态下的效益值。

（5）找到了随机状态的概率分布。

风险型决策又称为随机决策，其信息量介于确定型决策与不确定型决策之间。人们对未来的状态既不是一目了然，又不是一无所知，而是知其发生的概率分布。

### 10.4.1 期望值决策原则（Maximal Expectation Criterion）

对于任何行动方案 $a_i$，计算出其效益值的期望值，然后，比较各行动方案实施后的结果，取具有最大效益期望值的行动为最优行动的决策原则，称为期望值决策准则，记为

$$Eu(\theta, a_{\mathrm{opt}}) = \max_i E(a_i) = \max_i Ex_{ij}(a_i, \theta_j)$$

对于 [例 10.1]，根据市场调查和历史记录表明，这种产品的需要量在 0、1000、2000、3000、4000 个时发生的概率 $p_i$ 分别为 0.1、0.2、0.4、0.2、0.1，试问工厂领导如何决策。

利用期望值决策原则计算，见表 10.8。

**表 10.8** **问 题 的 效 益 矩 阵**

| $x_{ij}$ | $\theta_1$ | $\theta_2$ | $\theta_3$ | $\theta_4$ | $\theta_5$ | $E(a_i)$ | max |
|---|---|---|---|---|---|---|---|
| $p_i$ | 0.1 | 0.2 | 0.4 | 0.2 | 0.1 | | |
| $a_1$ | 0 | 0 | 0 | 0 | 0 | 0 | |
| $a_2$ | −10 | 20 | 20 | 20 | 20 | 17 | |
| $a_3^*$ | −20 | 10 | 40 | 40 | 40 | 28* | 28* |
| $a_4$ | −30 | 0 | 30 | 60 | 60 | 27 | |
| $a_5$ | −40 | −10 | 20 | 50 | 80 | 20 | |

该工厂领导应采取方案 3，即每天生产 2000 个产品，最大平均利润 28 万元。

【例 10.2】 有一家大型的鲜海味批发公司，购进某种海味价格是每箱 250 元，销售价格是每箱 400 元。所有购进海味必须在同一天售出，每天销售不了的海味只能处理掉。过去的统计资料表明，对这种海味的日需求量近似地服从正态分布，其均值为每天 650 箱，日标准差为 120 箱。试分别对如下两种情况确定该批发公司的最优日进货量：①没有处理价；②当天处理价每箱 240 元。

**解** 设日进货量为 $y$ 箱，日需求量为 $x$ 箱。$y$ 为可控决策变量，$x$ 为随机状态变量，而且 $X \sim N(650, 120^2)$，$p(x)$ 为密度函数。

（1）每天期望剩余量 $L(y)=\int_{-\infty}^{y}(y-x)p(x)\mathrm{d}x$ ，则每天期望售出量为

$$y-L(y)=y-\int_{-\infty}^{y}(y-x)p(x)\mathrm{d}x$$

设批发公司的日效益函数为 $Q(x,y)$ ，则每日的效益期望值为

$$E_xQ(x,y)=(400-250)\left\{y-\int_{-\infty}^{y}(y-x)p(x)\mathrm{d}x\right\}-250\int_{-\infty}^{y}(y-x)p(x)\mathrm{d}x$$

$$=150y-400\int_{-\infty}^{y}(y-x)p(x)\mathrm{d}x$$

$$\frac{\mathrm{d}E_x\{Q(x,y)\}}{\mathrm{d}y}=0,\quad 150-400\int_{-\infty}^{y}p(x)\mathrm{d}x=0$$

$$\int_{-\infty}^{y}p(x)\mathrm{d}x=0.375,\quad p(x<y)=0.375$$

$$p\left\{\frac{x-650}{120}<\frac{y-650}{120}\right\}=0.375,\quad \frac{x-650}{120}\sim N(0,1),\quad \varPhi\left\{\frac{y-650}{120}\right\}=0.375$$

查正态分布表 $\frac{y-650}{120}=-0.32$ ，得 $y_{\mathrm{opt}}$=611 箱，即日最优进货量为 611 箱。

（2）当天处理价每箱 240 元时，效益函数期望值为

$$E_xQ(x,y)=(400-250)\left\{y-\int_{-\infty}^{y}(y-x)p(x)\mathrm{d}x\right\}-(250-240)\int_{-\infty}^{y}(y-x)p(x)\mathrm{d}x$$

$$=150y-160y\int_{-\infty}^{y}p(x)\mathrm{d}x+160\int_{-\infty}^{y}xp(x)\mathrm{d}x$$

求得微分方程 $150-160\int_{-\infty}^{y}p(x)\mathrm{d}x=0$ ，从而有 $P(x<y)=0.9375$ ，$\varPhi\left\{\frac{y-650}{120}\right\}=0.9375$ ，查

正态分布表 $\frac{y-650}{120}=1.535$ ，得 $y_{\mathrm{opt}}=834$ 箱，即日最优进货量为 834 箱。

### 10.4.2　全情报价值

在风策的条件下，企业单位可以组织一些人专门搞市场调查和预测，提供情报，随机应变地生产，做到既充分保证市场需求，又不生产过剩产品。

假定预测情报完全正确，能得到的最大效益称为全情报最大期望效益值，记为

$$E_{\mathrm{ppi}}=\sum_i p_i\max_j x_{ij}(a_i,\theta_j)$$

显然

$$E_{\mathrm{ppi}}\geqslant\max_i E(a_i)$$

**定义 10.2**　全情报价值

$$E_{\mathrm{vpi}}=E_{\mathrm{ppi}}-\max_i E(a_i)$$

式中，$E_{\mathrm{vpi}}$ 表示获取情报后效益的增加值，即全情报价值。所以，如果情报开支小于全情报价值，说明情报工作成功；反之，情报工作未收到效果。

对于［例 10.1］，如果情报正确，则工厂应当如表 10.9 所列安排生产。

**表 10.9** 问题的有关参数

| 市场需求量 | 0 | 1000 | 2000 | 3000 | 4000 |
|---|---|---|---|---|---|
| 工厂生产量 | 0 | 1000 | 2000 | 3000 | 4000 |
| 工厂赢利（万元） | 0 | 20 | 40 | 60 | 80 |
| 概率 $p_i$ | 0.1 | 0.2 | 0.4 | 0.2 | 0.1 |

花钱搞情报的情况下所能得到的最大期望效益 $E_{ppi}= 0.1 \times 0 + 0.2 \times 20 + 0.4 \times 40 + 0.2 \times 60 + 0.1 \times 80 = 40$（万元），若未获取情报，根据期望值决策原则得到的效益为 28 万元，所以获取情报后效益的增加值，即全情报价值 $E_{vpi}= 40-28 =12$（万元）。

#### 10.4.3 边际分析法

在风险决策的条件下，计算盈亏转折点（或盈亏平衡点）所对应的概率 $\bar{p}$。设某企业采取方案 $a_i$，其售出产品的概率为 $p_i$，盈利为 $M_P$，过剩产品的概率为 $1-p_i$，损失为 $M_L$，则盈亏平衡的边际条件为 $p_iM_P= (1-p_i) M_L$，解得 $\bar{p} = \dfrac{M_L}{M_L + M_P}$。因此，只要采取方案 $a^*$时产品的售出概率 $p_i \geq \bar{p}$，且取 $p^* = \min (p_i \geq \bar{p})$ 时，就是最优方案。

对于 [例 10.1]，以 1000 个产品为 1 个单位，赢利 $M_P$ =1000×( 500-300) = 20（万元），亏本 $M_L$ =1000×100=10（万元），$\bar{p} = \dfrac{M_L}{M_L + M_P} = \dfrac{10}{10 + 20} = \dfrac{1}{3} = 0.3333$，计算见表 10.10。

**表 10.10** 问题的售出概率

| 需求量（个） | 0 | 1000 | 2000* | 3000 | 4000 |
|---|---|---|---|---|---|
| 发生概率 | 0.1 | 0.2 | 0.4 | 0.2 | 0.1 |
| 售出概率 | 1 | 0.9 | 0.7* | 0.3 | 0.1 |

售出概率大于 0.3333 的有三个方案：1、0.9、0.7。其中售出概率最小的是 0.7，所对应的方案为生产 2000 个产品为最优方案。

【例 10.3】 小面包铺每天从食品厂购进面包若干再零售，买进批发价每个 5 元，卖出每个 8 元，如果上午没卖完，下午处理每个 4 元，假定统计了过去 100 天的市场需求情况，见表 10.11。问该面包铺每天进货时如何决策。

**表 10.11** 面包铺经营情况

| 需求量（个） | 400 | 410 | 420 | 430 | 440 | 450 | 460 | 470 |
|---|---|---|---|---|---|---|---|---|
| 天数 | 5 | 10 | 10 | 20 | 20 | 15 | 15 | 5 |

**解** 赢利 $M_P$ =8-5=3（元），亏本 $M_L$ =5-4=1（元），则

$$\bar{p} = \frac{M_L}{M_L + M_P} = \frac{1}{1+3} = \frac{1}{4} = 0.25$$

计算各种需要量的发生概率和售出概率 $p_i$，见表 10.12。表中售出概率大于 0.25，且最小的是 0.35，对应的方案每天进货 450 个为最优方案。

表 10.12　　　　　　　　　　　　　问 题 的 售 出 概 率

| 需求量（个） | 400 | 410 | 420 | 430 | 440 | 450* | 460 | 470 |
|---|---|---|---|---|---|---|---|---|
| 天数 | 5 | 10 | 10 | 20 | 20 | 15 | 15 | 5 |
| 发生概率 | 0.05 | 0.10 | 0.10 | 0.20 | 0.20 | 0.15 | 0.15 | 0.05 |
| 售出概率 | 1 | 0.95 | 0.85 | 0.75 | 0.55 | 0.35* | 0.20 | 0.05 |

### 10.4.4　决策树方法（Decision Tree Method）

实际中，很多决策往往是多步决策问题，每走一步选择一个决策方案，下一步的决策取决于上一步的决策及其结果，因而是个多阶段决策问题。这类决策问题一般不便用决策表来表示，常用的方法是决策树法。

决策树符号说明：

（1）□——表示决策结点（Decision Point）。结点中数字为决策后最优方案的效益期望值。从决策结点引出的分枝叫方案分枝。

（2）○——表示方案结点（State Point）。结点中数字为结点号，结点上的数据是该方案的效益期望值。从方案结点引出的分枝叫状态分枝，在分枝上表明状态及出现的概率。

（3）△——表示结果结点（Result Point）。结点中数字为每一个方案在相应状态下的效益值。

利用决策树进行决策时要掌握两个步骤：

（1）画决策树——从根部到枝部。问题的效益矩阵就是决策树的框图。

（2）决策过程——从枝部到根部。先计算每个行动下的效益期望值，再比较各行动方案的值，将最大的期望值保留，同时截去其他方案的分枝。

【例 10.4】某厂试制一种新产品，一种方案是直接大批生产，但大批生产估计销路好的概率为 0.7，可获利润 1200 万元，若销路不好，将赔 150 万元。另一种方案是先建一个小型试验工厂，先行试销，试验工厂投资约 2.8 万元，估计试销销路好的概率为 0.8，而以后转入大批生产时估计销路好的概率为 0.85；但若试销时销路不好，则以后转入大批生产时估计销路好的概率只有 0.1。试为该厂决策用何方法进行生产或不生产？

**解**　首先画决策树（见图 10.2），然后从树叶开始，计算各点的数学期望值

$$E_5 = 0.7 \times 1200 + 0.3 \times (-150) = 795$$
$$E_6 = 0.85 \times 1200 + 0.15 \times (-150) = 997.5$$
$$E_8 = 0.1 \times 1200 + 0.9 \times (-150) = -15$$
$$E_7 = E_9 = E_{10} = 0$$

在结点 3，因为 $E_6 = 997.5 > E_7 = 0$，所以截去方案 7 的分枝，保留方案 6，$E_3 = E_6 = 997.5$；在结点 4，因为 $E_9 > E_8 = -15$，所以截去方案 8 的分枝，保留方案 9，$E_4 = E_9 = 0$；在结点 2，计算期望值 $E_2 = 0.8 \times 997.5 + 0.2 \times 0 - 2.8 = 795.2$，因为 $E_2 = 795.2 > E_5 = 795 > E_{10} = 0$，所以保留方案 2，$E_1 = E_2 = 795.2$。

最优决策是先建小型试验厂，如销路好转入大批生产，否则不生产。

【例 10.5】某食品公司考虑是否参加为某运动会服务的投标，以取得饮料或面包两者之一的供应特许权。两者中任何一项投标被接受的概率为 40%。公司的获利情况取决于天

气。若获得饮料供应特许权，则当晴天时可获利 2000 元；下雨时损失 2000 元。若获得面包供应特许权，则不论天气如何，都可获利 1000 元。已知天气晴好的可能性为 70%。问：

（1）公司是否可参加投标？若参加，为哪一项投标？

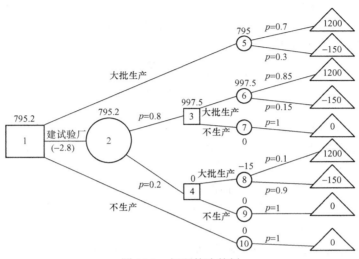

图 10.2　问题的决策树

（2）若再假定当饮料中标时，公司可选择供应冷饮和咖啡。如果供应冷饮，则当晴天时可获利 2000 元，下雨时可损失 2000 元；如果供应咖啡，则当晴天时可获利 1000 元，下雨时可获利 2000 元。公司是否应参加投标？为哪一项投标？当投标不中时，应采取什么决策？

**解**　首先画决策树（见图 10.3），然后从树叶开始，计算各点的数学期望值：

$E_6 = 0.7 \times 2000 + 0.3 \times (-2000) = 800$，$E_7 = 0.7 \times 1000 + 0.3 \times 2000 = 1300$，$E_8 = 0$，$E_9 = 1000$，$E_{10} = E_{11} = 0$，$E_5 = E_7$，$E_3 = 0.4 \times 1300 + 0.6 \times 0 = 520$，$E_4 = 0.4 \times 1000 + 0.6 \times 0 = 400$，$E_2 = E_3 = 520$，$E_1 = E_2 = 520$。最优决策是公司应参加饮料的投标，若饮料中标时，公司可选择供应咖啡。

### 10.4.5　贝叶斯决策（Bayes Decision）

1. 信息与决策

信息是表征客体变化和客体之间相互联系和差异的一种属性。信息（Information）不同于消息（News）、数据（Data）和资料（Material），也不等于"情报"。信息就是消息（News）所载有的内容，未确定的事物才会有信息，一件事物一旦成为确定的事情，就不再含有信息。从消息（数据、资料）中提取信息的过程就是解除消息（数据、资料）中不确定的过程。问题包括：是否认识信息？怎样获取信息？会不会利用信息？怎样传输和存储信息？怎样加工原始信息？

决策的科学化就是 90% 的信息加上 10% 的判断，信息必须要全面、准确、及时，否则就会造成决策的失误，只有最大限度地获取信息和利用信息，才能最大限度地提高决策的正确性。

在风险型决策中，假设各个自然状态 $\theta_j$ 的发生概率是已知的，为 $p_j$。一般 $p_j$ 总是根据历史经验，统计资料由决策者估计的，又称为先验概率，具有较大的主观性，往往不能完全反映客观规律，为此需要采取措施，掌握更多信息，逐步修正先验概率。

## 2. 贝叶斯（Bayes）公式

在已知先验概率的基础上，增加了抽样试验后就能得到抽样概率，然后用贝叶斯（Bayes）公式修正先验概率，经修正过的先验概率称为后验概率。

设 $S$ 为随机试验 E 的样本空间，$B_1$，$B_2$，$\cdots$，$B_n$ 为 E 的一组事件。已知 $S$ 中任意两事件的交集为空集，$B_1 \cup B_2 \cup \cdots \cup B_n = S$，先验概率为 $P(B_i)$，抽样概率为 $P(A \mid B_i)$，则事件 $B_i$ 在得到信息 $A$ 后的后验概率为

$$P(B_i \mid A) = \frac{P(A \mid B_i)P(B_i)}{\sum\limits_{j=1}^{n} P(A \mid B_j)P(B_j)}$$

该式称为贝叶斯（Bayes）公式。

**【例 10.6】** 经验表明，某商场当进货决策正确时，销售率为 90%，而当进货决策失误时，销售率只有 30%。另外，每天早晨开始营业时，决策正确的概率为 75%。求某一天若第一批商品上柜时，便被抢购一空，此时决策正确概率是多少？

**解** 记 $A$ 为"商品售出"，$B_1$ 为"决策正确"，$B_2$ 为"决策失误"。已知 $P(A \mid B_1) = 0.9$，$P(A \mid B_2) = 0.3$，$P(B_1) = 0.75$，$P(B_2) = 0.25$，则

$$P(B_1 \mid A) = \frac{P(A \mid B_1)P(B_1)}{\sum\limits_{j=1}^{z} P(A \mid B_j)P(B_j)} = \frac{0.9 \times 0.75}{0.9 \times 0.75 + 0.3 \times 0.25} = 0.9$$

表明决策正确的概率由原来的 0.75 提高到 0.90。

一般情况下，后验概率总能比先验概率提高决策的正确性，但是必须进一步考虑抽样试验是否合算的问题。

**【例 10.7】** 某厂考虑一种新产品是否投产。市场需求情况为销路好、中、差，见表 10.13。花 0.2 万元可请咨询公司代为进行市场调查，给出可靠情报。该情报给出已知市场销售状态条件下，对市场需求的好坏作出结论，见表 10.14。表中：$P(Z_1 \mid x_1)$ 表示"市场销售状态好"，得出"市场需求是好的"结论；$P(Z_3 \mid x_1)$ 表示"市场销售状态好"，得出"市场需求是差的"结论。试求最优决策。

**表 10.13**         **市 场 需 求 情 况**

| 销售状态 $x_i$ | 好（$x_1$） | 中（$x_2$） | 差（$x_3$） |
|---|---|---|---|
| 发生概率 $P_i$ | 0.35 | 0.45 | 0.20 |
| 收益 $R$（万元） | 85 | 24 | −32 |

**表 10.14**         **市 场 需 求 情 况**

| $P(Z \mid x)$ | $x_1$（销路好） | $x_2$（销路中） | $x_3$（销路差） |
|---|---|---|---|
| $Z_1$（市场需求好） | 0.70 | 0.30 | 0.10 |
| $Z_2$（市场需求中） | 0.20 | 0.50 | 0.10 |
| $Z_3$（市场需求差） | 0.10 | 0.20 | 0.80 |

**解** （1）先验分析（Prior Analysis）。

决策方案：$A_1$——新产品投产，$A_2$——新产品不投产。

$$E(A_1) = 0.35 \times 85 + 0.45 \times 24 + 0.20 \times (-32) = 34.15（万元），E(A_2) = 0$$
$$\max\{E(A_1)，E(A_2)\} = E(A_1) = 34.15（万元）$$

即　$A^* = A_1$，新产品投产。

（2）后验分析（Posterior Analysis）。

修正先验概率，已知 $P(x)$，$P(Z|x)$，利用贝叶斯公式计算 $P(Z|x)$，见表 10.15～表 10.17。

表 10.15 问题的计算表（一）

| $x$ | $P(x)$ | $P(Z|x)$ | | |
|---|---|---|---|---|
| | | $Z_1$ | $Z_2$ | $Z_3$ |
| $x_1$ | 0.35 | 0.70 | 0.20 | 0.10 |
| $x_2$ | 0.45 | 0.30 | 0.50 | 0.20 |
| $x_3$ | 0.20 | 0.10 | 0.10 | 0.80 |

表 10.16 问题的计算表（二）

| $x$ | $P(Z|x) = p(x)p(Z|x)$ | | |
|---|---|---|---|
| | $Z_1$ | $Z_2$ | $Z_3$ |
| $x_1$ | 0.245 | 0.070 | 0.035 |
| $x_2$ | 0.135 | 0.225 | 0.090 |
| $x_3$ | 0.020 | 0.020 | 0.160 |
| $\Sigma$ | 0.400 | 0.315 | 0.285 |

表 10.17 问题的计算表（三）

| $x$ | $P(Z|x) = p(Z|x) / \Sigma p(Z|x)$ | | |
|---|---|---|---|
| | $Z_1$ | $Z_2$ | $Z_3$ |
| $x_1$ | 0.612 | 0.222 | 0.123 |
| $x_2$ | 0.338 | 0.715 | 0.286 |
| $x_3$ | 0.050 | 0.063 | 0.561 |
| $\Sigma$ | 1.000 | 1.000 | 1.000 |

有了试验 $Z_1$、$Z_2$、$Z_3$，可以利用后验概率 $P(X|Z_j)$ 进行决策：

1）当试验 $Z_1$（市场需求好）发生，取 $A_1$ 方案：$E(A_1|Z_1) = 0.612 \times 85 + 0.338 \times 24 + 0.050 \times (-32) = 58.532$（万元）。

2）当试验 $Z_2$（市场需求中）发生，取 $A_1$ 方案：$E(A_1|Z_2) = 0.222 \times 85 + 0.715 \times 24 + 0.063 \times (-32) = 34.014$（万元）。

3）当试验 $Z_3$（市场需求差）发生，取 $A_1$ 方案：$E(A_1|Z_3) = 0.123 \times 85 + 0.286 \times 24 + 0.561 \times (-32) = -0.633$（万元）。

决策如下：

当试验 $Z_1$（市场需求好）发生，$V_x | Z_1 = \max(58.532, 0) = 58.532$，$A^* = A_1$，新产品投产。

当试验 $Z_2$（市场需求中）发生，$V_x | Z_2 = \max(34.014, 0) = 34.014$，$A^* = A_1$，新产品投产。

当试验 $Z_3$（市场需求差）发生，$V_x | Z_3 = \max(-0.633, 0) = 0$，$A^* = A_2$，新产品不投产。

（3）后验预分析（Pretest Analysis）。

通过求抽样情报价值，决定是否购买情报？抽样试验期望效益值为

$$E(I) = 0.4 \times 58.532 + 0.315 \times 34.014 + 0.285 \times 0 = 34.127 \text{（万元）}$$

抽样请报价值为 $VI = E(I) - E(A_1) = 34.127 - 34.15 = -0.023$（万元），而调查费为 0.2 万元，所以调查净收益为 −0.223 万元。

结论：不购买此情报。

3. 贝叶斯决策过程

贝叶斯决策过程如图 10.3 所示。

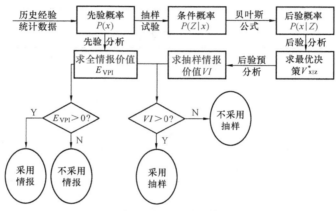

图 10.3　贝叶斯决策过程

**【例 10.8】** 石油公司想在某地钻探石油。有两个方案可供选择：一是先勘探，然后根据勘探结果再决定钻井或不钻井；二是不勘探，只凭经验来决定钻井或不钻井。假定勘探费用每次 10 万元，钻井费用为 70 万元。直接钻井，出油情况及概率见表 10.18。

表 10.18　　　　　　　　　　　　　**出 油 情 况 及 概 率**

| 出油情况 $S$ | 无油 $S_1$ | 油量少 $S_1$ | 油丰富 $S_1$ |
|---|---|---|---|
| 概率 $P(S)$ | 0.5 | 0.3 | 0.2 |

估计油量少时，可收入 120 万元，油丰富时可收入 270 万元。若先勘探，它的结果有地质构造差（$\theta_1$）、地质构造一般（$\theta_2$）和地质构造良好（$\theta_3$）三种情况。根据经验，地质构造与油井出油情况见表 10.19。试完成：

表 10.19　　　　　　　　　　　　**地质构造与油井出油情况**

| $P(\theta_j | S_i)$ | $\theta_1$ | $\theta_2$ | $\theta_3$ |
|---|---|---|---|
| $S_1$ | 0.6 | 0.3 | 0.1 |

| $P(\theta_j \mid S_i)$ | $\theta_1$ | $\theta_2$ | $\theta_3$ |
|---|---|---|---|
| $S_2$ | 0.3 | 0.4 | 0.3 |
| $S_3$ | 0.1 | 0.4 | 0.5 |

（1）进行贝叶斯决策。

（2）计算出补充情报价值与全情报价值。

（3）用决策树表示决策过程。

**解** （1）求后验概率 $P(S_i \mid Q_j)$，见表 10.20～表 10.22。

**表 10.20** 　　　　　　　　　　 ［例 10.8］问题的计算表（一）

| S | P（S） | $P(\theta \mid S)$ | | |
|---|---|---|---|---|
| | | $\theta_1$ | $\theta_2$ | $\theta_3$ |
| $S_1$ | 0.5 | 0.6 | 0.3 | 0.1 |
| $S_2$ | 0.3 | 0.3 | 0.4 | 0.3 |
| $S_3$ | 0.2 | 0.1 | 0.4 | 0.5 |

**表 10.21** 　　　　　　　　　　 ［例 10.8］问题的计算表（二）

| S | $P(\theta \mid S) = P(S)\,P(\theta \mid S)$ | | |
|---|---|---|---|
| | $\theta_1$ | $\theta_2$ | $\theta_3$ |
| $S_1$ | 0.30 | 0.15 | 0.05 |
| $S_2$ | 0.09 | 0.12 | 0.09 |
| $S_3$ | 0.02 | 0.08 | 0.10 |
| $\Sigma$ | 0.41 | 0.35 | 0.24 |

**表 10.22** 　　　　　　　　　　 ［例 10.8］问题的计算表（三）

| S | P（S） | $P(S \mid \theta) = p(\theta \mid S) / \Sigma p(\theta, S)$ | | |
|---|---|---|---|---|
| | | $\theta_1$ | $\theta_2$ | $\theta_3$ |
| $S_1$ | 0.731 7 | 0.428 6 | 0.208 3 | 0.363 1 |
| $S_2$ | 0.219 5 | 0.342 8 | 0.375 0 | 0.282 2 |
| $S_3$ | 0.048 8 | 0.228 6 | 0.416 7 | 0.354 7 |
| $\Sigma$ | 1.000 | 1.000 | 1.000 | 1.000 |

再进行后验决策：

1）若勘探结果地质构造差 $(\theta_1)$ 时，有

$$E（钻井）= 0×0.731\ 7+120×0.219\ 5+270×0.048\ 8-80 = -40（万元）$$

$$E（不钻井）= -10（万元）$$

2）若勘探结果地质构造一般 $(\theta_2)$ 时，有

$$E（钻井）= 0×0.428\ 6+120×0.342\ 8+270×0.228\ 6-80 = 22.9（万元）$$

$$E（不钻井）= -10（万元）$$

3）若勘探结果地质构造良好（$\theta_2$）时，有

$$E（钻井）= 0×0.208\ 3+120×0.375\ 0+270×0.416\ 7-80=77.5（万元）$$
$$E（不钻井）= -10（万元）$$

综上所述得：

1）若勘探结果地质构造差（$\theta_1$）时，最优决策为不钻井。

2）若勘探结果地质构造一般（$\theta_2$）时，最优决策为钻井。

3）若勘探结果地质构造良好（$\theta_3$）时，最优决策为钻井。

（2）此问题的先验决策为

$$E（钻井）= 0×0.5+120×0.3+270×0.2 = 20（万元）$$
$$E（不钻井）= 0（万元）$$

先验最优决策为钻井，期望效益值为 20（万元）；

此问题后验决策期望效益值为 $(-10)×0.41+22.9×0.35+77.5×0.24 = 22.5$（万元）。

因为 22.5 万元＞20 万元，所以应先行勘探，再根据勘探的结果来决策是否钻井。抽样情报价值为 $22.5+10-20 = 12.5$（万元），全情报价值为

$$0×0.5+50×0.3+200×0.2-20 = 35（万元）$$

（3）整个决策过程表示成的决策树如图 10.4 所示。

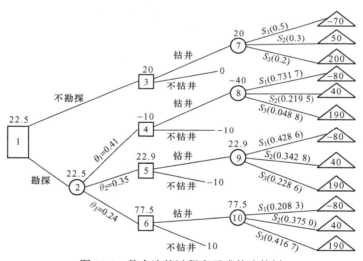

图 10.4　整个决策过程表示成的决策树

## 10.5　效　用　函　数

【例 10.9】　设有两个决策问题：

问题 1：方案 $A_1$ 稳获 100 元；方案 $B_1$ 获得 250 元和 0 元的机会各为 50%。

问题 2：方案 $A_2$ 稳获 10 000 元；方案 $B_2$ 抛一硬币，直到出现正面为止，记次数为 $N$，当正面出现时，可以获得 $2^N$ 元。问应采取何种方案。

**解**　从直观上看，大多数人会选择方案 $A_1$ 和方案 $A_2$，但计算方案 $B_1$ 和 $B_2$ 的期望效益为

$$E(B_1)=0.5\times250+0.5\times0=125>100=E(A_1)$$

$$E(B_2)=\left(\frac{1}{2}\right)\times2+\left(\frac{1}{2^2}\right)\times2^2+\left(\frac{1}{2^3}\right)\times2^3+\cdots=1+1+\cdots=\infty>10\,000=E(A_2)$$

根据期望效益最大原则，一个理性的决策者应该选择方案 $B_1$ 和 $B_2$，这个结果恐怕很难令实际中的决策者接受。

此例说明，完全根据期望效益最大作为评价方案的准则往往不尽合理。

【**例 10.10**】 有甲、乙二人，甲提出请乙抛一硬币，并约定：如果出现正面，乙可得 100元；如果出现反面，乙向甲支付 10 元。问如何决策。

**解** 现在乙有两个选择：接受甲的建议（抛硬币，记为 $A$），不接受甲的建议（不抛硬币，记为 $B$），则 $E(B)=0$，而 $E(A)=0.5\times100+0.5\times(-10)=45$。根据期望效益最大原则，乙应该接受甲的建议。现在假定乙是一个罪犯，本应判刑，但他如果支付 10 元，则可获释放，而且假定乙仅有 10 元。这时乙对甲建议的态度很可能发生变化，很可能会用这 10 元来为自己获得自由，而不会去冒投机的风险。此例说明，即使对同一个决策者，当其所处的地位、环境不同时，对风险的态度一般也不会相同。

货币的效用值是指人们主观上对货币价值的衡量。一般来说，效用是一个属于主观范畴的概念。效用是因人、因时、因地而变化的，同样的商品或劳务对不同人、在不同的时间或不同的地点具有不同的效用。同样的商品或劳务对不同人来说，一般是无法进行比较的。一瓶酒对喝酒和不喝酒的人来说，其效用是无法进行比较的。上面分析表明：同一货币量，在不同风险情况下，对同一个决策者来说具有不同的效用值；在同等风险程度下，不同决策者对风险的态度是不一样的，即相同的货币量在不同人看来具有不同的效用值。用效用函数反映决策者对风险的态度。效用函数曲线的形状大致可以分成保守型、中间型和冒险型三种，如图 10.5 所示。

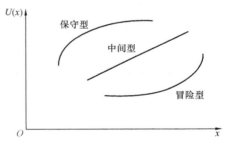

图 10.5 效用函数曲线的类型

保守型（Conservative Type）效用函数曲线为

$$U(x)=1-\left(\frac{x-a}{a-b}\right)^r\quad(r>1)$$

中间型（Intermediate Type）效用函数曲线为

$$U(x)=\frac{x-a}{a-b}$$

冒险型（Hazardous Type）效用函数曲线为

$$U(x)=\left(\frac{x-a}{a-b}\right)^r-1\quad(r>1)$$

中间型效用函数曲线的决策者认为他的实际收入和效用值的增加成等比关系。

保守型效用函数曲线的决策者对实际收入增加反应比较迟钝，即认为实际收入的增加比例小于效用值的增加比例。

冒险型效用函数曲线的决策者对实际收入增加反应比较敏感，即认为实际收入的增加比例大于效用值的增加比例。

## 本 章 小 结

决策问题在人们的工作、生活中无处不在，对决策方法的学习将在较大程度上帮助人们提高决策的效果。本章重点介绍了决策的概念、决策模型的要素、不确定型决策的理论与方法以及风险型决策的理论与方法。对于不确定型决策和风险型决策问题，重点介绍了基于不同决策准则的决策过程。此外，本章还介绍了决策树和效用理论方法。决策树方法是决策分析中常用的一种方法，它层次清晰、方便简捷、直观，尤其适用于解决多阶段决策问题。效用理论是深入学习决策理论的基础，也是进行决策分析要考虑的重要因素之一。

## 习 题 10

### 一、计算题

**10.1** 某决策问题，其决策信息见表 10.23 所列。试求：

（1）用悲观主义决策准则求最佳方案。

（2）用乐观主义决策准则求最佳方案。

（3）用等概率性决策准则求最佳方案。

（4）令乐观系数 $\alpha = 0.4$，用折衷主义决策准则求最佳方案。

（5）用后悔值准则求最佳方案。

**表 10.23**            决 策 信 息

| 效益（万元） | | 状态 | | |
|---|---|---|---|---|
| | | $N_1$ | $N_2$ | $N_3$ |
| 方案 | $S_1$ | 50 | 20 | −20 |
| | $S_2$ | 30 | 25 | −10 |
| | $S_3$ | 10 | 10 | 10 |

**10.2** 某厂自产自销一种产品，每箱成本 30 元，售价 80 元，但当天卖不掉的产品要报废。该厂去年 90 天中的日销售量记录表明，有 18 天售出 100 箱，有 36 天售出 110 箱，有 27 天售出 120 箱，有 9 天售出 130 箱。问该厂今年每天应当生产多少箱可获利最大。

**10.3** 某地方书店希望订购最新出版的好图书。根据以往经验，新书的销售量可能为 50 本、100 本、150 本、200 本。假定每本新书的订购价为 40 元，销售价为 60 元，剩书的处理价为每本 20 元。试完成：①建立效益矩阵；②分别用悲观法、乐观法及等概率法决定该书店应订购的新书数字；③建立后悔矩阵，并用后悔值法决定书店应订购的新书数。

**10.4** 某水果店以 1.2 元/kg 的价格购进每筐重 100 kg 的香蕉。第一天以 2 元/kg 的价格出售，当天销售余下的香蕉再以平均 0.8 元/kg 的处理价出售。需求情况见表 10.24。

表 10.24 需 求 情 况

| 需求量（筐） | 1 | 2 | 3 | 4 | 5 | 6 | 7 |
|---|---|---|---|---|---|---|---|
| 概率 | 0.10 | 0.15 | 0.25 | 0.25 | 0.15 | 0.05 | 0.05 |

为获取最大利润，该店每天应购进多少筐香蕉？

**10.5** 某活动分两阶段进行。第一阶段，参加者需要先支付 20 元，然后从含 40% 白球和 60% 黑球的箱子中任摸一球，并决定是否继续第二阶段。如继续需再付 20 元，根据第一阶段摸到的球的颜色在相同颜色箱子中再摸一球。已知白色箱子中含 80% 蓝球和 20% 绿球，黑色箱子中含 15% 的蓝球和 85% 的绿球。当第二阶段摸到为蓝色球时，参加者可得奖 100 元，如果摸到的是绿球或不参加第二阶段游戏的均无所得。试用决策树法确定参加者的最优策略。

**10.6** 某决策问题，其决策信息见表 10.25。

表 10.25 决 策 信 息

| 效益（万元） | | 状态 | | |
|---|---|---|---|---|
| | | $N_1$ | $N_2$ | $N_3$ |
| 方案 | $S_1$ | 50 | 20 | −20 |
| | $S_2$ | 30 | 25 | −10 |
| | $S_3$ | 10 | 10 | 10 |

根据有关资料预测各状态发生的概率依次为 0.3、0.4、0.3，请用决策树法求解此问题。

**10.7** 某一新产品准备投产，预计产品寿命周期为 5 年，现有两种方案建厂投产：一是建大厂；二是建小厂，相应的年盈利状况和初始投资额见表 10.26 所列。前 2 年销路好的概率为 0.7。若前 2 年销路好，则后 3 年销路好的概率为 0.9，销路不好的概率为 0.1；若前 2 年销路差，则后 3 年销路肯定差。试用决策树法选择最佳建厂方案。

表 10.26 产品销路和初始投资额

| 方案 | 销路好 | 销路差 | 初始投资额（万元） |
|---|---|---|---|
| 建大厂 | 100 | −15 | 40 |
| 建小厂 | 50 | 20 | 25 |

**10.8** 某开发公司准备为一企业承包新产品的研制与开发任务，但是为得到合同必须参加投标。已知投标的准备费用为 40 000 元，能够得到合同的可能性是 40%。如果得不到合同，准备费用得不到补偿。如果得到合同，可采用两种方法进行研制开发：方法 1 成功的可能性为 80%，费用为 260 000 元；方法 2 成功的可能性为 50%，费用为 160 000 元。如果研制开发成功，按合同开发公司可得到 600 000 元；如果得到合同但没有研制开发成功，则开发公司需要赔偿 100 000 元。问题是：①是否参加投标？②如果中标了，采用哪种方法研制开发？

**10.9** 设有某石油钻探队，在一片估计能出油的荒地钻探。可以先做地震试验，然后决定钻探与否。或不做地震试验，只凭经验决定钻井与否。做地震试验的费用每次 30 万元，钻井费用为 100 万元。若钻井后出油，可收入 400 万元；若不出油，就没有收入。各种情况下估计出油的概率为：试验好的概率 0.6，并钻井后出油的概率 0.85；试验不好的概率 0.4，并钻井后出油的概率 0.10；不试验而直接钻井后出油的概率 0.55。试问钻探队如何决策将使收入的期望值最大。

10.10  某工程队承担一座桥梁的施工任务。由于施工地区夏季多雨，需要停工 3 个月。在停工期间该工程队可将施工机械移走或留在原处。如移走，需要费用 18 万元。如留在原处，一种方案是花 5 万元建筑一护提，防止河水上涨而损坏机械。如不筑护提，发生河水上涨而损坏机械将损失 100 万元。如下暴雨，将发生洪水，不管是否筑护提，施工机械留在原处都将损失 600 万元。根据历史资料，该地区发生河水上涨的概率为 25%，发生洪水的概率为 2%。试为该施工队进行最优决策。

10.11  某公司有 500 万元多余资金，如用于某项事业开发，估计成功概率为 0.96，成功后一年可以获利 12%，但是一旦失败，有损失全部资金的风险。如将资金存放到银行，则可以稳得年利 6%。为获得更多回报，该公司求助于咨询服务，咨询费用为 5 万元，但咨询意见仅供参考。过去咨询公司类似的 200 例咨询意见实施结果见表 10.27。试用决策树法分析：

（1）该公司是否值得求助于咨询服务？

（2）该公司多余资金应如何合理使用？

表 10.27                          咨 询 意 见 实 施 结 果

| 咨询意见/实施结果 | 投资成功（次） | 投资失败（次） | 合计（次） |
|---|---|---|---|
| 可以投资 | 154 | 2 | 156 |
| 不宜投资 | 38 | 6 | 38 |
| 合计 | 192 | 8 | 200 |

二、复习思考题

10.12  判断下列说法是否正确（正确的在括号中打"√"，错误的在括号中打"×"）。

（1）在决策树方法中，图中的小方框表示方案结点，由它引出的分枝称为方案分枝
（    ）

（2）对乐观系数决策标准而言，乐观系数 $a = 1$ 即为乐观决策标准，$a = 0$ 即为悲观决策标准。                                                              （    ）

（3）对于利润表而言，乐观主义决策标准是最大最大决策标准。          （    ）

（4）对于支付费用表而言，保守主义决策标准是最小决策准则。          （    ）

（5）决策树法是一种不确定性条件下的决策方法。                      （    ）

（6）风险条件下的决策，可采用最小最大遗憾值决策标准。              （    ）

（7）在不确定型决策中，有两种或两种以上的自然状态，且各状态出现的概率未知。
（    ）

（8）应用决策树法进行决策，实际上它与期望值的表格计算法是本质上不同的两种计算方法。                                                              （    ）

# 第 11 章　排　队　论

## 11.1　排队论基本概念

排队论（Queuing Theory）是研究排队系统［又称随机服务系统（Random Service System）］的数学理论和方法，是运筹学的一个重要分支。

有形排队现象：比如进餐馆就餐，到图书馆借书，车站等车，去医院看病，售票处售票，到工具房领物品等。

无形排队现象：比如几个旅客同时打电话订车票，如果有一人正在通话，其他人只得在各自的电话机前等待，他们分散在不同的地方，形成一个无形的队列在等待通电话。

排队的不一定是人，也可以是物。如生产线上的原材料、半成品等待加工；因故障而停止运行的机器设备在等待修理；码头上的船只等待装货或卸货；要下降的飞机因跑道不空而在空中盘旋等。当然，进行服务的也不一定是人，可以是跑道、自动售货机、公共汽车等。

顾客（Customer）是要求服务的对象，服务员（Server）是提供服务的服务者（也称服务机构）。顾客、服务员的含义是广义的。

### 11.1.1　排队系统（Queuing System）类型

（1）单台服务台排队系统如图 11.1 所示。

图 11.1　单服务台排队系统

（2）$S$ 个服务台，一个队列的排队系统如图 11.2 所示。

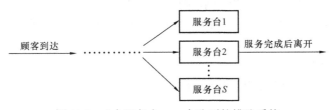

图 11.2　$S$ 个服务台，一个队列的排队系统

（3）$S$ 个服务台，$S$ 个队列的排队系统如图 11.3 所示。

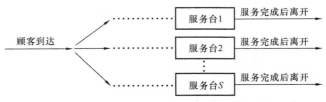

图 11.3　$S$ 个服务台，$S$ 个队列的排队系统

（4）多服务台串联排队系统如图 11.4 所示。

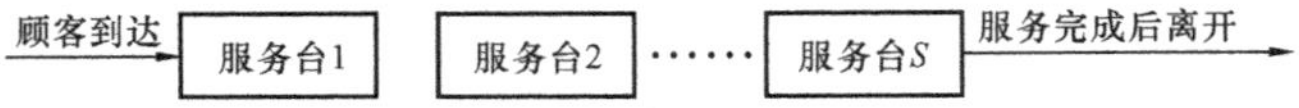

图 11.4　多服务台串联排队系统

（5）随机聚散服务系统如图 11.5 所示。

图 11.5　随机聚散服务系统

还有排队系统是多服务台有并联有串联排队系统，甚至更复杂的网络系统。排队系统除了服务机构的复杂性，还有各式各样的排队规则，更重要的是它的随机性，即顾客到达情况与顾客接受服务的时间是随机的。

随机性——顾客到达情况与顾客接受服务的时间是随机的。

一般来说，排队论所研究的排队系统中，顾客相继到达时间间隔和服务时间这两个量中至少有一个是随机的。因此，排队论又称随机服务理论。

### 11.1.2　排队系统的描述

实际中的排队系统各不相同，但概括起来都由三个基本部分组成，即输入过程、排队及排队规则和服务机制。

1. 输入过程（Input Process）

（1）顾客总体（顾客源）数。可以是有限的，也可以是无限的；可以是离散的，也可以是连续的。如河流上游流入水库的水量可认为是连续的，且大多时间段里也可以认为是无限的；车间内停机待修的机器显然是离散的，并且也是有限的。

（2）到达（Arrival）方式。包括单个到达和成批到达。库存问题中，若把进来的货看成顾客，则可以为是成批到达的例子。

（3）顾客（单个或成批）相继到达的时间间隔分布。这是刻画输入过程的最重要内容。令 $T_0=0$，$T_n$ 表示第 $n$ 个顾客到达的时刻，则有 $T_0 \leqslant T_1 \leqslant T_2 \leqslant \cdots \leqslant T_n$，记为 $X_n=T_n-T_n-1(n=1, 2, \cdots)$，则 $X_n$ 是第 $n$ 个顾客与第 $n-1$ 个顾客到达的时间间隔。一般假定 $\{X_n\}$ 是独立同分布，并记分布函数为 $A(t)$。

$\{X_n\}$ 的分布 $A(t)$ 常见的有：

（1）定常分布（D）。顾客相继到达的时间间隔为确定的。如产品通过传送带进入包装箱就是定常分布。

（2）负指数分布（M）。顾客相继到达的时间间隔 $\{X_n\}$ 为独立的，同为负指数分布，其密度函数为

$$A(t) = \begin{cases} \lambda e^{-\lambda t}, & t \geqslant 0 \\ 0, & t < 0 \end{cases}$$

2. 排队及排队规则（Queuing Rule）

（1）排队结构（Queuing Structure）：

1）无限排队是指顾客指数是无限的，队列可以排到无限长（等待制排队系统）。

2）有限排队是指排队系统中顾客数是有限的。有限排队还可以分成：

a）损失制排队系统。队空间为零的系统，即不允许排队（顾客到达时，服务台占满，顾客自动离开，不再回来，如电话系统）。

b）混合制排队系统。是等待制与损失制结合，即允许排队，但不允许队列无限长。该系统有如下特点：

队长（Queue Length）有限，即系统等待空间是有限的。例如，最多只能容纳 $K$ 个顾客在系统中，当新顾客到达时，若系统中的顾客数（又称为队长）小于 $K$，则可进入系统排队或接受服务；否则，便离开系统，且不再回来。如水库的库容是有限的，旅馆的床位是有限的。

等待时间（Waiting Time）有限，即顾客在系统中等待时间不超过某一给定的长度 $T$，当等待时间超过 $T$ 时，顾客将自动离开，不再回来。如易损失的电子组件的库存问题，超过一定存储时间的元器件被自动认为失效。

逗留时间（Staying Time）（等待时间与服务时间之和）有限。例如，用高射炮射击飞机，当敌机飞越射击有效区域的时间为 $t$ 时，若这个时间内未被击落，也就不可能再被击落了。

损失制和等待制可看成是混合制的特殊情形，如记 $S$ 为系统中服务台个数，则当 $K=S$ 时，混合制即为损失制；当 $K \to \infty$ 时，即为等待制。

（2）排队规则。当顾客到达时，若所有服务台都被占有且又允许排队，则该顾客将进入队列等待。服务台对顾客进行服务所遵循的规则通常有：

1）先来先服务（FCFS）。

2）后来先服务（LCFS）。在许多库存系统中会出现这种情况。如钢板存入仓库后，需要时总是从最上面取出；又如在情报系统中，后来到达的信息往往更重要，首先要加以分析和利用。

3）具有优先权的服务（PS）。服务台根据顾客的优先权的不同进行服务，如病危的病人应优先治疗，重要的信息应优先处理，出价高的顾客应优先考虑。

3. 服务机制（Service Rule）

服务机制包括：服务员的数量及其连接方式（串联还是并联）；顾客是单个还是成批接受服务；服务时间的分布。记某服务台的服务时间为 $V$，其分布函数为 $B(t)$，密度函数为 $b(t)$，则常见的分布有：

（1）定长分布（D）。每个顾客接受的服务时间是一个确定的常数。

（2）负指数分布（M）。每个顾客接受的服务时间相互独立，具有相同的负指数分布

$$b(t) = \begin{cases} \mu \mathrm{e}^{-\mu t}, & t \geqslant 0 \\ 0, & t < 0 \end{cases}$$

其中，$\mu > 0$ 为一常数。

（3）$k$ 阶埃尔朗分布（En）。其表达式为

$$b(t) = \frac{k\mu(k\mu t)^{k-1}}{(k-1)!} = \mathrm{e}^{-k\mu t}$$

当 $k=1$ 时，即为负指数分布。$k \geqslant 30$，近似于正态分布。当 $k \to \infty$ 时，方差 $\to 0$，即为完全非随机的分布。

### 11.1.3　排队系统的符号表示

"Kendall" 记号　　　　　　　　　　　　$X/Y/Z/A/B/C$

其中：$X$ 表示顾客相继到达的时间间隔分布；$Y$ 表示服务时间的分布；$Z$ 表示服务台个数；$A$ 表示系统容量限制，即可容纳的最多顾客数；$B$ 表示顾客源数目；$C$ 表示服务台对顾客的服务规则，如先来先服务（FCFS）等。

并约定，如略去后三项，即指 $X/Y/Z/\infty/\infty/$FCFS 的情形。在本书中，因仅考虑 $B$ 为 $\infty$，$C$ 为 FCFS 的情形，故略去后两项，记为 $X/Y/Z/A$。

如　　　　　　　　　　　　　　　$M/M/1/\infty$

其中：$M$ 表示顾客相继到达的时间间隔服从负指数分布；$M$ 服务时间为负指数分布；单个服务台；系统容量为无限（等待制）的排队模型。

又如　　　　　　　　　　　　　　$M/M/S/K$

其中：$M$ 表示顾客到达的时间间隔服从负指数分布；$M$ 服务时间为负指数分布；$S$ 个服务台；系统容量为 $K$ 的排队模型，当 $K=S$ 时为损失制排队模型，当 $K=\infty$ 时为等待制排队模型。

### 11.1.4　排队系统的主要数量指标

系统状态：指排队系统中的顾客数（排队等待的顾客数与正在接受服务的顾客数之和）。

排队长（Waiting Queue Length）：系统中正在排队等待服务的顾客数。

记 $N(t)$ 为时刻 $t$ $(t \geq 0)$ 的系统状态；$p_n(t)$ 为时刻 $t$ 系统处于状态 $n$ 的概率；$S$ 为排队系统中并行的服务台数；$\lambda_n$ 为系统处于状态 $n$ 时新来的顾客的平均到达率（单位时间内到达的平均顾客数），当 $\lambda_n$ 为常数时记为 $\lambda$；$\mu_n$ 为系统处于状态 $n$ 时整个系统的平均服务率（单位时间内可以服务完的平均顾客数），当每个服务台的平均服务率为常数时，记每个服务台的服务率为 $\mu$，当 $n \geq s$ 时，有 $\mu_n = s\mu$。因此，顾客相继到达的平均时间间隔为 $\dfrac{1}{\lambda}$，平均服务时间为 $\dfrac{1}{\mu}$，令 $\rho = \dfrac{\lambda}{s\mu}$，则 $\rho$ 为系统的服务强度。

$p_n(t)$ 称为系统在时刻 $t$ 的瞬间分布，一般不容易求得。同时，由于排队系统运行一段时间后，其状态和分布都呈现出与初始状态或分布无关的性质，具有这种性质的状态或分布称为平稳状态或平稳分布。排队论一般更注意研究系统在平稳状态下的性质。

排队系统在平稳状态时一些基本指标有：$P_n$ 为系统中恰有 $n$ 个顾客的概率；$L$ 为系统中顾客数的平均值；$L_q$ 为系统中正在排队的顾客数的平均值，又称为平均排队长；$T$ 为顾客在系统中的逗留时间；$W=E(T)$ 为顾客在系统中的平均逗留时间；$T_q$ 为顾客在系统中的排队等待时间；$W_q=E(T_q)$ 为顾客在系统中的平均排队等待时间。

## 11.2　排队论研究的基本问题

排队论研究的基本问题：

（1）系统运行的基本特征。通过研究主要数量指标在瞬时或平稳状态下的概率分布及数字特征，了解系统运行的基本特征。

（2）统计推断问题。建立适当的排队模型是排队论研究的第一步，包括：建立模型过程中，系统是否达到平稳状态的检验；顾客相继到达时间间隔相互独立性的检验；服务时间的分布及有关参数的确定等。

（3）系统优化问题。它又称系统控制问题或系统运营问题，其基本目的是使系统处于最优的或最合理的状态，包括最优设计问题和最优运营问题。

### 11.2.1　*M*/*M*/1 等待制排队模型

单个服务台问题，又表示为 $M/M/1/\infty$：顾客相继到达时间服从参数为 $\lambda$ 的负指数分布；服务台数为 1；服务时间服从参数为 $\mu$ 的负指数分布；系统的空间为无限，允许永远排队。

队长的分布：

记 $P_n = p\{N=n\}$，$n = 0, 1, 2, \cdots$ 为系统达到平衡状态后队长的概率分布，则 $\lambda_n = \lambda$，$\mu_n = \mu$，$\rho = \dfrac{\lambda}{\mu} < 1$，有 $P_n = (1-\rho)\rho^n$，$n = 0, 1, 2, \cdots$。

几个数量指标：

（1）平均队长

$$L = \sum_{n=1}^{\infty} n p_n = \sum_{n=1}^{\infty} n(1-\rho)\rho^n = \frac{\rho}{1-\rho} = \frac{\lambda}{\mu - \lambda}$$

（2）平均排队长

$$L_q = \sum_{n=1}^{\infty} (n-1) p_n = \frac{\rho^2}{1-\rho} = \frac{\lambda^2}{\mu(\mu - \lambda)}$$

（3）平均逗留时间

$$W = E(T) = \frac{1}{\mu - \lambda}$$

（4）平均等待时间

$$W_q = \frac{\lambda}{\mu(\mu - \lambda)}$$

它们之间的关系为

$$L = \lambda W, \quad L_q = \lambda W_q$$

以上两式称为 Little 公式。

【例 11.1】 考虑一个铁路列车编组站。设待编列车到达时间间隔服从负指数分布，平均每小时到达 2 列；服务台是编组站，编组时间服从负指数分布，平均每 20 min 可编一组。已知编组站上共有 2 股道，当均被占用时，不能接车，再来的列车只能停在站外或前方站。求在平衡状态下系统中列车的平均数、每一列车的平均逗留时间和等待编组的列车平均数。如果列车因站中 2 股道均被占用而停在站外或前方站，每列车每小时费用为 $a$ 元，求每天由于列车在站外等待而造成的损失。

**解** 本例可看成一个 $M/M/1/\infty$ 排队问题，其中 $\lambda = 2$，$\mu = 3$，$\rho = \dfrac{\lambda}{\mu} = \dfrac{2}{3} < 1$。

（1）系统中列车的平均数

$$L = \frac{\rho}{1-\rho} = \frac{\dfrac{2}{3}}{1 - \dfrac{2}{3}} = 2 \quad （列）$$

（2）列车在系统中的平均停留时间

$$W = \frac{L}{\lambda} = \frac{2}{2} = 1 \ (\text{h})$$

（3）系统中等待编组的列车平均数

$$L_q = L - p = 2 - \frac{2}{3} = \frac{4}{3} \ （\text{列}）$$

（4）列车在系统中的平均等待编组时间

$$W_q = \frac{L_q}{\lambda} = \frac{\frac{4}{3}}{\frac{1}{2}} = \frac{2}{3}(\text{h})$$

记列车平均延误（由于站内 2 股道均被占用而不能进站）时间为 $W_0$，则

$$\begin{aligned} W_0 &= WP\{N > 2\} = W\{1 - P_0 - P_1 - P_2\} \\ &= W\{1 - (l - \rho) - (1 - \rho)\rho^1 - (1 - \rho)\rho^2\} \\ &= 1 \times \rho^3 = \left(\frac{2}{3}\right)^3 = 0.296 \ (\text{h}) \end{aligned}$$

故每天列车由于等待而支出的平均费用

$$E = 24\lambda W_0 a = 24 \times 2 \times 0.296 \times a = 14.2a \ （\text{元}）$$

**【例 11.2】** 某修理店只有一位修理工，来修理的顾客到达过程为泊松（Poisson）流，平均每小时 4 人；修理时间服从负指数分布，平均需要 6 min。试求：修理店空闲的概率；店内恰有 3 位顾客的概率；店内至少有 1 位顾客的概率；在店内平均顾客数；每位顾客在店内平均逗留时间；等待服务的平均顾客数；每位顾客平均等待服务时间；顾客在店内等待时间超过 10 min 的概率。

**解** 本例可看成一个 $M/M/1/\infty$ 排队问题，其中 $\lambda = 4$，$\mu\frac{1}{0.1} = 10$ （人/h），$\rho\frac{\lambda}{\mu} = \frac{2}{5} < 1$。

（1）修理店内空闲的概率

$$P_0 = 1 - \rho = 1 - \frac{2}{5} = 0.6$$

（2）店内恰有 3 位顾客的概率

$$P_3 = \rho^3(1 - \rho) = \left(\frac{2}{5}\right)^3 \times \left(1 - \frac{2}{5}\right) = 0.038$$

（3）店内至少有 1 位顾客的概率

$$P\{N \geqslant 1\} = 1 - P_0 = 1 - (1 - \rho) = \rho = \frac{2}{5} = 0.4$$

（4）在店内平均顾客数

$$L = \frac{\rho}{1 - \rho} = \frac{\frac{2}{5}}{1 - \frac{2}{5}} = 0.67(\text{人})$$

（5）每位顾客在店内平均逗留时间

$$W = \frac{L}{\lambda} = \frac{0.67}{4} = 10(\text{min})$$

（6）等待服务的平均顾客数

$$L_q = L - p = 0.67 - \frac{2}{5} = 0.27(人)$$

（7）每位顾客平均等待服务时间

$$W_q = \frac{L_q}{\lambda} = \frac{0.27}{4} = 0.067\ 5(\text{h}) = 4\ \text{min}$$

（8）顾客在店内等待时间超过 10 min 的概率

$$P\{T>10\} = e^{-10}\left(\frac{1}{6} - \frac{1}{15}\right) = e^{-1} = 0.3677$$

### 11.2.2 $M/M/s$ 等待制排队模型

多服务台问题，又表示为 $M/M/s/\infty$：顾客相继到达时间服从参数为 $\lambda$ 的负指数分布；服务台数为 $s$；每个服务台的服务时间相互独立，且服从参数为 $\mu$ 的负指数分布。当顾客到达时，若有空闲服务台马上进行服务，否则便排成一队列等待，等待空间为无限。

队长的分布：

记 $P_n = p\{N=n\}$，$n = 0, 1, 2, \cdots$ 为系统达到平衡状态后队长 $N$ 的概率分布，对多服务台有：$\lambda_n = \lambda$，$n = 0, 1, 2, \cdots$ ；$\mu_n = n\mu$，$n = 0, 1, 2, \cdots, s$；$\mu n = s\mu$，$n = s, s+1, s+2, \cdots$ 。

记 $\rho_s = \dfrac{\rho}{s} = \dfrac{\lambda}{s\mu}$，则当 $\rho_s < 1$ 时，有

$$C_n = \begin{cases} \dfrac{\left(\dfrac{\lambda}{\mu}\right)^n}{n!}, & n = 1, 2, \cdots, s \\[4mm] \dfrac{\left(\dfrac{\lambda}{\mu}\right)^s}{s!}\left(\dfrac{\lambda}{s\mu}\right)^{n-s} = \dfrac{\left(\dfrac{\lambda}{\mu}\right)^n}{s! \, s^{n-s}}, & n > s \end{cases}$$

$$P_n = \begin{cases} \dfrac{\rho^n}{n!} p_0, & n = 1, 2, \cdots, s \\[4mm] \dfrac{\rho^n}{s! \, s^{n-s}} p_0, & n > s \end{cases}$$

式中

$$P_0 = \left[\sum_{n=0}^{s-1} \frac{\rho^n}{n!} + \frac{\rho^s}{s!(1-\rho_s)}\right]^{-1}$$

当 $n \geq s$ 时，顾客必须等待，记 $C(s, \rho) = \displaystyle\sum_{n=s}^{\infty} P_n = \frac{\rho^s}{s!(1-\rho^s)} P_0$，称为埃尔朗等待公式，它给出了顾客到达系统时需要等待的概率。

平均排队长 $\qquad\qquad L_q = \dfrac{p_0 \rho^s \rho_s}{s!(1-\rho_s)^2}$ 或 $L_q = \dfrac{C(s,\rho)\rho_s}{1-\rho_s}$

记系统中正在接受服务的顾客平均数为 $\bar{s}$，显然 $\bar{s}$ 也是正在忙的服务台平均数，即

$$\bar{s} = \sum_{n=0}^{s-1} n p_n + s \sum_{n=s}^{\infty} p_n = \rho$$

平均队长

$$L = \text{平均排队长} + \text{正在接受服务的顾客的平均数} = L_q + \rho$$

对多服务台，Little 公式依然成立，即 $L = \lambda W$，$L_q = \lambda W_q$，即有

$$W = \frac{L}{\lambda}, W_q = \frac{L_q}{\lambda} = W - \frac{1}{\mu}$$

**【例 11.3】** 考虑一个医院急诊室的管理问题，根据资料统计，急诊病人相继到达的时间间隔服从负指数分布，平均每半小时来一个；医生处理一个病人的时间也服从负指数分布，平均需要 20 min。急诊室已有一个医生，管理人员考虑是否需要再增加一个医生。

**解** 本问题可看成 $M/M/s/\infty$ 排队问题，其中 $\lambda = 2$ 人/h，$\mu = 3$ 人/h，$\rho = \dfrac{2}{3}$，$S = 1, 2, \cdots$。计算结果列入表 11.1。

**表 11.1** 　　　　　　　　　　　问 题 的 计 算 结 果

| 相关指标 | $S = 1$ | $S = 2$ |
|---|---|---|
| 空闲概率 $p_0$ | 0.333 | 0.500 |
| 有一个病人概率 $p_1$ | 0.222 | 0.333 |
| 有两个病人概率 $p_2$ | 0.148 | 0.111 |
| 平均病人数 $L$ | 2.000 | 0.750 |
| 平均等待病人数 $L_q$ | 1.333 | 0.083 |
| 病人平均逗留时间 $W$（h） | 1.000 | 0.375 |
| 病人平均等待时间 $W_q$（h） | 0.667 | 0.042 |
| 病人需要等待概率 $p\{T_q > 0\}$ | 0.667 | 0.167 |
| 等待时间超过半小时的概率 $p\{T_q > 0.5\}$ | 0.404 | 0.022 |
| 等待时间超过一小时的概率 $p\{T_q > 1\}$ | 0.245 | 0.003 |

由表 11.1 可知，从减少病人的等待时间，为急诊病人提供及时处理来看，一个医生是不够的。

## 本 章 小 结

排队系统在社会上应用广泛，这些系统能够对生活质量和经济生产力产生重要的影响。

排队系统的重要组成部分包括到达顾客、顾客等待的队列以及提供服务的服务台。一个排队系统的排队模型需要明确顾客相继到达的时间间隔的分布、服务时间的分布、服务台数

和系统的容量限制。通常选择顾客按泊松流输入，服务时间服从负指数分布。

排队系统的主要绩效测度是队列或系统中顾客数的期望值（后者包括正在接受服务的顾客）和队列或系统中顾客的等待时间的期望值。这些期望值之间的一般联系［包括李特尔（Little）公式］使得所有四个值中只要确定一个就可确定其他三个。

本章系统讨论了两类排队系统模型，包括单服务台的排队系统（$M/M/1$）和多服务台的排队系统（$M/M/s$）。

### 习　题　11

**一、计算题**

**11.1**　某市消费者协会一年 365 天接受顾客对产品质量的申诉。设申诉以 $\lambda = 4$ 件/天的泊松流到达，该协会每天可以处理申诉 5 件，当天处理不完的将移交专门小组处理，不影响每天业务。试求：

（1）一年内有多少天无一件申诉？

（2）一年内有多少天处理不完当天的申诉？

**11.2**　来到某餐厅的顾客流服从泊松分布，平均 20 人/h。餐厅于上午 11:00 开始营业，试求：

（1）当上午 11:07 有 18 名顾客在餐厅时，于 11:12 恰好有 20 名顾客的概率（假定该时间段内无顾客离去）。

（2）前一名顾客于 11:25 到达，下一名顾客在 11:28～11:30 之间到达的概率。

**11.3**　某银行有三个出纳员，顾客以平均速度为 4 人/min 的泊松流到达，所有顾客排成一队，服务时间服从均值为 0.5 min 的负指数分布。试求：

（1）银行内空闲时间的概率。

（2）银行内顾客数为 $n$ 时的稳态概率。

（3）平均队列长 $L_q$。

（4）银行内的顾客平均数 $L$。

（5）平均逗留时间 $W$。

（6）平均等待时间 $W_q$。

**11.4**　某加油站有一台油泵，来加油的汽车按泊松分布到达，平均 20 辆/h，但当加油站中已有 $n$ 辆汽车时，新来汽车中将有一部分不愿等待而离去，离去概率为 $\dfrac{n}{4}$（$n=0, 1, 2, 3, 4$）。油泵给一辆汽车加油所需时间为具有均值 3 min 的负指数分布。试求：

（1）画出此排队系统的速率图。

（2）其平衡方程式。

（3）加油站中汽车数的稳态概率分布。

（4）来加油站的汽车的平均逗留时间。

**11.5**　某无线电修理商店保证每件送到的电器在一小时内修完取货，如超过 1 h，则分文不取。已知该商店每修理一件平均收费 10 元，其成本平均每件 5.50 元。已知送来修理的电器按泊松分布到达，平均 6 件/h，每维修一件的时间平均为 7.5 min，服从负指数分布。试问：

（1）该商店在此条件下能否盈利。

（2）当每小时送达的电器为多少件时该商店的经营处于盈亏平衡点。

**11.6** 某企业有 5 台车运货，已知每台车每运行 100 h 平均需维修 2 次，每次需时 20 min，以上分别服从泊松及负指数分布。求该企业全部车辆正常运行的概率，及分别有 1、2、3 辆车不能正常运行的概率。

**11.7** 要求在某机场着陆的飞机服从泊松分布，平均每小时 18 架次，每次着陆需占用基础跑道的时间为 2.5 min，服从负指数分布。试问该机场应设置多少条跑道，使要求着陆飞机需要在空中等待的概率不超过 5%；求这种情况下跑道的平均利用率。

**11.8** 某仓库储存的一种商品，每天的到货与出货量分别服从泊松分布，其平均值为 $\lambda$ 和 $\mu$，因此该系统可以近似看成为 $M/M/1/\infty/\infty$ 的排队系统。设该仓库储存费为每天每件 $c_1$ 元，一旦发生缺货时，其损失为每天每件 $c_2$ 元，已知 $c_2 > c_1$。试完成：

（1）推导每天总期望费用的公式。

（2）求使总期望费用为最小的 $\rho = \lambda / \mu$ 值。

**11.9** 某电话亭有一部电话，来打电话的顾客服从泊松分布，相继两个人到达的平均时间为 10 min，通话时间服从负指数分布，平均为 3 min。试求：

（1）顾客到达电话亭要等待的概率。

（2）等待打电话的平均顾客数。

（3）打一次电话要等 10 min 以上的概率。

（4）当一个顾客至少要等待 3 min 才能打电话时，电信局打算增设一台电话机，问到达速度增加到多少时，安装第二台电话机才是合理的？

（5）第二台电话机安装后，顾客的平均等待时间。

**二、复习思考题**

**11.10** 试述排队系统的三个组成部分及各自的特征：当用符号 $X/Y/Z/A/B/C$ 来表示一个排队模型时，符号中各个字母分别代表什么？

**11.11** 解释下列符号的或名词的概念，并写出它们之间的关系表达式：$L$, $L_q$, $W$, $W_q$, $P_n$, $P_n(t)$。

**11.12** 分别写出下列分布的概率密度函数及说明这些分布的主要性质：①泊松分布；②负指数分布；③埃尔朗分布；④定长分布。

**11.13** 什么是等待制排队系统，它在哪些实际问题中得到应用？

**11.14** 分别说明在系统容量有限及顾客源有限时的排队系统中，$\lambda$ 和 $\mu$ 的含义及计算公式。

# 第 12 章　运筹学与人工智能

近年来，随着人工智能、大数据、商务分析等学科的兴起，运筹学在实际场景中的应用面临着巨大挑战。当问题的规模越来越大、问题本身越来越复杂时，如何在有限时间内开发出效果良好的解决方案变得越来越重要。与之相应的，渐进最优、近似动态规划、鲁棒优化等方法得到了学者的广泛关注，并取得了一大批研究成果。在基于大数据的商务分析中，往往需要将数据分析技术（比如深度学习和强化学习）和运筹学结合起来，基于学习的运筹优化已成为当前运筹学研究的前沿问题。研究智能仓储与运输、智慧交通、新型电力系统调度等新应用场景下的管理问题将是运筹学未来发展的新趋势。

## 12.1　运筹学与人工智能的比较和联系

### 12.1.1　人工智能

人工智能也称为机器智能，是指由人工制造出来的系统所表现出来的智能，即为了实现感知、学习、推理、规划、交流和操控物体，通过普通计算机实现的智能。人工智能的实现方法丰富，主要包括引领三次高潮的专家系统（Expert Systems，ESs）、人工神经网络（Artificial Neural Networks，ANN）、深度学习（Deep Learning，DL）以及持续推动学科发展的模糊逻辑（Fuzzy Logic，FL）、遗传算法（Genetic Algorithm，GA）、机器学习（Machine Learning，ML）、多智能体系统（Multi-Agent System，MAS）、博弈论（Game Theory，GT）等。

### 12.1.2　运筹学与人工智能的联系

运筹学与人工智能的关系特别密切。目前存在几类有代表性的智能游戏系统：一是以围棋为主要应用场景，采用监督范式深度学习模型开发的 Alpha Go 系统；二是以国际象棋、围棋、日本将棋为主要应用场景，采用强化学习范式深度模型开发的 Alpha Zero 系统；三是以星际争霸游戏为主要应用场景的 Alpha Star 系统；四是以德州扑克为主要场景的 Libratus 系统。

比如 Alpha Go、Alpha Zero 系统所涉及的模型是利用树图构建的完全信息动态博弈，因为描述此类游戏的树图规模特别巨大，采用了基于深度学习的蒙特卡罗树搜索算法来简化博弈均衡的计算；再比如 Libratus 系统所涉及的模型是不完全信息动态博弈，其主要构建工具是贝叶斯机制和子博弈之间的平衡，利用蒙特卡罗反事实遗憾最小化规则进行了快速计算。参考任何一本机器学习或者人工智能的教材，最优化与博弈论都是最核心的理论。比如我们经常所说的支持向量机就是用两个平行超平面分割数据集，以这两个超平面之间的距离最大化为优化目标，尽可能减少误分率，最终建立的模型是典型的最优化模型。对这个模型运用对偶理论进行计算，就可以建立核学习理论，如果数据具有随机特征，那么最大似然估计、最大后验估计、最大熵估计，甚至 KL 散度估计、鲁棒估计也都可以构建为最优化模型，然后运用梯度法、牛顿法和内点法实现求解。这些例子表明最优化与博弈论是人工智能时代背后最重要的数学机理之一。

### 12.1.3　运筹学与人工智能的比较

人工智能相对于其他学科的最大优势是，它能用类似于人所用的具有启发式的方法解决一些复杂的问题。它所用的方法和产生的解可能不是最优的，但由于这种方法与人的行为相符合，因而是可接受的。它的主要目标是设计一个可运行、可理解的系统，该系统并不是一个最优的系统。

运筹学和统计学方法试图建立一种严格的、客观的并强调所用技术和解的最优化的"科学化"的模型，或者可以认为运筹学强调用优化技术解决被表示为量化形式的问题。然而，这在某种情况下会产生许多问题。首先，现实问题中完全精确的模型通常是得不到的，追求数学上的完美和精确往往将使整个问题的数学处理十分复杂；其次，即使在一个"科学化"模型中，要对人的价值判断、类比推理等行为要素进行准确的描述也是十分困难的。这使得运筹学和统计学方法最能成功解决的问题被限制在一个有限的、几乎是纯技术性的问题领域内。

从上面对运筹学和人工智能的比较可以看出，可将运筹学和人工智能的方法相结合，将客观模型和人主观上解决问题的方法相结合，或者是在大系统的某些子问题一般为技术性问题上采用优化技术，而在与系统外部较复杂的环境交互时采用具有启发式智能化方法。

运筹学和人工智能各自的特点和优势只是它们能结合并发挥更大作用的原因之一，运筹学本身的某些环节也需要人工智能的支持，从而获得更好的方法。一般认为运筹学方法处理问题的过程主要包括以下阶段：建模、方法确认、模型验证、模型实现和解的评价。据调查发现，解决运筹学问题中最耗费时间的是建立模型和为建模而做的数据收集工作，最需要技术的也是建模和模型的正确表达及交流。造成这种情况的重要因素之一是提出问题的用户和解决问题的分析人不是同一个人，他们之间的交流不充分，分析人对问题所处环境的了解程度和对有关专业知识的掌握程度极大地影响了模型反映真实系统的有效性。而且很多模型建立的基础数据是一个特殊对象或环境的信息，这些信息不具代表性，模型的灵活性很差，此外还有建模的技术趋动性等缺点。

于是人们提出了一种面向问题的观点，这种观点强调通过问题本身情况来决定所要采取的方法，而不是用已有的技术来决定用何种方法去解决何种问题。这就迫使运筹学采用人工智能中的技术来克服自身的弱点。例如，用智能化接口改善信息收集途径，正确反映用户需求，使用户直接参与到建模过程，并可通过所提供的手段解决问题；还可以以计算机的形式表示用户的专业知识，在方法确认中发挥人的推理作用；也可用人工智能中产生式系统的原型方法建立模型，使模型更适应于现实系统中的动态和不确定性的环境；还可以提供解释功能，使用户了解求解的关键路径，增加对模型的理解，从而可对解的验证和评价提供支持。

## 12.2　人 工 智 能 算 法

人工智能以机器学习算法为基础。机器学习（Machine Learning）是研究计算机如何模仿人类的学习行为，获取新的知识或经验，并重新组织已有的知识结构，提高自身的表现。机器学习可以通过计算机在海量数据中学习数据的规律和模式，从中挖掘出潜在信息，广泛用于解决分类、回归、聚类等问题。根据训练样本及反馈方式的不同，主要将机器学习算法分为监督学习、无监督学习和强化学习三种类型。此外，深度学习是机器学习研究中的一个新的领域，其动机在于建立、模拟人脑进行分析学习的神经网络，它模仿人脑的机制来解释数据，例如图像、声音和文本。

### 12.2.1　监督学习

在监督学习中，训练集中的样本都是有标签的，使用这些有标签样本进行调整建模，使模型产生一个推断功能，能够正确映射出新的未知数据，从而获得新的知识或技能。根据标签类型的不同，可以将监督学习分为分类问题和回归问题两种。前者预测的是样本类别（离散的），例如给定鸢尾花的花瓣长度、花瓣宽度、花萼长度等信息，然后判断其种类；后者预测的则是样本对应的实数输出（连续的），例如预测某一时期一个地区的降水量。常见的监督学习算法包括决策树、朴素贝叶斯及支持向量机等。

### 12.2.2　无监督学习

无监督学习与监督学习相反，训练集的样本是完全没有标签的。常见的无监督学习算法包括稀疏自编码、主成分分析及 K-means 等。无监督学习按照解决的问题不同，可以分为关联分析、聚类问题和维度约减三种。

关联分析是指通过不同样本同时出现的概率，发现样本之间的联系。它被广泛地应用于购物篮分析中。例如，如果发现购买方便面的顾客有 80% 的概率会购买啤酒，那么商家就会把啤酒和方便面放在临近的货架上。

聚类问题是指将数据集中的样本分成若干个簇，相同类型的样本被划分为一个簇。聚类问题与分类问题关键的区别在于训练集样本没有标签，预先不知道类别。

维度约减是指保证数据集不丢失有意义的信息，同时减少数据的维度。利用特征选择和特征提取两种方法都可以取得这种效果，前者是选择原始变量的子集，后者是将数据由高维度转换到低维度。

### 12.2.3　强化学习

近年来，强化学习因其强大的探索能力和自主学习能力，成为实现通用人工智能的关键步骤。强化学习是从动物行为研究和优化控制两个领域发展而来的。强化学习和无监督学习都是使用未标记的训练集，其算法基本原理是：环境对软件智能体的某个行为策略发出奖赏或惩罚的信号，软件智能体要使每个离散状态期望的奖赏都最大，从而根据信号增加或减少以后产生这个行为策略的趋势。强化学习方法背后的数学原理与监督/非监督学习略有差异。监督/非监督学习更多地应用了统计学知识，而强化学习更多地应用了离散数学、随机过程等数学方法。

依据智能体动作选取方式，可将强化学习算法分为基于价值（value-based）、基于策略（policy-based）以及结合价值与策略（actor-critic）三类。表 12.1 中给出三类主流强化学习算法的对照。

表 12.1　　　　　　　　　　　　　三类主流强化学习算法的对照

| 算法类别 | 代表性算法 | 算法机制 | 算法优势 | 算法不足 | 适用场景 |
|---|---|---|---|---|---|
| 基于价值 | Q-learning、SARSA、DQN 系列 | 计算价值函数，选取最大价值函数对应的动作，隐式获得确定性策略 | 样本利用率高，价值函数估值方差小，不易陷入局部最优 | 容易出现过拟合，处理问题复杂度受限，收敛性质较差 | 离散动作空间 |

续表

| 算法类别 | 代表性算法 | 算法机制 | 算法优势 | 算法不足 | 适用场景 |
|---|---|---|---|---|---|
| 基于策略 | REINFORCE、TRPO、PPO | 不依赖价值函数，最大化累积回报选择动作、更新策略，通常获得最优随机策略 | 策略函数易于计算，自带随机探索，稳定性和收敛性质好 | 样本利用率低，容易陷入局部最优，评估策略通常效率低、方差大 | 离散/连续动作空间 |
| 结合价值与策略 | AC、A3C、DPG、DDPG、TD3、SAC | 基于价位根据价值函数更新策略，选取动作；基于策略根据动作计算价值函数，单步更新 | 样本利用率高，价值函数估计方差小，整体训练速度快 | 算法稳定性不足，对超参数敏感 | 离散/连续动作空间 |

### 12.2.4  深度学习

当前，深度学习技术是人工智能方向最热门的研究领域，被 Google、Facebook、IBM、百度、NEC 以及其他互联网公司广泛使用，用来进行图像和语音识别。人工神经网络从 20 世纪 80 年代兴起，经过科学家们的不懈努力，相关算法不断被优化并处于持续改进和创新之中，同时也受益于计算机技术的快速发展，现在科学家可以通过图形处理器（Graphics Processing Unit，GPU）模拟建立超大型的人工神经网络；互联网行业的快速发展，为深度学习提供了百万级的样本进行训练，在上述三个因素共同作用下，现在的语音识别技术和图像识别技术能够达到 90% 以上的准确率。

## 12.3  运筹学在人工智能时代的应用

近年来，人工智能时代下运筹学的应用已趋向研究规模大且复杂的问题。为说明运筹学在 21 世纪的应用领域，用美国运筹学和管理学研究协会（INFORMS）颁发的弗兰兹·厄德曼奖（Franz Edelman Award）以及中国运筹学会颁发的运筹学应用奖来为读者提供参考，分别见表 12.2 与表 12.3。

**表 12.2**                                    **弗兰兹·厄德曼获奖情况**

| 获奖年度 | 获奖单位 | 获奖原因 |
|---|---|---|
| 2020 | Intel | 利用先进的分析技术来创建一套从产品功能设计到供应链规划的能力。每年增加了 190 万美元的收入，同时降低了 15 亿美元的成本，实现了 212 亿美元的总收益 |
| 2019 | 路易斯维尔大都会下水道区 | 分析和优化减少污水溢出，以保护肯塔基州的社区水道 |
| 2018 | 联邦通信委员会 | 打开海滨之门：利用运筹学重新调整无线频谱的用途 |
| 2017 | Holiday Retirement | 为 Holiday Retirement 提供了两位数的收入提升 |
| 2016 | UPS | UPS 道路综合优化与导航(ORION)项目 |
| 2015 | Syngenta | 通过高级分析实现良好增长 |
| 2014 | 美国疾病控制中心 | 使用更好的决策模型根除脊髓灰质炎 |
| 2013 | 三角洲计划专员 | 保护荷兰免受洪灾且经济有效的洪水标准 |
| 2012 | TNT Express | TNT Express 的全供应链优化 |

续表

| 获奖年度 | 获奖单位 | 获奖原因 |
|---|---|---|
| 2011 | MISO | 将运筹学应用于能源辅助服务市场，节省了数十亿美元 |
| 2010 | Indeval | 墨西哥金融市场受益于运筹学的新应用 |
| 2009 | 惠普 | 通过运筹学转变产品组合管理 |
| 2008 | 荷兰铁路 | 构建了改进的、循环的时刻表。对旅客数进行全时记录，随着时刻表的改进旅客数增加了 10%～15%，准点到达率提高，每年增加 4000 万欧元利润 |
| 2007 | 斯隆凯特林癌症纪念中心 | 癌症治疗的运筹学进展 |
| 2006 | 华纳罗宾斯航空物流中心 | 华纳罗宾斯航空物流中心优化飞机维修和大修 |
| 2005 | 通用汽车 | 提高通用汽车公司的生产能力 |
| 2004 | 摩托罗拉公司 | 重塑摩托罗拉的供应商谈判流程 |
| 2003 | 加拿大太平洋铁路 | 完善定期铁路：模式驱动的运营计划制订 |
| 2002 | 大陆航空公司 | 华人学者于刚领导的 CALEB Technologies 为大陆航空公司开发了 CrewSolver 决策支持系统，以生成全局最优或接近最优的机组恢复解决方案。在每一危机案例中，大陆航空公司都迅速恢复，并获得了价值数百万美元的整体效益。大陆航空公司估计，2001 年 CrewSolver 系统帮助节省了大约 4000 万美元 |
| 2001 | 美林证券 | 美林综合选择的定价分析 |
| 2000 | Jeppesen Sanderson，Inc. | Jeppesen Sanderson，Inc.的灵活规划和技术管理 |

**表 12.3　　　　　　　中国运筹学会颁发的运筹学应用奖获奖情况**

| 获奖年度 | 获奖人 | 等级 | 获奖人所在单位 | 获奖项目 |
|---|---|---|---|---|
| 2020 | 陈峰等 | 获奖 | 上海交通大学 | 整车物流智能调度 DSS 系统研发与实施 |
| | 葛冬冬等 | 获奖 | 上海杉数网络科技公司 | 大规模数学规划求解器 COPT 的应用 |
| | 朱文兴等 | 获奖 | 福州大学 | 超大规模集成电路布局及其相关问题的研究 |
| 2018 | 戴彧虹等 | 获奖 | 中国科学院数学与系统科学研究院 | 整数规划在能源领域中的应用 |
| 2016 | 郭田德等 | 获奖 | 中国科学院大学数学科学院 | 指纹自动识别系统中关键技术的优化模型与算法 |
| | 杨周旺等 | 获奖 | 中国科学技术大学数学科学院 | 3D 打印中的优化设计解决方案 |
| 2014 | 沈吟东等 | 获奖 | 华中科技大学自动化学院 | 基于运营数据的中国公共交通规划与调度 |
| | 刘拓等 | 提名奖 | 国家电网能源研究院 | 国家电网公司全球资源配置能力评价模型及应用研究 |
| 2012 | 唐立新等 | 一等奖 | 东北大学物流优化与控制研究所 | 运筹学在钢铁生产和物流调度中的应用 |
| | 徐以汛等 | 二等奖 | 复旦大学管理学院 | 航空公司营销课题研究 |
| | 钟立炜等 | 二等奖 | 上海交通大学第一附属人民医院 | 运筹学在手术排程中的应用 |
| 2010 | 郭田德等 | 一等奖 | 中国科学院研究生院数学科学学院 | TD-SCDMA/GSM 双网融合高精度无线网络规划算法研究及系统应用 |

| 获奖年度 | 获奖人 | 等级 | 获奖人所在单位 | 获奖项目 |
|---|---|---|---|---|
| 2004 | 汪寿阳等 | 一等奖 | 中国科学院数学与系统科学研究院 | 国际收支的预测预警 |
| | 朱道立等 | 一等奖 | 复旦大学管理科学系 | 油品配送决策系统 |
| | 张云起等 | 二等奖 | 山东工商学院工商管理学院 | 营销风险预警与防范 |
| | 韩伟民等 | 表扬奖 | 西安交通大学 | 雏鹰展翅——运筹学实践集锦 |
| 2002 | 崔晋川等 | 二等奖 | 中国科学院数学与系统科学研究院 | 综合风险分析的数学方法在国家重点投资项目中的应用 |
| | 邢文训等 | 二等奖 | 清华大学数学科学系 | 连锁商业配送中心车辆调度的相关技术手段研究与开发 |

通过梳理与总结，运筹学在人工智能时代的应用领域大致可分为以下几类。

### 12.3.1　智能仓储与运输（供应链管理）

供应链管理是运筹学应用的经典领域，涉及最短路问题、采购与库存管理等。随着全球化进程不断推进，市场竞争加剧，供应链物流领域面临着越来越复杂和动态的挑战。人工智能技术作为一种高效且强大的工具，在提高供应链物流效率、降低企业成本、优化资源配置等方面做出巨大贡献。

（1）供应链管理中的智能决策。智能决策是指利用人工智能技术分析供应链中大量的数据，从中获取洞见并做出决策的过程。具体来说，智能决策可以应用在以下几个方面：

1）首先，智能决策可以优化供应链的物流运营。人工智能可以分析运输路线、配送点以及库存需求量等信息，以帮助企业优化物流运营并减少成本。人工智能还可以根据外部因素和历史数据进行预测，从而更好地规划物流计划，确保产品及时到达和准确配送。

2）其次，智能决策可以促进供应链的质量控制。人工智能可以通过数据分析监测生产过程，检测出潜在的问题和风险，从而加强产品质量控制和监管。同时，人工智能还可以根据市场需求和客户反馈调整产品的生产规划和产量，以更好地满足市场需求。

（2）供应链管理中的智能采购。智能采购是指利用人工智能技术进行供应链的采购决策，其中包括需求预测、供应商选择、价格协商和合同管理等方面的应用。具体来说，智能采购可以应用在以下几个方面：

1）首先，智能采购可以优化采购流程和减少采购成本。人工智能可以通过分析大量的供应链数据和历史数据，预测未来的市场需求和采购价格趋势，从而帮助企业制定最优化的采购计划和策略。人工智能还可以利用自然语言处理技术，帮助采购人员更快地处理各种信息，从而加快采购决策速度，降低采购成本。

2）其次，智能采购可以提高供应商选择的准确度和效率。人工智能可以根据供应商的历史记录、物流能力和生产能力等因素，评估供应商的风险和能力，并制定最适合企业需求的供应商选择方案。此外，通过人工智能对供应商关系的分析和管理，企业还可以优化供应商合作关系，从而实现更高的业务效率和效益。

（3）供应链管理中的智能仓储。智能仓储是指利用人工智能技术对供应链中的仓储管理进行优化和改进，其中包括仓库管理、库存管理以及物流运输等方面的应用。具体来说，智能仓储可以应用在以下几个方面：

1）首先，智能仓储可以帮助企业实现仓库管理的自动化和智能化。人工智能可以通过自动化机器人、无人机等技术完成各种物流操作，从而提高工作效率和准确性。此外，人工智能还可以通过自动识别技术、感知技术等手段自动更新和实时评估库存管理准确度，在保证准确度的同时，实现快速仓储、分拣和装运等环节。

2）其次，智能仓储可以加强库存管理和运输规划。通过对供应链中各个节点的数据分析和集成，人工智能可以实现更精准的库存需求预测和运输规划，从而避免库存积压、缺货和物流拥堵等问题的发生。此外，人工智能还可以帮助企业根据不同的库存需求和运输规划制定最优化的仓库布局和物流计划，提高供应链的效率和节约运输成本。

### 12.3.2　智慧交通

智慧交通是数据智能和物联网融合应用最为广泛、成果最为丰富的领域之一，其原因一方面在于 GPS 北斗等卫星定位技术的普及，使得全量交通数据的收集成为可能；另一方面在于交通作为一个管理体系十分完善的社会系统，其场景、任务和服务对象都十分明确。针对智慧交通场景，数据智能的主要研究工作集中在交通预测领域，包括个体出行预测、路段交通预测以及区域需求预测三个方面。每个方面都经历了由经典运筹学模型到深度学习模型的发展历程。

（1）个体出行预测研究包括出行路径推荐和出行时间预测。在出行路径推荐方面，传统运筹学工作通常使用 A*Dijkstra 等启发式搜索算法进行最短或最速路径搜索与推荐，在近期研究中，将 A*算法同深度学习相结合，提出了神经网络 A*搜索算法，实现了个性化的出行路径推荐。在出行时间预测方面，经典算法采用马尔可夫链对交通出行时间进行建模预测，基于深度方法的出行预测可分为分段预测和端到端预测两类。其中分段预测更加关注对于出行链影响要素的建模，具有较好的可解释性，但是对未纳入模型的因素的影响较为敏感；端到端预测则着眼于构建能够建模整个出行行为的一体化网络模型，其模型的预测准确性较高，但缺乏解释性。

（2）路段交通预测聚焦于流量和速度的预测。经典的交通流量和速度预测采用 ARIMA 等时间序列预测模型，难以对交通状况的时空上下文信息进行建模，近两年，深度学习方法逐步被应用于路段交通预测。例如：使用 LSTM 等递归神经网络模型的混合模型对交通状况的时间特性进行建模；使用 NN 道路交通的时空局部性进行建模；使用图卷积网络对道路交通的网络结构信息进行建模等。

（3）区域交通需求预测的主要目的是预测网约车、出租车和共享单车在某一个区域的用户需求，经典方法使用时间序列预测的方法，例如 ARIMA 模型及其变体被广泛应用于交通需求量预测。在基于深度学习的研究方面，更多的外部因素被考虑了进来，如使用 CNN、LSTM 等复杂的神经网络结构对时序因素、空间距离因素以及天气等外部因素进行建模，使用多模态网络将出租车、自行车等多种交通需求因素进行融合预测等。

除交通预测之外，救护车、物流车辆和网约车的智能交通调度也是近两年智慧交通关注的领域，主要的研究趋势是使用真实的数据代替仿真的应用场景，以及使用深度学习和强化学习融合的方法进行调度问题优化，相比起传统的运筹规划方法，基于数据智能的方法在仿真环境的真实性和场景复杂性建模方面均有一定的优势。

### 12.3.3　众包服务

基于移动群智计算的众包服务模式，正在成为未来服务业的新型范式，如网约车、外卖、快递和跑腿等业务，成为在新兴服务业的典型应用。以 2020 年初的新冠肺炎疫情为例，正是在移动群智计算的支撑下，快递、外卖、网约车和新零售等新兴服务方式保证了人们在居家隔离防疫期间的正常生活。

在这些应用中，涉及的经典运筹学问题便是任务分配问题，人工智能等技术的融合使得这一大规模且复杂的问题得以解决：移动物联网终端通过无处不在的触达能力，将大规模人群的服务供给和服务需求进行连接；而数据智能技术将服务供给和服务需求进行匹配，实现对大规模人群的供需关系进行组织。从任务分配问题所依托的底层管理学逻辑的角度看，时空众包任务的分配的技术路径又可以进一步划分为以平台为中心的优化算法设计和以用户为中心的激励机制设计。

（1）以平台为中心的任务分配方法从全局的视角入手，以一种"计划经济"的方式通过全局性或者接近全局性的优化调度，实现众包任务在供给和需求之间的匹配。以平台为中心的优化算法设计可分为常规优化算法和智能优化算法，前者主要针对一些简单的问题进行计算，后者则是针对复杂感知系统。常规优化算法包括贪心算法、动态规划算法等，这类算法对于早期的小规模众包问题有较好的性能。随着时空众包平台规模的不断扩大，任务分配问题逐步变为 NP-hard 问题，使用常规的优化算法无法在多项式时间内求解，或者难以获得令人满意的性能。为此，研究人员将遗传算法、模拟退火和蜂群算法等智能算法引入其中，从而求得 NP-hard 问题的次优解。此外，在时空众包问题中众包任务必须在用户非常严格的等待容忍和给定的地理空间中完成，因此，时间等待和地理空间约束也被引入到了众包任务的分配中。近两年，随着深度学习和强化学习的不断兴起，研究人员也在尝试使用深度强化学习算法实现更加高效和精准的众包任务分配。

（2）以用户为中心的激励机制设计更倾向于使用"市场经济"的方式。其核心是通过给予服务提供方合理的报酬、奖励等激励机制来促使用户自身发挥主观能动性，实现任务的优化分配。传统的众包服务方法会通过报酬支付、娱乐游戏、社交关系和虚拟积分等方式实现用户服务的激励。激励机制的实现方法主要包括基于博弈论的拍卖方法以及面向质量控制的优化方法。该类研究面临的一个核心挑战是如何对用户行为进行合理建模。拍卖方法更多利用理性人假设，假定用户会理性地做出最大化自身收益的决策，而质量控制方法则会通过用户的参与水平、任务完成质量和能耗效率等特征对用户进行描述建模，通过合理激励选择出最有效的用户完成任务。在时空众包中，由于服务场景较为复杂，更多采用面向质量控制的优化方法，用户的服务完成时间和地理空间位置也会被引入到用户建模描述中。面向质量控制的优化方法的一个好处是将众包服务的质量控制和任务分配相结合，能够在最优化平台收益函数的同时，激励和改善服务提供者的服务水平，而在实际生产环境的任务分配中，往往将以平台为中心的优化算法设计和以用户为中心的激励机制设计相结合。

### 12.3.4 新型电力系统调度

电力系统调度问题是运筹学中优化问题的经典应用。随着新能源接入比例的提高、电网规模的不断扩大，传统基于物理模型的优化方法难以建立精确的模型进行实时快速求解，而人工智能技术中的深度强化学习（DRL）可以从历史经验中自适应地学习调度策略并实时决策，避免了复杂的建模过程，以数据驱动的方式应对更高的不确定性和复杂度。

新型电力系统中的调度问题是为了解决电力系统供需平衡的高维、不确定性强的优化问题。其中，电力系统经济调度（Economic Dispatch，ED）、最优潮流（Optimal Power Flow，

OPF）和机组组合（Unit Commitment，UC）问题是电力系统运行中的三个关键问题。

（1）电力系统经济调度问题是以最小化电力系统的总运营成本为目标，满足电力需求和各种运行约束的优化问题。传统的经济调度问题是在满足功率平衡和机组功率边界的前提下，确定各火电发电机组的有功出力，使得总燃料耗量（发电成本）最小。随着新能源出力不确定性的增加，系统的约束条件更加复杂，不确定性更强。

（2）最优潮流问题是指在满足电力系统潮流等式约束，以及节点电压、线路潮流和发电机爬坡等不等式约束的情况下，在主网中实现发电成本最小或在配电网中实现网损最小的优化问题。最优潮流与经济调度问题的区别主要在于是否考虑电力系统潮流等式约束。新型电力系统所含风电、光伏等间歇性新能源使得电力系统最优潮流问题，尤其是交流最优潮流问题的求解更加复杂。

（3）机组组合问题是在满足系统负荷需求和其他约束条件时实现系统运行成本最小的机组起停计划优化问题。随着大量新能源接入，机组组合方案繁多，不确定性增加，求解更加困难。

深度强化学习因其实时决策、不断反馈修正的特性，能够更好地应对新型电力系统新能源的不确定性，可为新型电力系统调度问题提供新的解决途径。依据是否有模型，将深度强化学习算法分为基于模型的深度强化学习和无模型的深度强化学习。其中，基于模型的深度强化学习是指智能体可以学习到环境动态变化的参数。在无模型的深度强化学习中，依据智能体的动作选择方式，又可分为基于价值、基于策略和执行者-评论者的算法，其中，执行者-评论者算法也可以看做是结合了基于价值与基于策略的算法。

# 附录一 大型作业、课程设计任务书

## 一、大型作业任务书

### （一）内容

在所提供三套大型作业中，可任意选择其中一套。

### （二）目的

通过大型作业教学，培养学生利用所学的运筹学知识，根据具体的问题进行综合分析、计算和评价的能力，以全面理解和掌握运筹学的思想和方法，并能用于实际工作。

### （三）要求

**1. 总体要求**

全面结合运筹学的内容，根据自己对问题的理解，通过分析，建立合理的运筹学模型，能利用计算机软件求出最优解，并能根据自己的理解发表见解。

**2. 形式与字数要求**

所用的运筹学内容应先有简明阐述，再有与具体问题相结合的结论。整个作业力求全面、丰富，应用资料注明来源。

字数要求为 4000 字以上，打印成稿，同时交电子版。

### （四）组织形式

大型作业既可个人独立完成，也可以由 4 人（含 4 人）以内的小组完成，小组完成时必须有明确的分工，必须有总负责人（总负责人也必须有自己的局部内容）。

注：由小组完成的，应根据各人完成的具体工作，在大型作业的成品上注明，并按顺序排名。

### （五）考核形式

大型作业必须在规定时间内交稿，教师可根据评阅情况的需要，指定部分作品进行答辩、质疑与交流。

### （六）成绩评定

**1. 成绩评定**

成绩由任课老师根据完成质量进行评定，以优、良、中、及格、不及格计分。

注：作品由小组完成的，排名第三、四的同学的成绩相应递减一个等次。

**2. 答辩表述要求**

需要答辩的作品，如果由个人完成时由个人全面阐述，小组完成时应由一人总述（总述人也应有自己的局部内容），各成员陈述自己完成部分。

**3. 答辩**

答辩加分时运用良好的手段与方式（如多媒体等）表述，可适当加分。

## 二、大型作业一：汽车装配问题

某汽车制造公司旗下装配厂的经理正在考虑如何合理安排装配以提高利润。该厂现装配 A 款家用四门中型轿车和 B 款豪华型双门轿车。每个月工厂拥有 48 000 工时的生产能力，装配一辆 A 款轿车需要 6 工时，装配一辆 B 款需要 10.5 工时，每辆 A 款轿车的净收益为 3600 美元，每辆 B 款轿车的净收益为 5400 美元。

该装配厂下月只能从车门供应厂处得到 20 000 扇车门，且 A 款和 B 款使用相同的车门，根据公司新近对各种车型的月需求预测，B 款的产量限制在 3500 辆，A 款的产量没有限制。因此经理考虑：

（1）建立一个规划模型并求解，确定两款汽车各应装配多少，使得总净收益最大。

（2）营销部得知可花费 500 000 美元进行一个广告活动，从而使得 B 款汽车下月需求量增加 20%，这个活动是否应当进行。

（3）经理知道通过工人加班可使工厂的生产能力提高 25%，在新的工时能力下，两款汽车各应装配多少？此时除正常工作时间外，经理愿意为工人加班支付的最大费用是多少？

（4）经理同时采用广告活动和加班劳动，在此基础上，两款汽车各应装配多少？

（5）在广告活动费用 500 000 美元以及最大限度加班支付成本 1 600 000 美元的基础上，（4）的决策是否仍然优于（1）。

（6）若分销商大幅度降低 A 款汽车的售价以削减库存，从而使得每辆 A 款汽车的净收益降为 2800 美元，此时两款汽车各应装配多少？

（7）若在装配线末端对每一辆 A 款汽车进行测试，从而使得 A 款汽车的工时上升至 7.5 工时，此时两款汽车各应装配多少？

（8）为占据更大份额的豪华轿车市场，要求装配厂满足 B 款汽车的所有需求，在此基础上，确定与（1）相比装配厂的利润将下降多少，在利润降低不超过 2 000 000 美元的情况下满足对 B 款汽车的所有需求。

（9）经理综合考虑上述提出的新情况，从而做出最终决策。即是否进行广告活动？是否使用加班工作？两款汽车的最终生产数量的决策是什么？

### 三、大型作业二：技术人员的分配

某公司是一家从事电力工程技术的公司，现有 41 个专业技术人员，其结构和相应的工资水平见附表 1.1。

附表 1.1　　　　　　　　公司的专业技术人员结构及工资情况

| 人员<br>人数及工资 | 高级工程师 | 工程师 | 助理工程师 | 技术员 |
|---|---|---|---|---|
| 人数 | 9 | 17 | 10 | 5 |
| 日工资（元） | 250 | 200 | 170 | 110 |

目前，该公司承接 4 个工程项目，其中，项目 A 与项目 B 为现场施工监理，主要工作在现场完成；项目 C 与项目 D 为工程设计，主要工作在办公室完成，故公司有每人每天 50 元的管理费开支。

由于 4 个项目来源于不同客户，并且工作的难易程度不一，因此，该公司对各项目关于各技术人员的收费标准［单位：元/（天·人）］不同，具体情况见附表 1.2。

附表 1.2　　　　　　公司对各项目关于各技术人员的收费标准　　　　　　（元）

| 项目＼人员 | 高级工程师 | 工程师 | 助理工程师 | 技术员 |
|---|---|---|---|---|
| A | 1000 | 800 | 600 | 500 |
| B | 1500 | 800 | 700 | 600 |
| C | 1300 | 900 | 700 | 400 |
| D | 1000 | 800 | 700 | 500 |

为了保证工程质量，各项目中必须保证专业技术人员结构符合客户的要求。各项目对各专业技术人员的人数要求情况见附表 1.3。

附表 1.3　　　　　　　各项目对各专业技术人员的人数要求

| 人员＼项目 | A | B | C | D |
|---|---|---|---|---|
| 高级工程师 | 1～3 | 2～5 | 2 | 1～2 |
| 工程师 | ≥2 | ≥2 | ≥2 | 2～8 |
| 助理工程师 | ≥2 | ≥2 | ≥2 | ≥1 |
| 技术员 | ≥1 | ≥3 | ≥1 | 0 |
| 总计 | ≤10 | ≤16 | ≤11 | ≤18 |

说明：

（1）表中"1～3"表示"人数必须≥1且≤3"，其他有"～"符号的同理。

（2）项目 D 技术要求较高，人员配备必须是助理工程师及以上，技术员不能参加。

问题：应如何合理安排现有的技术人员的工作，在满足各项目对专业技术人员的人数要求下，使公司日利润最大？

**四、大型作业三：第十届"中国电机工程学会杯"全国大学生电工数学建模竞赛赛题——微电网日前优化调度**

面对不断增长的电能需求以及化石能源的短缺，开发新型可持续发展的可再生能源成为迫切需求。以风力发电、太阳能发电等为代表的环境友好型的电能生产技术不断成熟。

可再生能源根据其接入电力系统方式的不同，分为大规模集中接入和分布式接入，分布式接入主要应用于微电网。根据百度百科，微电网（Micro-Grid）也译为微网，是指由分布式电源、储能装置、能量转换装置、负荷、监控和保护装置等组成的小型发配电系统。如何妥善管理微电网内部分布式电源和储能的运行，实现微电网经济、技术和环境效益的最大化成为重要的研究课题。

一个含有风机、光伏、蓄电池以及常规负荷的微电网系统，如附图 1.1 所示。

日前经济调度问题是指在对风机出力、光伏出力和常规负荷进行日前（未来 24 h）预测基础上，考虑电网侧的分时电价，充分利用微电网中的蓄电池等可调控手段，使微电网运行的经济性最优。

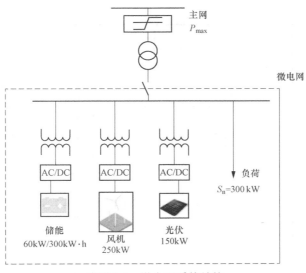

附图 1.1 微电网系统结构

微电网系统在满足各电源运行约束和负荷需求基础上，可对系统未来 24 h 的输出功率调控进行优化，以实现经济性最优。系统的总成本包含风机与光伏的发电成本、蓄电池的成本以及并网运行下微电网系统与外部电网之间的电能交换成本。

本题假设负荷预测、风机和光伏未来出力已完全准确，具体数据见附表 1.4。

| 附表 1.4 | 负荷预测、风机和光伏未来输出功率数据预测 | | （kW） |
|---|---|---|---|
| 序号 | 负荷 | 风机 | 光伏 |
| 1 | 64.3 | 163.10 | 0 |
| 2 | 65.5 | 201.47 | 0 |
| 3 | 66.7 | 154.26 | 0 |
| 4 | 66.9 | 140.29 | 0 |
| 5 | 67.5 | 200.29 | 0 |
| 6 | 67.7 | 250.00 | 0 |
| 7 | 68.0 | 154.26 | 0 |
| 8 | 68.2 | 125.64 | 0 |
| 9 | 70.2 | 182.87 | 0 |
| 10 | 71.9 | 211.67 | 0 |
| 11 | 71.9 | 214.11 | 0 |
| 12 | 71.9 | 224.41 | 0 |
| 13 | 70.7 | 158.26 | 0 |
| 14 | 70.7 | 135.45 | 0 |
| 15 | 71.3 | 163.10 | 0 |
| 16 | 72 | 175.49 | 0 |
| 17 | 76.5 | 219.38 | 0 |
| 18 | 77.6 | 250.00 | 0 |

续表

| 序号 | 负荷 | 风机 | 光伏 |
|---|---|---|---|
| 19 | 78.7 | 168.04 | 0 |
| 20 | 78.8 | 124.56 | 0.06 |
| 21 | 90.6 | 170.15 | 0.96 |
| 22 | 93.8 | 201.47 | 2.11 |
| 23 | 94.7 | 231.44 | 4.04 |
| 24 | 94.8 | 250.00 | 6.54 |
| 25 | 110.5 | 235.01 | 9.18 |
| 26 | 113.1 | 227.59 | 13.40 |
| 27 | 113.9 | 135.90 | 16.29 |
| 28 | 114.3 | 106.25 | 20.19 |
| 29 | 132.2 | 213.81 | 28.80 |
| 30 | 145.4 | 250.00 | 34.78 |
| 31 | 145.2 | 221.25 | 31.62 |
| 32 | 145.1 | 204.14 | 39.61 |
| 33 | 154.1 | 246.62 | 46.08 |
| 34 | 157.4 | 250.00 | 53.66 |
| 35 | 156.5 | 179.02 | 36.29 |
| 36 | 155.5 | 144.06 | 49.64 |
| 37 | 144 | 197.36 | 76.96 |
| 38 | 142.2 | 227.91 | 66.81 |
| 39 | 142.1 | 215.96 | 55.57 |
| 40 | 142.1 | 218.44 | 88.62 |
| 41 | 125.3 | 212.28 | 87.02 |
| 42 | 118.9 | 210.15 | 54.04 |
| 43 | 116.9 | 153.76 | 63.44 |
| 44 | 115.9 | 124.77 | 101.59 |
| 45 | 115.4 | 90.46 | 104.11 |
| 46 | 115 | 57.35 | 90.68 |
| 47 | 124.1 | 96.22 | 91.85 |
| 48 | 127.1 | 114.66 | 66.78 |
| 49 | 130.2 | 94.39 | 77.14 |
| 50 | 131.6 | 86.98 | 63.76 |
| 51 | 140.7 | 69.47 | 75.46 |
| 52 | 141.8 | 55.77 | 110.46 |
| 53 | 143.9 | 74.36 | 70.57 |
| 54 | 145.5 | 83.41 | 103.15 |
| 55 | 145.5 | 50.33 | 72.79 |
| 56 | 145.6 | 37.21 | 67.41 |

续表

| 序号 | 负荷 | 风机 | 光伏 |
|------|------|------|------|
| 57 | 144.7 | 9.10 | 28.94 |
| 58 | 144.4 | 1.34 | 23.89 |
| 59 | 145.2 | 19.54 | 19.75 |
| 60 | 145.3 | 33.06 | 31.53 |
| 61 | 149.6 | 2.02 | 40.48 |
| 62 | 150.3 | 0 | 63.95 |
| 63 | 150.1 | 10.47 | 59.41 |
| 64 | 150 | 16.35 | 50.76 |
| 65 | 203.5 | 21.07 | 41.64 |
| 66 | 207.2 | 27.11 | 23.39 |
| 67 | 207 | 43.75 | 24.86 |
| 68 | 206.9 | 53.45 | 20.60 |
| 69 | 215.5 | 19.61 | 17.40 |
| 70 | 223.9 | 9.95 | 15.06 |
| 71 | 225 | 72.19 | 13.59 |
| 72 | 225.5 | 120.28 | 22.08 |
| 73 | 233.9 | 81.91 | 18.20 |
| 74 | 237.5 | 76.88 | 12.15 |
| 75 | 236.6 | 62.81 | 5.37 |
| 76 | 236.1 | 56.82 | 2.07 |
| 77 | 215.4 | 34.90 | 0 |
| 78 | 211 | 23.98 | 0 |
| 79 | 210.9 | 25.11 | 0 |
| 80 | 210.8 | 23.43 | 0 |
| 81 | 198 | 58.69 | 0 |
| 82 | 197.9 | 93.67 | 0 |
| 83 | 198.5 | 93.49 | 0 |
| 84 | 198.6 | 99.55 | 0 |
| 85 | 180.8 | 56.82 | 0 |
| 86 | 177.2 | 26.01 | 0 |
| 87 | 177.8 | 16.74 | 0 |
| 88 | 177.9 | 6.97 | 0 |
| 89 | 161.5 | 18.98 | 0 |
| 90 | 147.3 | 23.12 | 0 |
| 91 | 147.2 | 44.43 | 0 |
| 92 | 147.2 | 55.64 | 0 |
| 93 | 117.2 | 92.41 | 0 |
| 94 | 107.5 | 109.01 | 0 |

| 序号 | 负荷 | 风机 | 光伏 |
|------|------|------|------|
| 95 | 62 | 73.42 | 0 |
| 96 | 58.7 | 63.80 | 0 |

对于蓄电池，为防止蓄电池过充和过放的发生，蓄电池的荷电状态（State of Charge，SOC）即电池剩余电量与电池容量的比值应满足上、下限值约束

$$S_{\min} \leqslant S_t \leqslant S_{\max} \tag{附 1.1}$$

式中：$S_t$、$S_{\max}$、$S_{\min}$ 分别为蓄电池 $t$ 时段的 SOC 状态及其上、下限值。即当 SOC 到达电池最大值（$S_{\max}=0.95$）时，电池停止充电；当 SOC 到达最小值（$S_{\min}=0.3$）时，电池停止放电。

在单位时间间隔 $\Delta t$ 内，蓄电池的充、放电功率均恒定，SOC 数值变化由下式决定

$$S_t = S_0 + \frac{\sum\limits_{t=1}^{T} P_{\mathrm{cha},t} X_t \Delta t - \sum\limits_{t=1}^{T} P_{\mathrm{dis},t} Y_t \Delta t}{E_{\mathrm{b}}} \tag{附 1.2}$$

式中：$S_0$ 为蓄电池的初始 SOC 状态；$P_{\mathrm{cha},t}$ 和 $P_{\mathrm{dis},t}$ 分别为蓄电池在第 $t$ 个时段的充电和放电功率；$X_t$ 和 $Y_t$ 分别为蓄电池的充电状态和放电状态，其中 $X_t \in \{0,1\}$，$Y_t \in \{0,1\}$；$\Delta t$ 为单位时间间隔；$T$ 为时段总数。

考虑到在同一时间间隔 $\Delta t$ 内，蓄电池不能同时处于充电和放电状态，因此，蓄电池的充放电状态需要满足以下约束

$$X_t \cdot Y_t = 0 \tag{附 1.3}$$

蓄电池在参与系统的运行优化过程中，其能量状态需满足在调度周期始末相等的约束

$$S_0 = S_T \tag{附 1.4}$$

同时，考虑到蓄电池充放电功率大小与电池的寿命有关，单位时间内充放电最大功率为蓄电池组额定容量的 20%，即

$$\begin{cases} 0 \leqslant P_{\mathrm{cha},t} \leqslant 0.2 E_{\mathrm{b}} X_t \\ 0 \leqslant P_{\mathrm{dis},t} \leqslant 0.2 E_{\mathrm{b}} Y_t \end{cases} \tag{附 1.5}$$

式中：$E_{\mathrm{b}}$ 为电池容量。

在一个调度周期内，蓄电池的充放电次数以及放电深度都会对电池寿命造成影响，放电深度可以由式附 1.5 进行约束，充放电次数需满足

$$\begin{cases} \sum\limits_{t=1}^{T} |X_{t+1} - X_t| \leqslant N_1 \\ \sum\limits_{t=1}^{T} |Y_{t+1} - Y_t| \leqslant N_2 \end{cases} \tag{附 1.6}$$

式中：$N_1$ 和 $N_2$ 分别为蓄电池充电和放电的次数限制值。

题目参数设置：

（1）计算要求：计算时间为 24 h，时间间隔为 15 min。

（2）风机的装机容量为 250 kW，发电成本为 0.52 元/（kW·h）。

（3）光伏的装机容量为 150 kW，发电成本为 0.75 元/（kW·h）。

（4）假设不计蓄电池损耗，蓄电池额定容量为 300 kW·h，电池 SOC 运行范围为 [0.3,0.95]，初始 SOC 值为 0.4，由充电至放电成本为 0.2 元/（kW·h），每天的充放电次

数限制均为 8 次。

（5）售电及购电电价：售电及购电电价见附表 1.5。

附表 1.5　　　　　　　　　　　售 电 及 购 电 电 价　　　　　　［元/（kW·h）]

| 时段 | 0:00～7:00 | 7:00～10:00 | 10:00～15:00 | 15:00～18:00 | 18:00～21:00 | 21:00～0:00 |
|---|---|---|---|---|---|---|
| 售电电价 | 0.22 | 0.42 | 0.65 | 0.42 | 0.65 | 0.42 |
| 购电电价 | 0.25 | 0.53 | 0.82 | 0.53 | 0.82 | 0.53 |

题目计算要求：

（1）经济性评估方案。若微电网中蓄电池不作用，且微电网与电网交换功率无约束，在无可再生能源和可再生能源全额利用两种情况下，分别计算各时段负荷的供电构成（kW）、全天总供电费用（元）和负荷平均购电单价［元/（kW·h）]。

（2）最优日前调度方案一。若不计蓄电池作用，且微电网与电网交换功率无约束，以平均负荷供电单价最小为目标（允许弃风、弃光），分别计算各时段负荷的供电构成（kW）、全天总供电费用（元）和平均购电单价［元/（kW·h）]，分析可再生能源的利用情况。

（3）最优日前调度方案二。若考虑蓄电池作用，且微电网与电网允许交换功率不超过 150 kW，在可再生能源全额利用的条件下，以负荷平均供电单价最小为目标，建立优化模型，给出最优调度方案，包括各时段负荷的供电构成（kW）、全天总供电费用（元）和平均购电单价［元/（kW·h）]，分析蓄电池参与调节后产生的影响。

（4）最优日前调度方案三。若考虑蓄电池作用，且微电网与电网允许交换功率不超过 150 kW，以负荷供电成本最小为目标（允许弃风、弃光），建立优化模型，给出最优调度方案，包括各时段负荷的供电构成（kW）、全天总供电费用（元）和平均购电单价［元/（kW·h）]，分析可再生能源的利用情况以及蓄电池参与调节后产生的影响。

请将上述四种方案的计算过程结果和最终结果分别填写于附表 1.6 和附表 1.7 中。

附表 1.6　　　　　　　　　　　　计　算　结　果　　　　　　　　　　　　（kW）

| 序号 | 风机 | 光伏 | 蓄电池 |
|---|---|---|---|
| 1 | | | |
| 2 | | | |
| ⋮ | ⋮ | ⋮ | ⋮ |
| 95 | | | |
| 96 | | | |

附表 1.7　　　　　　　　　　　　计　算　结　果

| 分类 | 储能 | 与电网的功率限制 | 充放电次数 | 与电网交换的最大功率（kW） | 风机成本（元） | 光伏成本（元） | 总成本（元） | 平均成本（元） |
|---|---|---|---|---|---|---|---|---|
| 无可再生能源 | 无储能 | 自由 | | | | | | |
| 可再生能源全部接纳 | 无储能 | 自由 | | | | | | |
| | 有储能 | [−150 kW, 150 kW] | | | | | | |

续表

| 分类 | 储能 | 与电网的功率限制 | 充放电次数 | 与电网交换的最大功率（kW） | 风机成本（元） | 光伏成本（元） | 总成本（元） | 平均成本（元） |
|---|---|---|---|---|---|---|---|---|
| 可再生能源选择性接纳 | 无储能 | 自由 | | | | | | |
| | 有储能 | $[-150\,kW,\ 150\,kW]$ | | | | | | |

（5）微电网中涉及多个利益主体，如用户、电网、可再生能源和蓄电池，利益诉求具有一定的冲突，在不使任一主体的利益严重受损前提下，试制定科学合理的策略，使得综合效益达到最优。

（6）通过上述问题的求解，试述对微电网日前优化调度有何认识？并阐明观点和依据。

## 五、课程设计任务书

### （一）内容

在下列常用算法中至少选择 5 种方法，用熟悉的一种语言编成程序。本课程设计的难度系数是 2.0。

运筹学的常用算法：

（1）有初始可行解的单纯形法。

（2）无初始可行解的单纯形法：大 $M$ 法、二阶段法。

（3）对偶单纯形法。

（4）运输问题的表上作业法。

（5）目标规划的单纯形法。

（6）分支定界法。

（7）割平面法。

（8）0-1 整数规划的解法。

（9）指派问题。

（10）最优树算法。

（11）最短路算法。

（12）最大流算法。

（13）最小费用最大流算法。

（14）计划评审法 PERT。

（15）关键路径法 CPM。

### （二）目的

通过课程设计教学，培养学生利用所学的运筹学知识，结合所学的计算机语言，进行程序设计，提高学生用计算机作为工具进行综合分析、计算和评价的能力，以全面理解运筹学的思想和方法，并能用于实际工作。

### （三）要求

1. 总体要求

全面结合运筹学的内容，根据自己所学的一门语言，结合运筹学模型和常用算法，利用计算机编成软件，并通过调试。

2. 成品要求

软件一套，运行环境：Windows2000，软件要求具有 Windows 界面，附使用说明书。

（四）组织形式

课程设计既可个人独立完成，也可以由4人（含4人）以内的小组完成，小组完成时必须有明确的分工，必须有总负责人（总负责人也必须有自己的局部内容）。

注：由小组完成的，应根据各人完成的具体工作，在课程设计的成品上注明，并按顺序排名。

（五）考核形式

课程设计必须在规定时间内交稿，教师可根据评阅情况的需要，指定部分作品进行答辩、质疑与交流。

（六）成绩评定

（1）成绩由任课老师根据完成质量进行评定，以优、良、中、及格、不及格计分。

注：作品由小组完成的，排名第三、四的同学的成绩相应递减一个等次。

（2）答辩表述要求：需要答辩的作品，如果是个人完成时由个人全面阐述，小组完成时应由一人总述（总述人也应有自己的局部内容），各成员陈述自己完成部分。

（3）答辩时运用良好的手段与方式（如多媒体等）表述，可适当加分。

# 附录二 部分习题参考答案

## 习 题 1

**1.1** （1）唯一最优解 $z^*=3$，$x_1=1/2$，$x_2=0$。

（2）无可行解。

（3）无界解。

（4）无可行解。

（5）无穷多最优解 $z^*=66$。

（6）唯一最优解 $z^*=92/3$，$x_1=20/3$，$x_2=3/8$。

**1.2** （1）、（2）答案见附表 2.1，其中打三角符号的是基可行解，打星号的为最优解。

附表 2.1　　　　　　　　　　　　　　题 1.2　答　案

| 符号 | $x_1$ | $x_2$ | $x_3$ | $x_4$ | $x_5$ | $Z$ | $x_1$ | $x_2$ | $x_3$ | $x_4$ | $x_5$ |
|---|---|---|---|---|---|---|---|---|---|---|---|
| △ | 0 | 0 | 4 | 12 | 18 | 0 | 0 | 0 | 0 | −3 | −5 |
| △ | 4 | 0 | 0 | 12 | 6 | 12 | 3 | 0 | 0 | 0 | −5 |
|  | 6 | 0 | −2 | 12 | 0 | 18 | 0 | 0 | 1 | 0 | −3 |
| △ | 4 | 3 | 0 | 6 | 0 | 27 | −9/2 | 0 | 5/2 | 0 | 0 |
| △ | 0 | 6 | 4 | 0 | 6 | 30 | 0 | 5/2 | 0 | −3 | 0 |
| *△ | 2 | 6 | 2 | 0 | 0 | 36 | 0 | 3/2 | 1 | 0 | 0△* |
|  | 4 | 6 | 0 | 0 | −6 | 42 | 3 | 5/2 | 0 | 0 | 0△ |
|  | 0 | 9 | 4 | −6 | 0 | 45 | 0 | 0 | 5/2 | 9/2 | 0△ |

**1.3** （1）第一步：$x_3=9$，$x_4=8$，$x_1=x_2=0$ 相当于原点$(0，0)$；

第二步：$x_1=8/5$，$x_3=21/5$，$x_2=x_4=0$ 相当于点$(8/5，0)$；

第三步：$x_1=1$，$x_2=3/2$，$x_3=x_4=0$ 相当于点$(1，3/2)$。

（2）$(0,0)$，$(0,200)$，$(200,400/3)$。

**1.4** （1）无可行解。

（2）无穷多最优解，如 $\boldsymbol{X}_1=(4,0,0)$；$\boldsymbol{X}_2=(0,0,8)$。

（3）无界解。

（4）唯一最优解 $\boldsymbol{X}^*=(5/2,5/2,5/2,0)$。

（5）唯一最优解 $\boldsymbol{X}^*=(24,33)$。

（6）唯一最优解 $\boldsymbol{X}^*=(14,0,-4)$。

**1.5** （1）$\boldsymbol{X}^*$仍为最优解，$\max Z=\lambda\boldsymbol{CX}$。

（2）除 $C$ 为常数向量外，一般 $X^*$ 不再是该问题的最优解。

（3）最优解变为 $\lambda X^*$，目标函数值不变。

**1.6** （1）$d \geqslant 0$，$c_1 < 0$，$c_2 < 0$。

（2）$d \geqslant 0$，$c_1 \leqslant 0$，$c_2 \leqslant 0$，但 $c_1$、$c_2$ 中至少一个为零。

（3）$d=0$ 或 $d>0$，而 $c_1>0$ 且 $d/4=3/a_2$。

（4）$c_1>0$，$d/4>3/a_2$。

（5）$c_2>0$，$a_1 \leqslant 0$。

（6）$x_5$ 为人工变量，且 $c_1 \leqslant 0$，$c_2 \leqslant 0$。

**1.7** 设 $x_j$ 表示第 $j$ 年生产出来分配用于作战的战斗机数，$y_j$ 为第 $j$ 年已培训出来的驾驶员，$(a_j-x_j)$ 为第 $j$ 年用于培训驾驶员的战斗机数，$z_j$ 为第 $j$ 年用于培训驾驶员的战斗机总数，则模型为

$$\max Z = nx_1 + (n-1)x_2 + \cdots + 2x_{n-1} + x_n$$
$$\text{s. t.} \quad z_j = z_{j-1} + (a_j - x_j)$$
$$y_j = y_{j-1} + k(a_j - x_j)$$
$$x_1 + x_2 + \cdots + x_j \leqslant y_j$$
$$x_i, y_i, z_i \geqslant 0 \quad (j=1,2,\cdots,n)$$

**1.8** **提示** 设出每个管道上的实际流量，则发点发出的流量等于收点收到的流量，中间点则流入等于流出，再考虑容量限制条件即可。目标函数为发出流量最大。

设 $x_{ij}$ 为从点 $i$ 到点 $j$ 的流量，线性规划模型为

$$\max Z = x_{12} + x_{13}$$
$$\text{s. t.} \quad x_{12} = x_{23} + x_{24} + x_{25}$$
$$x_{13} + x_{23} = x_{34} + x_{35}$$
$$x_{24} + x_{34} + x_{54} = x_{46} \qquad \text{（流量平衡条件）}$$
$$x_{25} + x_{35} = x_{54} + x_{56}$$
$$x_{12} + x_{13} = x_{46} + x_{56} \qquad \text{（发点=收点）}$$

$x_{12} \leqslant 10$，$x_{13} \leqslant 6$，$x_{23} \leqslant 4$，$x_{24} \leqslant 5$，$x_{25} \leqslant 3$，$x_{34} \leqslant 5$，$x_{35} \leqslant 8$，$x_{46} \leqslant 11$，$x_{54} \leqslant 3$，$x_{56} \leqslant 7$，$x_{ij} \geqslant 0$，对所有 $i$，$j$。

**1.9** **提示** 设每个区段上班的人数分别为 $x_1$，$x_2$，$\cdots$，$x_6$ 即可。

**1.10** 设男生中挖坑、栽树、浇水的人数分别为 $x_{11}$、$x_{12}$、$x_{13}$，女生中挖坑、栽树、浇水的人数分别为 $x_{21}$、$x_{22}$、$x_{23}$，$S$ 为植树棵树。由题意，模型为

$$\max S = 20x_{11} + 10x_{21}$$
$$\text{s. t.} \quad x_{11} + x_{12} + x_{13} = 30$$
$$x_{21} + x_{22} + x_{23} = 20$$
$$20x_{11} + 10x_{21} = 30x_{12} + 20x_{22} = 25x_{13} + 15x_{23}$$
$$x_{ij} \geqslant 0 \quad (i=1,2; \ j=1,2,3)$$

**1.11** 设各生产 $x_1$、$x_2$、$x_3$，数学模型为

$$\max Z = 1.2x_1 + 1.175x_2 + 0.7x_3$$
$$\text{s. t. } 0.6x_1 + 0.15x_2 \leqslant 2000$$
$$0.2x_1 + 0.25x_2 + 0.5x_3 \leqslant 2500$$
$$0.2x_1 + 0.6x_2 + 0.5x_3 \leqslant 1200$$
$$x_1, x_2, x_3 \geqslant 0$$

**1.12**　设 7～12 月各月初进货数量为 $x_i$ 件，而各月售货数量为 $y_i$ 件，$i=1$，2，…，6，$S$ 为总收入，则问题的模型为

$$\max S = 29y_1 + 24y_2 + 26y_3 + 28y_4 + 22y_5 + 25y_6 - (28x_1 + 24x_2 + 25x_3 + 27x_4 + 23x_5 + 23x_6)$$
$$\text{s.t. } y_1 \leqslant 200 + x_1 \leqslant 500$$
$$y_2 \leqslant 200 + x_1 - y_1 + x_2 \leqslant 500$$
$$y_3 \leqslant 200 + x_1 - y_1 + x_2 - y_2 + x_3 \leqslant 500$$
$$y_4 \leqslant 200 + x_1 - y_1 + x_2 - y_2 + x_3 - y_3 + x_4 \leqslant 500$$
$$y_5 \leqslant 200 + x_1 - y_1 + x_2 - y_2 + x_3 - y_3 + x_4 - y_4 + x_5 \leqslant 500$$
$$y_2 \leqslant 200 + x_1 - y_1 + x_2 - y_2 + x_3 - y_3 + x_4 - y_4 + x_5 - y_5 + x_6 \leqslant 500$$
$$x_i \geqslant 0, y_i \geqslant 0 \quad (i=1, 2, \cdots, 6)$$

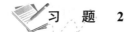 习　题　2

**2.2**　（1）因为对偶变量 $\boldsymbol{Y} = \boldsymbol{C_B}\boldsymbol{B}^{-1}$，第 $k$ 个约束条件乘上 $\lambda(\lambda \neq 0)$，即 $\boldsymbol{B}^{-1}$ 的 $k$ 列将为变化前的 $1/\lambda$，由此对偶问题变化后的解 $(y'_1, y'_2, \cdots, y'_k, \cdots, y'_m) = [y_1, y_2, \cdots, (1/\lambda)y_k, \cdots, y_m]$。

（2）与前类似，$y'_r = \dfrac{b_r}{b_r + \lambda b_k}y_r$，$y'_i = y_i (i \neq r)$。

（3）$y'_i = \lambda y_i (i = 1, 2, \cdots, m)$。

（4）$y_i (i = 1, 2, \cdots, m)$ 不变。

**2.3**　（1）略。

（2）$\boldsymbol{Y}^* = (2, 2, 1, 0)$。

**2.5**　（1）略。

（2）　　　　　原问题的解　　　　　　　　互补的对偶问题的解

第一步　　$(0, 0, 0, 60, 40, 80)$　　　　　$(0, 0, 0, -2, -4, -3)$

第二步　　$(0, 15, 0, 0, 25, 35)$　　　　　$(1, 0, 0, 1, 0, -1)$

第三步　　$(0, 20/3, 50/3, 0, 0, 80/3)$　　$(5/6, 2/3, 0, 11/6, 0, 0)$

（3）　　　　对偶问题的解　　　　　　　对偶问题互补的对偶问题的解

第一步　　$(0, 0, 0, -2, -4, -3)$　　　　　$(0, 0, 0, 60, 40, 80)$

第二步　　$(1, 0, 0, 1, 0, -1)$　　　　　　$(0, 15, 0, 0, 25, 35)$

第三步　　$(5/6, 2/3, 0, 11/6, 0, 0)$　　　$(0, 20/3, 50/3, 0, 0, 80/3)$

（4）比较（2）和（3）计算结果发现，对偶单纯形法实质上是将单纯形法应用于对偶问题的求解，又对偶问题的对偶即原问题，因此两者计算结果完全相同。

**2.6**　（1）$15/4 \leqslant c_1 \leqslant 25/2$，$4 \leqslant c_2 \leqslant 40/3$。

（2）$24/5 \leqslant b_1 \leqslant 16$，$9/2 \leqslant b_2 \leqslant 15$。

（3）$\boldsymbol{X}^* = (8/5，0，21/5，0)$。

（4）$\boldsymbol{X}^* = (11/3，0，0，2/3)$。

**2.8**　（1）$a = 40$，$b = 50$，$c = x_2$，$d = x_1$，$e = -22.5$，$f = -80$，$g = s - 440$。

（2）最大值。

（3）$2\Delta a + \Delta b >= -90$，$\Delta a + 2\Delta b >= -80$。

**2.9**　（1）$x_1$、$x_2$、$x_3$ 代表原稿纸、日记本和练习本月产量，建模求解最终单纯形表如下

| $X_{\mathrm{B}}$ | $b$ | $x_1$ | $x_2$ | $x_3$ | $x_4$ | $x_5$ |
|---|---|---|---|---|---|---|
| $x_2$ | 2000 | 0 | 1 | 7/3 | 1/10 | −10 |
| $x_1$ | 1000 | 1 | 0 | −4/3 | −1/10 | 40 |
| $c_j$ | | 0 | 0 | −10/3 | −1/10 | −50 |

（2）临时工影子价格高于市场价格，故应招收，招 200 人最合适。

**2.10**　（1）$s = 13x_1 - (2x_1 \times 1.0 + 3x_1 \times 2.0) + 16x_2 - (4x_2 \times 1.0 + 2x_2 \times 2.0)$

$$= 5x_1 + 8x_2$$

$$\max Z = 5x_1 + 8x_2$$

$$\text{s.t.}\ 2x_1 + 4x_2 \leqslant 160$$

$$3x_1 + 2x_2 \leqslant 180$$

$$x_1, x_2 \geqslant 0$$

$\boldsymbol{X}^* = (50，15)$，$\max Z = 370$ 元。

（2）影子价格：A：7/4，B：1/2。

（3）销售价格至少为：18.25。

（4）$\boldsymbol{b}' = (160 + a，180)$，$\boldsymbol{B}^{-1}\boldsymbol{b} = [(3/8)a + 15，50 - a/4] \geqslant 0$，得到 $-40 \leqslant a \leqslant 200$，$a = 200$，增加利润 350 元。最终见附表 2.2。

**附表 2.2**　　　　　　　　　　题 2.10 最终表

| $X_{\mathrm{B}}$ | $b$ | $x_1$ | $x_2$ | $x_3$ | $x_4$ |
|---|---|---|---|---|---|
| $x_1$ | $15 + (3/8)a$ | 0 | 1 | 3/8 | −1/4 |
| $x_2$ | $50 - a/4$ | 1 | 0 | −1/4 | 1/2 |
| $s$ | $-370 - 7a/4$ | 0 | 0 | −7/4 | −1/2 |

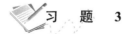

习　题　3

**3.4**　（1）最优运输方案见附表 2.3。

**附表 2.3**　　　　　　　　　　最　优　运　输　方　案

| 产地＼销地 | $B_1$ | $B_2$ | $B_3$ | $B_4$ | 供应量 |
|---|---|---|---|---|---|
| $A_1$ | 8（6） | （7） | 0（5） | （8） | 8 |

续表

| 产地 \ 销地 | $B_1$ | $B_2$ | $B_3$ | $B_4$ | 供应量 |
|---|---|---|---|---|---|
| $A_2$ | （4） | （5） | 4（10） | 5（8） | 9 |
| $A_3$ | （2） | 6（9） | 1（7） | （3） | 7 |
| 需要量 | 8 | 6 | 5 | 5 | 24 |

（2）当 $A_1$ 的供应量和 $B_3$ 的需求量各增加工时的最优运输方案见附表2.4。

附表2.4　　　　　　　$A_1$ 的供应量和 $B_3$ 的需求量各增加工时的最优运输方案

| 产地 \ 销地 | $B_1$ | $B_2$ | $B_3$ | $B_4$ | 供应量 |
|---|---|---|---|---|---|
| $A_1$ | 8（6） | （7） | 2（5） | （8） | 8+2 |
| $A_2$ | （4） | （5） | 4(10) | 5（8） | 9 |
| $A_3$ | （2） | 6（9） | 1（7） | （3） | 7 |
| 需要量 | 8 | 6 | 5+2 | 5 | 24 |

**3.5** 供销分配方案见附表2.5。

附表2.5　　　　　　　　　　供 销 分 配 方 案

| 玩具 \ 百货商店 | 甲 | 乙 | 丙 | 丁 | 可供量 |
|---|---|---|---|---|---|
| A |  | 500 |  | 500 | 1000 |
| B | 1500 | 500 |  |  | 2000 |
| C |  | 500 | 1500 |  | 2000 |
| 销售量 | 1500 | 1500 | 1500 | 500 |  |

**3.6** 存储能力大，即产大于销，虚拟一个销地，所需存取时间为0，文件数为100，最优解为 $x_{11}=200$，$x_{21}=100$，$x_{31}=0$，$x_{32}=100$，$x_{33}=100$，$x_{34}=100$，最优值为 $(200 \times 5 + 100 \times 2) \times 8 + 100 \times 8 \times 4 + 100 \times 6 \times 2 = 14\,000$。

**3.7** 用伏格尔法得到初始解为　$28.5+29.6+34.7+35.4=128.2$（min），见附表2.6。

附表2.6　　　　　　　　　　题3.7初始解

| 泳姿 | 赵 | 钱 | 张 | 王 | 周 |
|---|---|---|---|---|---|
| 仰泳 | 37.7 | 32.9 | 33.8 | 37.0 | 35.4（1） |
| 蛙泳 | 43.4 | 33.1 | 42.2 | 34.7（1） | 41.8 |
| 蝶泳 | 33.3（0） | 28.5（1） | 38.9 | 30.4 | 33.6 |
| 自由泳 | 29.2（0） | 26.4 | 29.6（1） | 28.5 | 31.1 |
| 泳 | 0（1） | 0 | 0 | 0 | 0（0） |

继续求解，其中间过程分别见附表2.7和附表2.8，最后得到的最优解见附表2.9。

**附表 2.7**　　　　　　　　　　**题 3.7 中间解（一）**

| 泳姿 | 赵 | 钱 | 张 | 王 | 周 |
|---|---|---|---|---|---|
| 仰泳 | 37.7 | 32.9 | 33.8（2） | 37.0 | 35.4（1） |
| 蛙泳 | 43.4 | 33.1 | 42.2 | 34.7（1） | 41.8 |
| 蝶泳 | 33.3（0） | 28.5（1） | 38.9 | 30.4 | 33.6 |
| 自由泳 | 29.2（0） | 26.4 | 29.6（1） | 28.5 | 31.1 |
| 泳 | 0（1） | 0 | 0 | 0 | 0（0） |

**附表 2.8**　　　　　　　　　　**题 3.7 中间解（二）**

| 泳姿 | 赵 | 钱 | 张 | 王 | 周 |
|---|---|---|---|---|---|
| 仰泳 | 37.7 | 32.9 | 33.8（1） | 37.0 | 35.4（0） |
| 蛙泳 | 43.4 | 33.1 | 42.2 | 34.7（1） | 41.8 |
| 蝶泳 | 33.3（0） | 28.5（1） | 38.9 | 30.4 | 33.6 |
| 自由泳 | 29.2（1） | 26.4 | 29.6（0） | 28.5 | 31.1 |
| 泳 | 0（0） | 0 | 0 | 0 | 0（1） |

**附表 2.9**　　　　　　　　　　**题 3.7 最优解**

| 泳姿 | 赵 | 钱 | 张 | 王 | 周 |
|---|---|---|---|---|---|
| 仰泳 | 37.7 | 32.9 | [33.8] | 37.0 | 35.4 |
| 蛙泳 | 43.4 | 33.1 | 42.2 | [34.7] | 41.8 |
| 蝶泳 | 33.3 | [28.5] | 38.9 | 30.4 | 33.6 |
| 自由泳 | [29.2] | 26.4 | 29.6 | 28.5 | 31.1 |

最优解为 $29.2 + 28.5 + 33.8 + 34.7 = 126.2$ (min)。

**3.8** （1）$a = 5$，$b = 5$，$c = 5$，$d = 6$，$e = 15$，最优解略。

（2）$c_{31} \geqslant 8$。

**3.9** 数学模型为

$$\min Z = \sum_{i=1}^{m} \sum_{j=1}^{n} c_{ij} x_{ij}$$

$$\text{s.t.} \ \sum_{j=1}^{n} x_{ij} \leqslant a_i (i = 1, 2, \cdots, m)$$

$$\sum_{i=1}^{m} x_{ij} \geqslant b_j (j = 1, 2, \cdots, n)$$

$$x_{ij} \geqslant 0$$

上面第一个约束条件可以改写为 $-\sum\limits_{j=1}^{n} x_{ij} \geqslant -a_i$，则对偶问题为

$$\max Z' = \sum_{j=1}^{n} b_j v_j - \sum_{i=1}^{m} a_i u_i$$

$$\text{s.t.} \quad v_j \leqslant u_i + c_{ij} \quad (i=1,2,\cdots,m, j=1,2,\cdots,n)$$

$$u_i, v_j \geqslant 0$$

对偶变量 $u_i$ 的经济意义为在 $i$ 产地单位物资的价格，$v_j$ 的经济意义为在 $j$ 产销地单位物资的价格。对偶问题的经济意义为：如该公司欲自己将该种物资运至各地销售，其差价不能超过两地之间的运价（否则买主将在 $i$ 地购买自己运至 $j$ 地），在此条件下，希望获利为最大。

**3.10** 用 $x_j$ 表示每期（半年一期）的新购数，$y_{ij}$ 表示第 $i$ 期更换下来送去修理用于第 $j$ 期的发动机数。显然当 $j>i+1$ 时，应一律送慢修，$c_{ij}$ 为相应的修理费。每期的需要数 $b_j$ 为已知，而每期的供应量分别由新购与大修送回来的满足。如第 1 期拆卸下来的发动机送去快修的可用于第 2 期需要，送去慢修的可用于第 3 期及以后各期的需要。因此每期更换下来的发动机数也相当于供应量，由此列出这个问题用运输问题求解时的产销平衡表与单位运价表见附表 2.10。

附表 2.10　　　　　　　　　　　　产销平衡表与单位运价表　　　　　　　　　（万元）

| 类型 ＼ 期号 | 1 | 2 | 3 | 4 | 5 | 6 | 库存 | 供应量 |
|---|---|---|---|---|---|---|---|---|
| 新购 | 10 | 10 | 10 | 10 | 10 | 10 | 0 | 660 |
| 第 1 期送修的 | $M$ | 2 | 1 | 1 | 1 | 1 | 0 | 100 |
| 第 2 期送修的 | $M$ | $M$ | 2 | 1 | 1 | 1 | 0 | 70 |
| 第 3 期送修的 | $M$ | $M$ | $M$ | 2 | 1 | 1 | 0 | 80 |
| 第 4 期送修的 | $M$ | $M$ | $M$ | $M$ | 2 | 1 | 0 | 120 |
| 第 5 期送修的 | $M$ | $M$ | $M$ | $M$ | $M$ | 2 | 0 | 150 |
| 需求量 | 100 | 70 | 80 | 120 | 150 | 140 | 520 | |

**3.11** 转运问题最优解见附表 2.11。

附表 2.11　　　　　　　　　　　　最 优 调 运 方 案

| 从 ＼ 到 | 甲 | 乙 | A | B | C | 产量 |
|---|---|---|---|---|---|---|
| 甲 | 1000 | | | | 500 | 1500 |
| 乙 | | 900 | 300 | 300 | | 1500 |
| A | | | 1000 | | | 1000 |
| B | | | | 1000 | | 1000 |
| C | | 100 | | | 900 | 1000 |
| 销量 | 1000 | 1000 | 1300 | 1300 | 1400 | |

习　题　4

**4.1** 分别用图解法和单纯形法求解下述多目标规划问题

（1）满意解为 $\boldsymbol{X}_1=(50/3, 0)^{\mathrm{T}}$，$\boldsymbol{X}_2=(88/9, 62/9)^{\mathrm{T}}$ 间线段。

（2）满意解为 $X=(4,6)^T$。

**4.2**　（1）满意解 $X=(0,35)^T$，$d_1^-=20$，$d_3^-=115$，$d_4^-=95$，其余 $d_i^-=d_i^+=0$。

（2）满意解 $X=(0,220/3)^T$，$d_1^-=20$，$d_2^-=5/3$，$d_4^-=400/3$，其余 $d_i^-=d_i^+=0$。

（3）满意解 $X=(0,35)^T$，$d_1^-=20$，$d_3^-=115$，$d_4^-=95$，$d_5^-=27$，其余 $d_i^-=d_i^+=0$。

(4)满意解不变。

**4.3**　设安排商业节目 $x_1$ 小时，新闻 $x_2$ 小时，音乐 $x_3$ 小时，模型为

$$\min Z = P_1(d_1^- + d_2^- + d_3^+) + P_2 d_4^-$$
$$\text{s.t.} \ x_1 + x_2 + x_3 + d_1^- - d_1^+ = 12$$
$$x_1 + d_2^- - d_2^+ = 2.4$$
$$x_2 + d_3^- - d_3^+ = 1$$
$$250x_1 - 40x_2 - 17.5x_3 + d_4^- - d_4^+ = 600$$
$$x_1,x_2,x_3,d_1^-,d_1^+,d_2^-,d_2^+,d_3^-,d_3^+,d_4^-,d_4^+ \geqslant 0$$

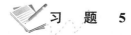

## 习　题　5

**5.1**
$$令 \ y = \begin{cases} 1, & 当 x_2 = x_3 = 1 \ 时 \\ 0, & 否则 \end{cases}$$

故有 $x_2 x_3 = y$，又 $x_1^2$，$x_3^3$ 分别与 $x_1$，$x_3$ 等价，因此原模型可转换为

$$\max Z = x_1 + y - x_3$$
$$\text{s.t.} \ -2x_1 + 3x_2 + x_3 \leqslant 3$$
$$y \leqslant x_2$$
$$y \leqslant x_3$$
$$x_2 + x_3 \leqslant y + 1$$
$$x_j = 0 \ 或 1(j=1,2,3); \ y = 0 \ 或 1$$

**5.2**
$$x_j = \begin{cases} 1, & 选择钻探 \ s_j 井位 \\ 0, & 否则 \end{cases}$$

$$\min Z = \sum_{j=1}^{10} c_j x_j$$
$$\text{s.t.} \ \sum_{j=1}^{10} x_j = 5$$
$$x_1 + x_8 = 1, x_3 + x_5 \leqslant 1$$
$$x_7 + x_8 = 1, x_4 + x_5 \leqslant 1$$
$$x_5 + x_6 + x_7 + x_8 \leqslant 2$$
$$x_j = 0 或 1 \ (j=1,2,\cdots,10)$$

**5.3**　（1）最优解 $x_1=2$，$x_2=2$ 或 $x_1=3$，$x_2=1$；$z=4$。

（2）最优解 $x_1= 4$，$x_2= 2$；$z =14$。

**5.4** （1）最优解 $x_1=4$，$x_2=3$；$z =55$。

（2）最优解 $x_1=2$，$x_2=1$；$z =13$。

**5.5** 最优解 $x_1=x_2=1$，$x_3=x_4=x_5=0$；$z =5$。

**5.7** 最优解为 $x_{13}=x_{22}=x_{34}=x_{41}=1$，最优值为 48。

**5.8** 虚拟一人戊，完成各项工作时间取甲、乙、丙、丁中最小者，构造见附表 2.12。

| 附表 2.12 | | | 每人完成各项任务的时间 | | |
|---|---|---|---|---|---|
| 人＼任务 | A | B | C | D | E |
| 甲 | 25 | 29 | 31 | 42 | 37 |
| 乙 | 39 | 38 | 26 | 20 | 33 |
| 丙 | 34 | 27 | 28 | 40 | 32 |
| 丁 | 24 | 42 | 36 | 23 | 45 |
| 戊 | 24 | 27 | 26 | 20 | 32 |

最优分配方案：甲—B，乙—D 和 C，丙—E，丁—A；总计需要 131 h。

**5.10** 设 $x_{ij}$ 表示第 $i$ 种产品在 $j$ 机床上开始加工的时刻，模型为

$$\min Z = \max \{x_{13}+t_{13}, x_{23}+t_{23}, x_{33}+t_{33}\}$$

$$\text{s.t. } x_{ij}+t_{ij} \leqslant t_{i, j+1}(i=1, 2, 3; j=1, 2) \text{ 加工顺序约束}$$

$$\left.\begin{array}{l} x_{ij}+t_{ij} - x_{i+1, j} \leqslant M\sigma_i \\ x_{i+1, j}+t_{i+1, j} - x_{ij} \leqslant M(1-\sigma_i) \\ i=1, 2; j=1, 2, 3; \sigma_i = 0\text{或}1 \\ x_{ij} \geqslant 0 \end{array}\right\} \text{互斥性约束}$$

习　题　6

**6.1** 最短路线：$A-B_2-C_1-D_1-E$，其长度为 8。

**6.2** （1）最优解为 $x_1=2$，$x_2=1$，$x_3=3$；$z_{\max}=108$。

（2）最优解为 $x_1=1.82$，$x_2=1.574$，$x_3=3.147$；$z_{\min}= 29.751$。

**6.3** **提示**　先将该不等式转化为与它等价的数学规划问题

$$\max (x_1x_2\cdots x_n)$$

$$x_1 + x_2 +\cdots + x_n = a\,(a>0)$$

$$x_i \geqslant 0, \quad i=1, 2, \cdots, n$$

然后利用动态规划来求解，令最优值函数为

$$f_k(y)=\max_{x_1+\ldots+x_k=y} (x_1x_2\cdots x_k)$$

$$x_i>0, \quad i=1, 2, \cdots, k$$

其中 $y>0$。因而，证明该不等式只需证明 $f_n(a) =(a/n)^n$，再用归纳法证明之。

**6.4** 用 $x_i^k$ 表示从产地 $i$ 分配给销地 $k, k+1, \cdots, n$ 的物资的总数，则采用逆推法时，动态规划的基本方程为

$$f_k(x_1^k, \cdots, x_m^k) = \min_{x_{ik}} \left\{ \sum_{i=1}^m h_{ik}(x_{ik}) + f_{k+1}(x_1^k - x_{1k}, \cdots, x_m^k - x_{mk}) \right\}$$

式中
$$0 \leqslant x_{ik} \leqslant x_i^k$$

$$\sum_{i=1}^m x_{ik} = b_k (k=1, 2, \cdots, n)$$

$$f_{n+1} = 0$$

并且有
$$x_i^1 = a_i (i=1, 2, \cdots, m)$$

**6.5** 最优方案是每年均投资于 A，三年后的最大利润为 440 万元。

**6.7** 最佳产量为 $x_1=110$，$x_2=110.5$，$x_3=109.5$；总最低费用 36 321 元。

**6.8** 最优解有三个：

（1）$x_1=1$，$x_2=3$，$x_3=1$，$x_4=0$；

（2）$x_1=2$，$x_2=1$，$x_3=2$，$x_4=0$；

（3）$x_1=0$，$x_2=5$，$x_3=0$，$x_4=0$。

最大价值为 20 千元。

**6.9** 把往 4 个仓库派巡逻队划分成 4 个阶段，状态变量 $s_k$ 为 $k$ 阶段初拥有的未派出的巡逻队，决策变量 $u_k$ 为 $k$ 阶段派出的巡逻队数，状态转移方程为 $s_{k+1}=s_k-u_k$。用逆推法写出的动态规划基本方程为

$$f_4(s_4) = \min_{u_k \in D_k(s_k)} \{p_k(u_k)\}$$

$$f_k(s_k) = \min_{u_k \in D_k(s_k)} \{p_k(u_k) + f_{k+1}(s_{k+1})\}$$

式中，$p_k(u_k)$ 为 $k$ 阶段派出 $u_k$ 个巡逻队时预期发生的事故数。

**6.10** （1）线性规划模型：设第 $j$ 季度工厂生产产品 $x_j$（单位：t），第 $j$ 季度初存储的产品为 $y_j$（单位：t），（显然 $y_1=0$），有

$$\min f = 15.6x_1 + 0.2y_2 + 14x_2 + 0.2y_3 + 15.3x_3 + 0.2y_4 + 14.8x_4$$

$$\text{s.t.} \quad x_1 - y_2 = 20$$

$$y_2 + x_2 - y_3 = 25$$

$$y_3 + x_3 - y_4 = 30$$

$$y_4 + x_4 = 15$$

$$0 \leqslant x_1 \leqslant 30, \ 0 \leqslant x_2 \leqslant 40$$

$$0 \leqslant x_3 \leqslant 25, \ 0 \leqslant x_4 \leqslant 10$$

$$y_j \geqslant 0, \ j=2, 3, 4$$

（2）动态规划模型：若将每个季度看作一个阶段，则此问题为一个四阶段的决策问题。令 $s_k$ 为第 $k$ 季度初的库存量；$x_k$ 为第 $k$ 季度的产量；$w_k(s_k, x_k)$ 为第 $k$ 季度初的生产成本与存储费之和；$f_k(s_k, x_k)$ 为当 $k$ 季度初的库存量为 $s_k$ 时，从第 $k$ 季度到年末厂方为完成合同所需支付的最少的生产费用。由题意应有

$$w_k(s_k, x_k) = 0.2s_k + d_k x_k$$

状态转移方程

$$s_{k+1} = s_k + x_k - b_k$$

递归方程

$$f_k(s_k) = \min_{x_k \in D_k(s_k)} \{w_k(s_k, x_k) + f_{k+1}(s_{k+1})\}$$

$$f_5(s_5) = 0$$

由题意不难知 $s_1 = 0$，$s_5 = 0$，$s_k \geq 0$ $(k = 2, 3, 4)$。

又考虑到当 $s_k \geq b_k$ 时，$x_k$ 可以为 0；当 $s_k < b_k$ 时，$x_k$ 不应该小于 $b_k - s_k$，故 $D_k(s_k) = \{x_k / \max \{0, b_k - s_k\} \leq x_k \leq a_n\}$。而且当 $D_k(s_{k+1}) = \varnothing$ 时，$x_k$ 不能取 $s_{k+1} - s_k + b_k$。

由于 $s_k$ 和 $x_k$ 都是连续变量，集合 $D_k(s_k)$ 为一个区间，故还需根据问题所要求的精度，把 $s_k$ 和 $x_k$ 离散化，然后求解。

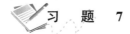 习 题 7

**7.2** $Q^* = 1$, 414 件。

**7.3** $Q^* = \sqrt{24\,960} \approx 158$，$t^* = \sqrt{0.023} \approx 0.152$。

**7.4** $Q^* = 447$ 件，$t^* = 1.6$ 天。

**7.8** （1）$k = 25$，$D = 2000$，$C_1 = 50 \times 20\% = 10$，$C_2 = 30$，则

$$Q^* = \sqrt{\frac{2kD}{C_1}} \sqrt{\frac{C_1 + C_2}{C_2}} = 115, \quad C(t_0^*, S^*) = \sqrt{2kC_1D} \sqrt{\frac{C_2}{C_1 + C_2}} = 866.$$

（2）$Q^* = \sqrt{\dfrac{2kD}{C_1}} = 100$，$C(t_0^*, S^*) = \sqrt{2kC_1D} = 1000$。

与（1）相比，（2）中的经济订货批量减少，而全年的总费用增加。

**7.9** $R = 96$，$C_3 = 1200$，$C_1 = 8500 \times 0.3 = 2550$，$C_2 = 400 \times 52 = 20800$，求得 $Q_0 = 10.07$，又计算得最大缺货量为 1 套。按题意，对该部件每周需要 2 套，提前期为 2 周，故当存储量降至 3 时，应立即提出订货。

**7.10** $k = 15 - 8 = 7$，$h = 8 - 5 = 3$，故 $k/(k + h) = 0.7$。

$$\int_0^Q P(r)\mathrm{d}r = \int_0^Q \frac{1}{\sqrt{2\pi}\sigma} \mathrm{e}^{\frac{(r - \mu)^2}{2\sigma^2}} \mathrm{d}r = 0.7, \quad 得 (Q - 150)/25 = 0.525, \quad 故 Q = 163.$$

**7.11** 先分别计算享受不同折扣时的经济订货批量，有

$$Q_1 = \sqrt{\frac{2 \times 5000 \times 49}{0.20 \times 5.0}} = 700$$

$$Q_2 = \sqrt{\frac{2 \times 5000 \times 49}{0.20 \times 4.85}} = 711$$

$$Q_3 = 718$$

因享受折扣的定购量均大于经济订货批量，故按享受折扣的定购量分别计算见附表 2.13。

附表 2.13 　　　　　　　　　　按享受折扣的定购量计算表

| 单件价（元/件） | 定购量（件） | 年订货量（件） | 5000 件的价格 | 年存储费（元） | 年总费用（元） |
| --- | --- | --- | --- | --- | --- |
| 5.0 | 700 | 350 | 25 000 | 350 | 25 700 |
| 4.85 | 1000 | 245 | 24 250 | 485 | 24 980 |
| 4.75 | 2500 | 98 | 23 750 | 1188 | 25 036 |

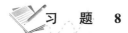

**习　题　8**

**8.1**　把同一个研究生参加的考试课程用边连接，如附图 2.1 所示。由附图 2.1 看出，课程 A 只能同 E 排在一天，B 同 C 排在一天，D 同 F 在一天。再据题意，考试日程表只能是附表 2.14。

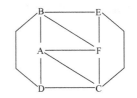

附表 2.14　　　考　试　日　程　表

| 时间 | 上午 | 下午 |
|---|---|---|
| 第一天 | A | E |
| 第二天 | C | B |
| 第三天 | D | F |

附图 2.1　考试课程用边连接

**8.2**　最小树如附图 2.2 所示，最大树如附图 2.3 所示。

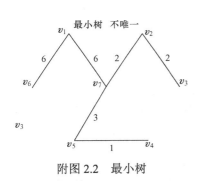

附图 2.2　最小树

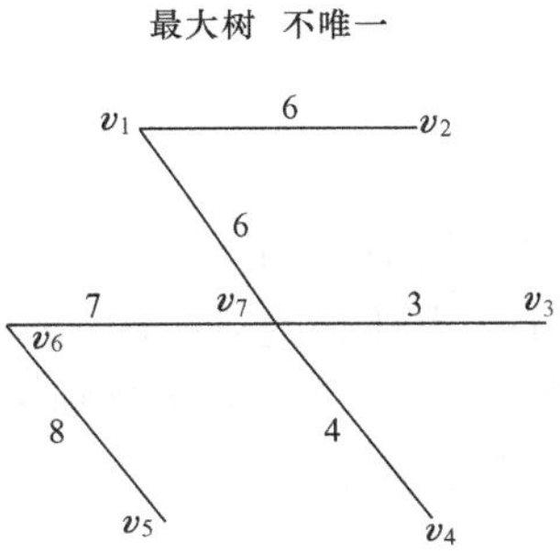

附图 2.3　最大树

**8.3**　将每小块稻田及水源地各用一个点表示，连接这些点的树图的边数即为至少要挖开的堤埂数（至少挖开 11 条）。

**8.4**　路线为 1–2–3–6 和 1–3–6，距离为 7 个单位。

**8.5**　1–2，3，4，5 最短路：$3^*$，$1^*$，$5^*$，$4^*$。

**8.6**　网络图如附图 2.4 所示。

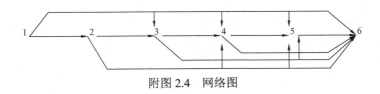

附图 2.4　网络图

弧$(i,j)$的费用或"长度"等于 $j-i$ 年里的设备维修费加上第 $i$ 年购买的新设备的价格。例如，弧$(1,4)$的费用为$(8+13+19)+20=60$。

现用 $p_j$ 表示第 $j$ 年的购买费，$m_k$ 表示使用年限为 $k$ 年的设备的维修费。一般，任一弧$(i,j)$的长度= $(j-i)$年里的设备维修费＋第 $i$ 年设备的购买费$=(m_1+m_2+\cdots m_{j-i})+p_i$。

然后，1–6 最短路即为所求，所以应在第 1 年及第 3 年购买新设备。

**8.7** 最长路问题为

$$\max Z = (x_1+1)^2 + 5x_2x_3 + (3x_4-4)^2$$

将 $x_1$，$x_2$ 与 $x_3$，以及 $x_4$ 的取值看成三个阶段，各阶段状态为约束右端项的剩余值，画出的网络图如附图 2.5 所示。各连线权数为对应各变量取值后的目标函数项的值，其中 $x_2$ 与 $x_3$ 的取值应考虑使其乘积为最大。求目标函数最大值相当于求图中 A 点至 D 点的最长距离，用标号法求得为 32，即应取 $x_1=3$，$x_2=x_3=0$，$x_4=0$。

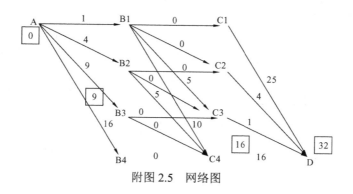

附图 2.5　网络图

**8.8** 最大流值 $f^*=15$。

**8.9** 先求出任意两点间的最短路程见附表 2.16。

将附表 2.15 中每行数字分别乘上各村小学生数得附表 2.16，按列相加，其总和最小的列为 $D$，即小学应建立在 $D$ 村。

附表 2.15　　　　　　　　　　　任意两点间的最短路程

| 从＼到 | A | B | C | D | E | F |
|---|---|---|---|---|---|---|
| A | 0 | 2 | 6 | 7 | 8 | 11 |
| B | 2 | 0 | 4 | 5 | 6 | 9 |
| C | 6 | 4 | 0 | 1 | 2 | 5 |
| D | 7 | 5 | 1 | 0 | 1 | 4 |
| E | 8 | 6 | 2 | 1 | 0 | 3 |
| F | 11 | 9 | 5 | 4 | 3 | 0 |

附表 2.16　　　　附表 2.15 中每行数字分别乘上各村小学生数的结果

| A | B | C | D | E | F |
|---|---|---|---|---|---|
| 0 | 100 | 300 | 350 | 400 | 550 |
| 80 | 0 | 160 | 200 | 240 | 360 |
| 360 | 240 | 0 | 60 | 120 | 300 |
| 140 | 100 | 20 | 0 | 20 | 80 |
| 560 | 420 | 140 | 70 | 0 | 210 |
| 990 | 810 | 450 | 360 | 270 | 0 |
| 2130 | 1670 | 1070 | 1040 | 1050 | 1500 |

**8.10**　最大流量为 110 t/h。

**8.11**　将五个人与五个外语语种分别用点表示，把各人与懂得的语种之间用弧相连。虚拟发点和收点，规定各弧容量为 1，求出网络最大流即为最多能得到招聘的人数。（只能有 4 人得到招聘，方案为甲—英，乙—俄，丙—日，戊—法，丁未能得到应聘。）

**8.12**　网络图如附图 2.6 所示。图中弧旁数字为$(b_{ij}, c_{ij})$。本题中实际上不受容量限制，其最小总费用为 240。

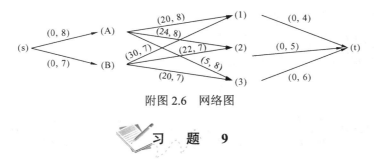

附图 2.6　网络图

　习　题　9

**9.2**　（1）80 天。

（2）无影响。

（3）缩短 4 天。

（4）工程开工后的第 56 天。

（5）需要采取措施，应设法缩短关键路线上的工序 $a, c, e, f, g, j, k, n$ 的工序时间，共需缩短 5 天。

**9.3**　最优工期为 14 天，最低成本为 226 百元。

**9.4**　（1）各工序的平均工序时间和均方差分别为：

$a$：8.00/0.33；$b$：6.83/0.50；$c$：9.00/1.00；$d$：4.00/0；$e$：8.17/0.50；$f$：13.50/1.50；$g$：4.17/0.50；$h$：5.17/0.50；$i$：9.00/0.67；$j$：4.50/0.83。

（2）略。

（3）该项工程按合同规定的日期完工的概率为 0.54。

习　题　10

**10.1**　（1）$S_3$；（2）$S_1$；（3）$S_1$；（4）$S_3$；（5）$S_2$。

**10.2**　120 箱。

**10.4**　4 筐。

**10.5**　最优策略是应摸第一次，如摸到的是白球，继续摸第二次；如摸到的是黑球，则不摸第二次。

**10.6**　$S_1$。

**10.7**　建大厂，263.35 万元。

**10.9**　不试验，预期收益 120 万元。

 **习　题　11**

**11.1** （1）7天；（2）79天。

**11.2** （1）0.2623；（2）0.179。

**11.3** 这是 $M/M/3$ 模型，客源、容量均无限，单队 3 个服务台并联的情形。此时，$\lambda = 4$，$\mu = 2$，$C = 3$，$\rho = \lambda/C_\mu = 2/3$。

（1）$P_0 = \left[\sum\limits_{n=0}^{C-1} \dfrac{1}{n!}\left(\dfrac{\lambda}{\mu}\right)^n + \dfrac{\left(\dfrac{\lambda}{\mu}\right)^C}{C!}\dfrac{C_\mu}{C_\mu - \lambda}\right]^{-1} = 1/9$。

（2）$n \leqslant 3$ 时，$P_n = \dfrac{1}{n!}\left(\dfrac{\lambda}{\mu}\right)^n$，$P_0 = \dfrac{1}{n!}\dfrac{2^n}{9}$；$n > 3$ 时，$P_n = \dfrac{1}{C!C^{n-C}}\left(\dfrac{\lambda}{\mu}\right)^n$，$P_0 = \dfrac{1}{2}\left(\dfrac{2}{3}\right)^n$。

（3）$L_q = \dfrac{(C_\rho)^C}{C!}\dfrac{1}{(1-\rho)^2}\rho P_0 = 8/9$。

（4）$L_s = L_q + C_\rho = 2\dfrac{8}{9}$。

（5）$W_s = L_s/\lambda = 13/18$。

（6）$W_q = L_q/\lambda = 2/9$。

**11.4** （1）速率图见附图 2.8 所示，速率表见附表 2.17。

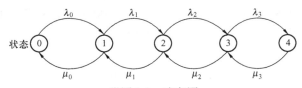

附图 2.8　速率图

**附表 2.17**　　　　　　　　　　　　　**速　率　表**

| 状态 | 进速率 = 出速率 |
|---|---|
| 0 | $\mu P_1 = \lambda_0 P_0$ |
| 1 | $\lambda_0 P_0 + \mu P_2 = (\lambda_1 + \mu)P_1$ |
| 2 | $\lambda_1 P_1 + \mu P_3 = (\lambda_2 + \mu)P_2$ |
| 3 | $\lambda_2 P_2 + \mu P_4 = (\lambda_3 + \mu)P_3$ |
| 4 | $\lambda_3 P_3 = \mu P_4$ |

（2）因为 $\sum\limits_{i=0}^{4} P_i = 1$，所以　$P_0(\lambda_0/\mu + \lambda_0\lambda_1/\mu^2 + \lambda_0\lambda_1\lambda_2/\mu^3 + \lambda_0\lambda_1\lambda_2\lambda_3/\mu^4 + 1) = 1$。

其中，$\mu = 20$，$\lambda_0 = 20$，$\lambda_1 = 15$，$\lambda_2 = 10$，$\lambda_3 = 5$

（3）$P_0 = 0.311$，$P_1 = 0.311$，$P_2 = 0.233$，$P_3 = 0.117$，$P_4 = 0.028$。

（4）$W_s = L_s/\bar{\lambda} \approx 0.088(h)$。

**11.5** （1）$P\{W \leqslant 1\} = 1 - e^{-\mu(1-\rho)} = 0.865$

$4.50 \times 0.865 - 5.50 \times (1 - 0.865) = 3.149$。

故在此保证条件下，商店可以盈利。

（2）盈亏平衡时有 $4.50 \times P\{W \leqslant 1\} = 5.50 \times P\{W > 1\}$，解得 $\lambda = 7.2$。

**11.6** 全部车辆运转概率为 0.966 8，有一台不能运转概率为 0.032 2，两台不能运转概率为 0.000 859，三台不能运转概率为 0.000 017 2。

**11.7** 通过计算比较，机场应设 3 条跑道，其利用率为 24.99%。

**11.8** （1）每天总期望费用 $E(TC) = c_1\rho/(1-\rho) + c_2(1-\rho)$。

（2）$\rho^* = 1 - \sqrt{\dfrac{c_1}{c_2}}$。

## 附录三　课程思政示范教学案例

# 国内运筹学的发展

## ——钱学森、华罗庚等科学家的家国情怀

### 一、教学背景

"国内运筹学的发展"是运筹学课程绪论中的知识点。

运筹学是 20 世纪三四十年代发展起来的一门新兴交叉学科。它主要研究人类对各种资源的运用及筹划活动，以期通过了解和发展这种运用及筹划活动的基本规律，发挥有限资源的最大效益，达到总体最优的目标。从问题的形成开始，到构造模型、提出解决方案、进行检验、建立控制，直至付诸实施为止的所有环节构成了运筹学研究的全过程。运筹学研究对象的客观普遍性，以及强调研究过程完整性的重要特点，决定了运筹学应用的广泛性，它的应用范围遍及工农业生产、经济管理、工程技术、国防安全、自然科学等各个方面和领域。

运筹学从创建开始就表现出理论与实践结合的鲜明特点，在它的发展过程中还充分表现出了多学科的交叉结合，物理学家、化学家、数学家、经济学家、工程师等联合组成研究队伍，各自从不同学科的角度提出对实际问题的认识和见解，促使解决大型复杂现实问题的新途径、新方法和新理论更快形成。

现代运筹学被引入我国是在 20 世纪 50 年代后期，那时新中国刚刚成立不久。我国运筹学的发展离不开钱学森、许国志和华罗庚先生的推动，通过对他们事迹的讲解，让学生了解这段历史，培养学生的家国情怀。

### 二、课程教学目标

（一）知识层面

理解概念：运筹学研究领域，国内运筹学的发展历史。

（二）素质层面

提高专业素质：掌握运筹学的研究对象和研究领域，了解运筹学的发展历史。

提高思想素养：培养学生的家国情怀，学习老一辈科学家们的钻研精神。

### 三、案例正文

（一）钱学森促进国内运筹学的建设

1934 年，钱学森毕业于国立交通大学机械与动力工程学院，曾任美国麻省理工学院和加州理工学院教授。1955 年，在毛泽东主席和周恩来总理的争取下回到我国。1959 年加入中国共产党，先后担任了中国科学技术大学近代力学系主任，中国科学院力学研究所所长，第七机械工业部副部长，国防科工委副主任，中国科学技术协会主席，中国科学技术协会名誉主席，中国科学院数理化学部委员等重要职务；他还兼任中国自动化学会第一、二届理事长。

　　1954 年，钱学森的学生郑哲敏即将回国，钱学森嘱咐他在国内"极力宣传运筹学"。1955年，在向着祖国驰去的"克利夫兰总统号"上，钱学森遇到了钻研运筹学的许国志。回国后，钱学森组建中国科学院力学研究所并任所长，首个运筹学研究室于 1956 年在中国科学院力学研究所成立。钱学森同志还竭力提倡运筹学的研究。他既谈到运筹学在交通运输以及经济规划中的作用，也讨论到在两军对战情况下的运筹学的研究。关于"运筹学"一词的翻译，正是由钱学森所引进的。

　　（二）华罗庚进一步推动国内运筹学的发展

　　华罗庚为我国数学发展做出了一系列重大贡献，参与建设中国科学院数学研究所并担任所长，当选中国数学协会理事长，号召在美国的中国科学家回国，将他在海外的著作译成中文出版。他代表我国参加斯德哥尔摩和东柏林举行的世界和平理事会，出任中国科学院物理数学化学部委员、常务委员、副主任，担任国务院科学规划委员会"12 年科学发展规划计算技术和数学规划组"组长，倡导举办中学生数学竞赛，发表著作《运筹学》，尝试将数学理论研究应用到国民生产实践中，并担任中国科学技术大学副校长兼应用数学系主任。可以说，华罗庚为新中国的数学乃至整个自然科学体系的建设和发展做出了不可替代的卓越贡献。

**四、案例的思政元素**

　　（一）知识传授

　　概述了运筹学的主要特征和方法，简述了运筹学国内外的发展历程，综述了运筹学几个主要分支的发展状况，展望了运筹学未来发展的方向。

　　（二）引申出思政元素

　　面对新中国成立后的百废待举，钱学森毅然放弃美国的优厚待遇，表明心志："我是中国人，我到美国是学习科学技术的。我的祖国需要我。因此，总有一天，我是要回到我的祖国去的。"面对党和国家交给的时代重任，他毅然挑起了千钧重担，发出心声："我个人作为炎黄子孙的一员，只能追随先烈的足迹，在千万般艰险中，探索追求，不顾及其他。"钱学森的身上，始终体现着中华文化的智慧和精神，彰显着"计利当计天下利"的胸怀和"修身齐家治国平天下"的抱负。钱学森在成长中，无疑受到了传统家风的深刻影响，传承了中华民族的文化基因，使得理想精神、精英意识和家国情怀在他身上得到了淋漓尽致的体现。特别是《钱氏家训》中"利在一身勿谋也，利在天下者必谋之"的价值观和"心术不可得罪于天地，言行皆当无愧于圣贤"的人生观。

　　同样的，1949 年新中国成立，面对美国的优越环境和百废待兴的故乡，华罗庚在深思熟虑后决定携夫人回国，此后，他为我国数学发展做出了一系列重大行贡献，参与建设中国科学院数学研究所并担任所长，当选中国数学协会理事长，号召在美国的中国科学家回国，将他在海外的著作中文出版。

　　（三）价值塑造

　　科学没有国界，科学家却是有祖国的，学习老一辈科学家的爱国精神，为中华之崛起而读书。

　　李大钊同志曾疾呼："国家不可一日无青年，青年不可一日无觉醒。"梦想越是伟大，任务越是艰巨，越需要青年迎难而上，做走在时代前列的奋进者、开拓者、奉献者。"青年的样子，就是中国的样子"，青年一代有理想、有本领、有担当，国家就有前途，民族就有希望。

　　青年周恩来告诉我们，那是"为中华之崛起而读书"的远大抱负；毅然回国的钱学森告诉我们，那是"外国人能干的，中国人为什么不能干"的奋发图强；将小我融入大我，以青春之我、奋斗之我，为民族复兴铺路架桥，为祖国建设添砖加瓦，青年才能更好实现人生价值、升华人生境界，干一番轰轰烈烈的事业。

## 五、教学设计

（一）案例分析要点

1. 事迹讲解

通过 PPT 讲解国内运筹学的发展历史：运筹学翻译名字的缘由、运筹学学术机构的建立和国内运筹学的发展，内容主要如下：

现代运筹学被引入我国是在 20 世纪 50 年代后期。我国第一个运筹学小组是在钱学森、许国志先生的推动下，于 1956 年在中国科学院力学研究所成立。钱学森先生在麻省理工学院取得硕士学位，在加州理工大学取得博士学位后成为该校的第一位戈达德讲座教授。许国志先生在堪萨斯大学取得博士学位后，在马里兰大学流体力学和应用数学研究所当研究员。他们两人于 1955 年回到祖国致力于新中国的科技事业。可见在我国运筹学一开始就被理解为与工程有密切联系的学科。

1959 年，第二个运筹学部门在中国科学院数学研究所成立。力学所小组与数学所小组于 1960 年合并成为数学所的一个研究室，当时的主要研究方向为排队论、非线性规划和图论，还有人专门研究运输理论、动态规划和经济分析（例如投入产出方法）。1963 年是我国运筹学教育史上值得一提的一年，数学所的运筹学研究室为中国科技大学应用数学系的第一届学生开设了较为系统的运筹学专业课，这是第一次在我国的大学里开设运筹学专业和授课。今天，运筹学的课程已成为几乎所有大学的商学院、工学院乃至数学系和计算机系的基本课程。

20 世纪 50 年代后期，运筹学在我国的应用集中在运输问题上。其中一个代表性工作是研究"打麦场的选址问题"，解决在手工收割为主的情况下如何节省人力的问题。此外，国际上著名的"中国邮路问题"模型也是在那个时期由管梅谷教授提出的。可以看出现在非常热门的"物流学"，在当时就形成了一些研究雏形。

我国运筹学早期普及与推广工作的亮点是由华罗庚先生点燃的。在"文革"期间，他身为中国数学会理事长和中国科学院数学研究所所长，亲自率领一个小组，大家称为"华罗庚小分队"，到农村、工厂讲解基本的优化技术和统筹方法，使之用于日常的生产和生活中。自 1965 年起的 10 年中，他到了约 20 个省和无数个城市，受到各界人士的欢迎，他的辛勤劳动得到了毛泽东主席的肯定和表扬。华罗庚先生这一时期的推广工作播下了运筹学哲学思想的种子，大大推动了运筹学在中国的普及和发展。直到今天，许多中国人还记得"优选法"和"统筹法"。

自 20 世纪 80 年代以来，我国运筹学有了快速发展，取得了一批有国际影响的理论和应用成果，他们因在组合优化、生产系统优化、图论和非线性规划领域的突出贡献曾先后获得国家自然科学奖二等奖 4 项，因在经济信息系统评估和粮食产量预测方面取得突出成绩曾先后获得国际运筹学会联合会运筹学进展奖一等奖 2 项。

2. 视频观看

带领学生一起观看视频"钱学森与运筹学"，来源于央视频：
http://tv.cctv.com/2013/02/04/VIDE1359971075765150.shtml。

视频中国内运筹学家通过对钱学森回国前和回国后对他们的嘱咐和帮助，了解钱学森的家国情怀。

3. 著作推荐

推荐学生阅读钱学森与华罗庚的经典著作。例如，钱学森的《关于思维科学》《钱学森系统科学思想文选》等，华罗庚的《优选法与统筹法平话》《大哉数学之为用》等，鼓励学生去图书馆借阅，尝试阅读经典著作，了解先生们的经典思想和成果。

（二）教学组织方式

运用本案例完成"国内运筹学的发展"知识点的教学，在对课本知识点进行讲授梳理之后，安排 1 课时(45 min）进行，具体教学组织安排见附表 3.1。

**附表 3.1** 　　　　　　　　　　**教 学 组 织**

| 学习阶段 | 学习内容 | 时间限制 | 学习目标 |
|---|---|---|---|
| 课前 | 预习运筹学绪论，查阅相关资料，了解运筹学的相关概念以及发展历史 | 课前完成 | 熟悉案例背景 |
| 课中 | 讲授我国运筹学的发展历史，运筹学的研究领域等 | 30 min | 专业知识学习 |
|  | 观看国内运筹学家的相关视频 | 5 min | 了解学者的事迹 |
|  | 讨论学生对家国情怀的理解，谈谈读书的目的，人生未来的选择 | 10 min | 提升家国情怀 |
| 课后 | 引发学生思考：读书的目的，人生的意义 |  | 树立正确的人生观和价值观 |

## 五、总结与反思

（一）总结

进行事迹讲解时，单调的文字讲解效果不佳，需要通过视频、图片、书籍等多元化的方式展示老一辈科学家的事迹。自己首先要去阅读相关的书籍，讲解自己在看到老一辈科学家时候对自己教学和科研的影响和触动，再引导学生对他们自身相关成长的思考，效果更佳。

（二）反思

（1）进一步认真钻研教材，科学设计教学流程，加强课程思政元素的渗透。

（2）事迹讲解的方式可以更加多元化，可以让学生自己查找更多的科学家的资料并求解。

# 参 考 文 献

[1]  《运筹学》教材编写组. 运筹学 [M]. 5 版. 北京：清华大学出版社，2021.

[2]  李宗元，等. 运筹学 ABC（成就、信念与能力）[M]. 北京：经济管理出版社，2000.

[3]  韩伯棠. 管理运筹学 [M]. 5 版. 北京：高等教育出版社，2020.

[4]  张森，等. MATLAB 仿真技术与实例应用教程 [M]. 北京：机械工业出版社，2004.

[5]  钟彼德（Peter C. Bell）. 管理科学（运筹学）——战略角度审视 [M]. 北京：机械工业出版社，2000.

[6]  赵可培. 运筹学 [M]. 上海：上海财经大学出版社，2000.

[7]  赵则民. 运筹学 [M]. 重庆：重庆大学出版社，2002.

[8]  丁以中，Jennifer S. Shang. 管理科学——运用 Spreadsheet 建模和求解 [M]. 北京：清华大学出版社，2003.

[9]  徐玖平. 运筹学 [M]. 4 版. 北京：科学出版社，2023.

[10]  熊伟. 运筹学 [M]. 3 版. 北京：机械工业出版社，2005.

[11]  徐洪学，孙万有，杜英魁，等. 机器学习经典算法及其应用研究综述 [J]. 电脑知识与技术，2020，16（33）：17–19.

[12]  张荣，李伟平，莫同. 深度学习研究综述 [J]. 信息与控制，2018，47（4）：385–397，410.

[13]  朱志杰. 人工智能技术在供应链管理中的应用研究 [J]. 中国储运，2024（4）：169–170.

[14]  吴俊杰，刘冠男，王静远，等. 数据智能：趋势与挑战 [J]. 系统工程理论与实践，2020，40（8）：2116–2149.

[15]  冯斌，胡轶婕，黄刚，等. 基于深度强化学习的新型电力系统调度优化方法综述 [J]. 电力系统自动化，2023，47(17)：187–199.

[16]  胡晓东，袁亚湘，章祥荪. 运筹学发展的回顾与展望 [J]. 中国科学院院刊，2012，27（2）：145–160.

[17]  韩继业，刘德刚，朱建明. 运筹学在应急物流中的一些应用 [J]. 重庆师范大学学报（自然科学版），2011，28（5）：1–6.

[18]  王元. 数学大辞典 [M]. 北京：科学出版社，2010.

[19]  约翰 L. 卡斯蒂 20 世纪数学的五大指导理论 [M]. 上海：上海教育出版社，2000.

[20]  越民义. 关于数学发展之我见 [J]. 中国数学会通讯，2011，119：16–25.

[21]  10000 个科学难题数学编委会. 10000 个科学难题（数学卷）[M]. 北京：科学出版社，2009.

[22]  孙波，施泉生，孙佳佳. 将思政元素融入运筹学课堂教学的探索——以上海电力大学经管学院为例 [J]. 智库时代，2020（29）：155–155，157.